U0085531

科學技術叢書

電機機械(下)

黃慶連 著

國家圖書館出版品預行編目資料

電機機械／黃慶運著. -- 初版三刷. -- 臺北市：三民，民91

面；　公分

ISBN 957-14-2353-X (上冊：平裝)

ISBN 957-14-2354-8 (下冊：平裝)

1.電機工程

448

網路書店位址 http://www.sanmin.com.tw

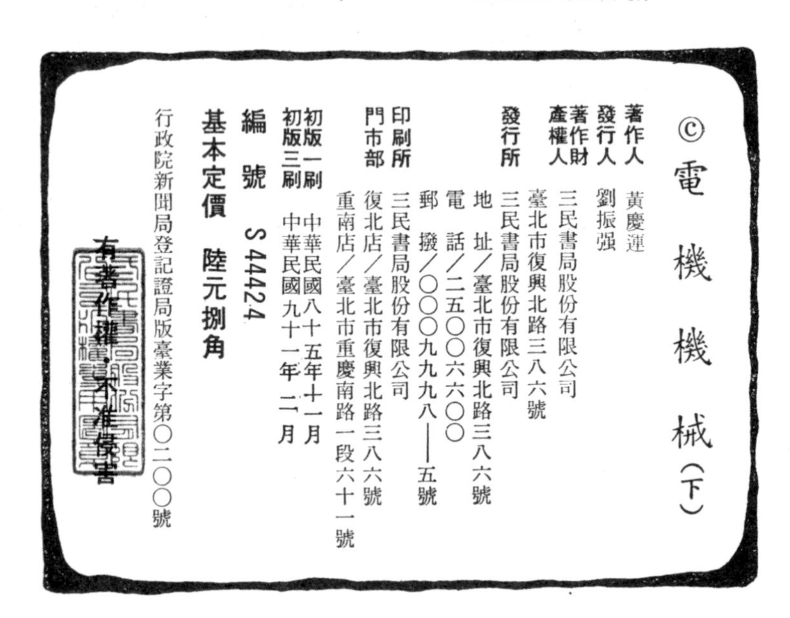

© 電機機械(下)

著作人 黃慶運

發行人 劉振强

著作財產權人 三民書局股份有限公司　臺北市復興北路三八六號

發行所 三民書局股份有限公司
地址／臺北市復興北路三八六號
電話／二五〇〇六六〇〇
郵撥／〇〇〇九九九八——五號

印刷所 三民書局股份有限公司

門市部 復北店／臺北市復興北路三八六號
重南店／臺北市重慶南路一段六十一號

初版一刷 中華民國八十五年十一月

初版三刷 中華民國九十一年二月

編號 S 44424

基本定價 陸元捌角

行政院新聞局登記證局版臺業字第〇二〇〇號

ISBN 957-14-2354-6 (下冊：平裝)

序

本書之編寫，與作者以往版本相較，除了保留精要部份外，大部份內容已重新編排整理，希望達到深入淺出、易於瞭解的目標。本書除了適合專科學校電機機械課程之教學需要外，一般大專院校亦可採爲教科書或參考書。

本書內容分爲上、下兩册，足供一學年教學之用，書中各章皆附有插圖及例題，用以説明分析各類電機機械之運轉原理與特性，期使讀者能夠徹底理解，而達到學習的效果。

本書雖經悉心編撰及嚴謹編排校對，但漏誤之處仍在所難免，尚祈諸先進不吝指正。

黃慶連

電機機械（下）

目　次

第六章 同步電機

第七章 直流電機

第五章

單相感應電動機

在第四章中，主要探討三相感應電動機，其馬力數通常較大，但在許多住宅、商店等處所，電力公司只供應單相交流電源，故所用的電動機多爲單相感應電動機，如電風扇、洗衣機、電冰箱、冷氣機、抽水機等。

單相感應電動機的型式很多，但容量通常不大，電源電壓有 110 伏特和 220 伏特兩種。臺電公司規定 110 伏特供電的單相感應電動機，其最大容量以不超過 1.5 馬力（1.1 仟瓦）爲原則，220 伏特供電的單相感應電動機，其最大容量以不超過 3 馬力（2.2 仟瓦）爲原則。

若驅動負載設備的動力需要 1 馬力以上，並且在有三相電源的場所，則單相感應電動機很少被採用的，因爲單相感應電動機較同容量的三相感應電動機之體積大，製造成本高，且效率及功率因數均遠不如三相感應電動機良好。

5－1　單相感應電動機之分類

單相感應電動機由於使用單相電源，所以無法在電動機內產生旋轉磁場。事實上，單相感應電動機所產生的磁場僅爲一脈動的形式，時大時小，且有時候爲正向，有時候爲負向，但始終沒有旋轉磁場，因此單相感應電動機沒有起動轉矩，無法自行起動。

單相感應電動機只依賴一組定子線圈是無法自行起動的，通常必須加裝一輔助繞組，以達成起動的目的。依照起動方式的不同，單相感應電動機可分爲：

⑴分相起動式電動機

⑵電容器式電動機

⑶蔽極式電動機

其中，電容器式電動機可再細分爲電容起動式電動機、電容運轉式電動機及電容起動電容運轉式電動機等三種。表5－1列出了各型單相感應電動機的特性與其用途。

表5－1 單相感應電動機的特性與用途

起動方式(額定輸出)	起動電流對額定電流的倍率	起動轉矩對額定負載轉矩的倍率	崩潰轉矩對額定負載轉矩的倍率	主要用途
分相起動式(25～250W)	5～6	1.25～2.00	1.75～3.00	風扇，洗濯機，乾燥機，放影機，影印機，刨冰機，碎肉機，桌上鑽床，縫紉機，工作機械
電容起動式(100～750W)	4～5	2.00～3.00	1.75～3.00	各種泵，壓縮機，冷凍機，刨冰機，脫水機，農業用機械，桌上鑽床等
電容運轉式(25～200W)	3～4	0.50～1.00	1.75～3.00	風扇，電動泵，洗濯機，事務機械，工作機械
蔽極線圈式(2～40W)	4～5	0.40～0.50	約1.00	電風扇，乾髮機，電唱機，錄音機，放影機，影印機等

單相電動機除了依感應的原理而轉動之外，另外還有一種稱爲單相換向式電動機。感應式電動機的轉子均爲鼠籠型構造，而換向式電動機的構造則和直流電動機類似，有換向片和電刷等構造。單相換向式電動機可分爲：

(1)串激式電動機

(2)推斥式電動機

5－2　雙旋轉磁場

單相感應電動機的構造與三相感應電動機類似，均有定子和轉子兩部分。其中轉子爲鼠籠型構造，定子繞組則爲單相繞組，所以當加入電流時，定子繞組所產生的磁動勢爲一脈動駐波，而非旋轉磁場。事實上，轉子上的導體會產生類似變壓器作用所感應的電壓和電流，但因此電流所建立的磁場和定子磁場皆在同一方向上，故無法產生轉矩。

設單相電源在某個半波（正半波或負半波）產生之磁場方向如圖 5－1所示，由左至右，則轉子導體感應的電流方向如圖上所示；上半部分導體的電流方向向內，下半部分導體的電流方向向外。此時，上方導體受到向下的作用力，而下方導體受到向上的作用力，假設上

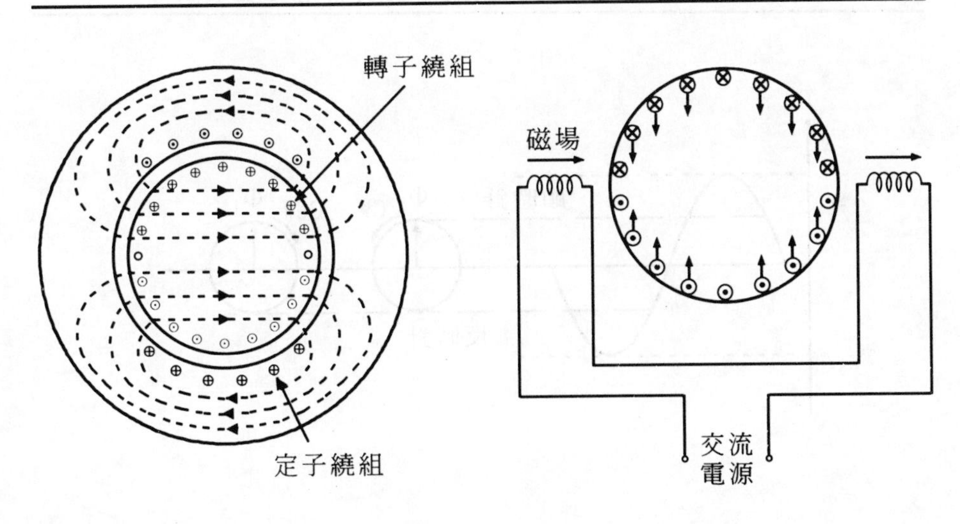

圖5－1　定子磁場與轉子導體之感應電流　　圖5－2　轉子導體的感應轉矩及方向

下結構對稱，則總合力量等於零，亦即沒有轉矩產生。當定子電流方向相反時，轉子導體的感應電流方向及所受的作用力方向均相反，故合成轉矩亦爲零。

因每一導體所產生的轉矩爲交流電源的函數，所以轉子上各導體的轉矩分佈情形亦爲正弦波形，如圖 5－3 所示，導致此脈動轉矩之磁通變化量 Φ，可視爲由兩個旋轉方向相反但大小及角速度相等的旋轉磁場 Φ_1 及 Φ_2 所合成，如圖 5－4 所示。若以極座標平面表示此三向量之關係，則如圖 5－5 所示。

圖 5－3 等值脈動轉矩

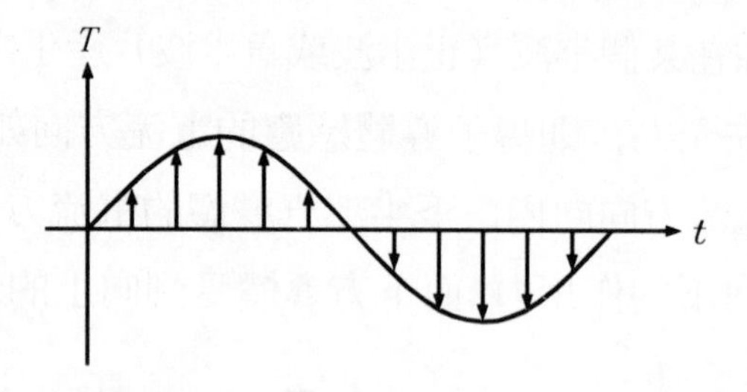

圖 5－4 正弦脈動場及其用兩個相反方向旋轉場之表示法

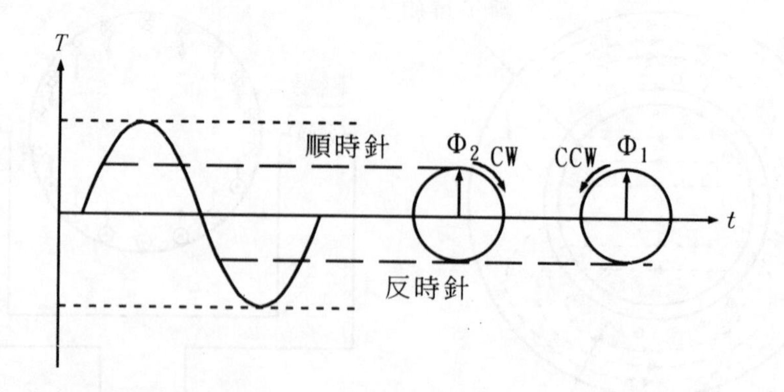

圖5－5　雙旋轉磁場之向量表示圖

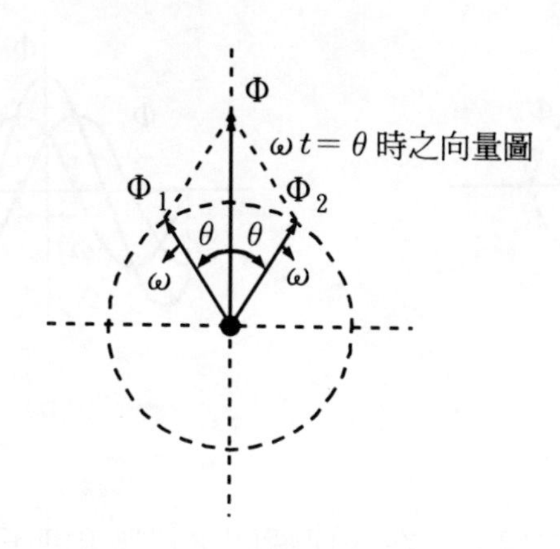

磁場變化量以 $\Phi_m\cos\omega t$ 表示，二旋轉磁場之角速度 ω 亦同，但最大值皆等於$\frac{1}{2}\Phi_m$，

即

$$\Phi_1=\frac{\Phi_m}{2}(\cos\omega t+j\sin\omega t)=\frac{\Phi_m}{2}e^{j\omega t}$$

$$\Phi_2=\frac{\Phi_m}{2}(\cos\omega t-j\sin\omega t)=\frac{\Phi_m}{2}e^{-j\omega t}$$

$$\Phi=\Phi_1+\Phi_2=\frac{\Phi_m}{2}(e^{j\omega t}+e^{-j\omega t})$$

圖 5－6(a) 係 $\omega t=45^\circ$ 時之相量圖，圖 5－6(b) 則爲 $\omega t=45^\circ$ 時之波形關係圖，即當 ωt 改變時，此二圖亦即隨著改變。

1.當 $\omega t=0^\circ$ 時，$\Phi=\Phi_1+\Phi_2=\Phi_m$

2.當 $\omega t=90^\circ$ 時，$\Phi=\Phi_1+\Phi_2=0$

3.當 $\omega t=180^\circ$ 時，$\Phi=\Phi_1+\Phi_2=-\Phi_m$

4.當 $\omega t=270^\circ$ 時，$\Phi=\Phi_1+\Phi_2=0$

5.當 $\omega t=360^\circ$ 時，$\Phi=\Phi_1+\Phi_2=\Phi_m$

因 Φ_1 與 Φ_2 的合成磁場等於 Φ_1 與 Φ_2 之相量和，即等於原磁場 Φ_1 在垂直軸上作上下移動，此與圖5－5所示相同。此二磁場沿著空氣隙

圖 5－6 雙旋轉磁場論(a)$\omega t=45°$之相量圖，(b)$\omega t=45°$之波形圖。

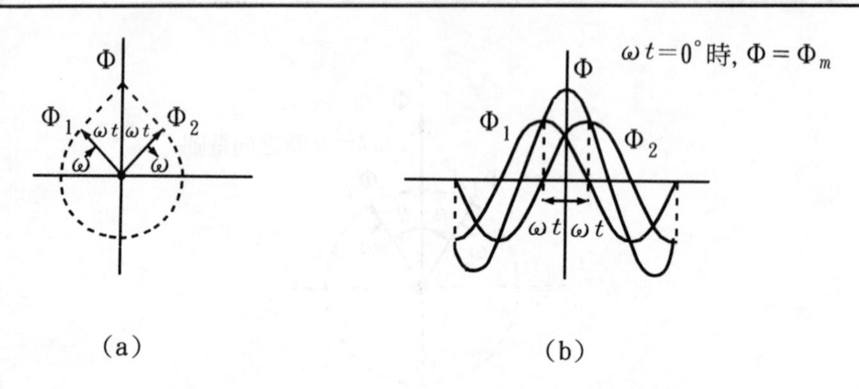

以等速相反方向轉動，在任何瞬間之代數和即為該瞬間之合成磁場值，此合成磁場不但係正弦分佈，而且在空間上是靜止的。此種以雙磁場 Φ_1 和 Φ_2 之變化來表示單相感應電動機磁場變化的方法，稱為雙旋轉磁場理論（Double revolving field theory）。

圖 5－7 所示為兩旋轉磁場在轉子導體上產生的轉矩對轉差率的特性曲線，設 T_1 為磁場 Φ_1 所產生之轉矩，使轉子有反時針方向轉動之趨勢；T_2為磁場Φ_2所產生之轉矩，使轉子有順時針方向轉動的趨

圖 5－7 雙旋轉磁場理論之合成磁場

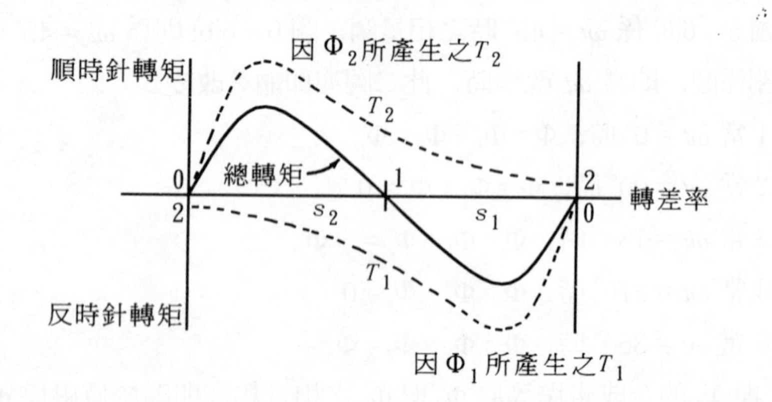

勢。兩轉矩 T_1、T_2 之作用剛好相反，在靜止狀態時（$s=1$），由圖 5－7 可看出，兩個磁場所產生的轉矩 T_1 與 T_2 大小相等而方向相反，即合成轉矩等於零，故轉子無法起動。

若撥動轉子反時針方向轉動，即沿著 T_1 的轉矩方向轉動的話，則轉子對 Φ_1 的轉差率 s_1 小於 1，而對 Φ_2 的轉差率 s_2 大於 1。此時 T_1 轉矩大於 T_2 轉矩，故轉子可繼續原來的方向轉動，當轉子速率增加時，由圖 5－7 可看出，雖然 T_2 仍然存在，但 T_1 佔有較大優勢；最後，轉子會在接近於 Φ_1 之同步速度運轉，對 Φ_2 的轉差率則接近於 2，即圖 5－7 中最右端部分。

由上面的說明得知，單相感應電動機若原先轉速為零，則其起動轉矩亦等於零，電動機無法自行起動。若採用某種方法讓轉子正轉，則轉子便有正向轉矩，可使轉子在接近同步速度下運轉；若一開始便讓轉子反轉，則轉子便有反向轉矩，同樣可使轉子在接近逆向的同步速度下運轉。

5－3　雙旋轉磁場之等效電路

由於單相感應電動機的定子磁場可分解成兩個大小相等而旋轉方向相反的磁場，故兩磁場分別在轉子導體上感應電勢及電流，因此單相感應電動機的等效電路與三相感應電動機有所不同。當電動機的轉子靜止不動，而定子繞組加入交流電源時，其特性就與變壓器二次側繞組短路的情形完全一樣，其等效電路如圖 5－8 所示，圖中 R_1 及 X_1 分別代表定子繞組的電阻及漏電抗，X_m 代表磁化電抗，R_2 和 X_2 則分別代表轉子靜止時並換算至定子側的電阻及漏電抗。

圖5－8 轉子靜止時之等效電路

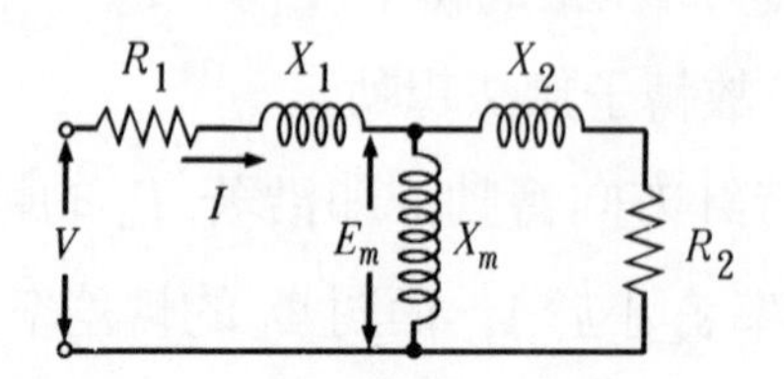

依據雙旋轉磁場理論，定子磁場可分解爲兩個大小相等（總磁場的一半）且方向相反的旋轉磁場；因此，等效電路可分爲 f 和 b 兩部分，如圖 5－9 所示。f 和 b 分別代表順向與反向磁場的效應。

圖5－9 依雙旋轉磁場理論分解之等效電路

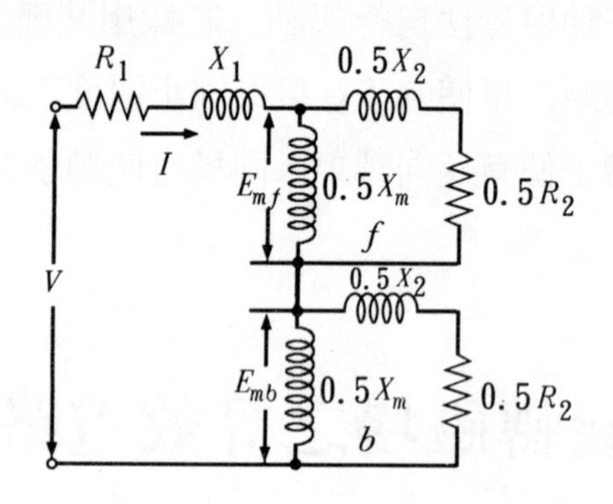

當電動機藉輔助繞組起動後，並僅在主繞組通電運轉情況下，設其對順向磁場之轉差率爲 s，則順向磁場在轉子導體內感應的電流頻率爲 sf_1，其中 f_1 爲定子電源的頻率。就像三相感應電動機一樣，轉子電流所產生之正向旋轉磁勢波，對轉子本身而言，以轉差速率（sn_s）而旋轉，即等於同步旋轉磁場的速率。定子與轉子之順向磁勢在氣隙中形成一合成磁勢，此合成磁勢以同步速率旋轉，並切割定子繞組，生成 E_{mf}之感應電勢。因此單相感應電動機的轉子等效電路部分就如同三相感應電動機一樣，可以用一阻抗$\left(\frac{0.5R_2}{s}+j0.5X_2\right)$與磁

圖5－10　等效電路

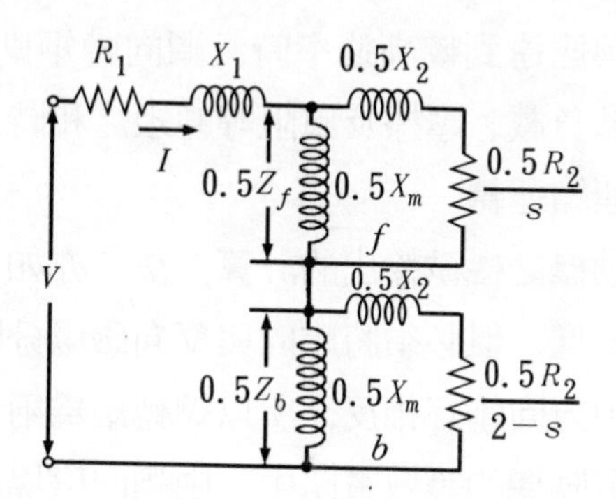

化電抗（$j0.5X_m$）並聯，如圖5－10中標有 f 的部分。其中常數0.5係由於定子磁場分爲順向與反向兩分量（各爲總磁場的一半）的緣故。

至於反向磁場對轉子的作用，因轉子對順向磁場的轉差率爲 s，故轉子對反向磁場的相對速率爲（$n+n_s$），故其轉差率爲

$$s_b=\frac{n+n_s}{n_s}=1+\frac{n}{n_s}=1+\frac{(1-s)n_s}{n_s}=2-s \tag{5-1}$$

由於轉子對反向磁場的轉差率爲（$2-s$），所以反向旋轉磁場在轉子上感應的電流頻率爲$(2-s)f_1$，若轉差率 s 極小，則轉子電流頻率約爲定子頻率的2倍。對應於反向旋轉磁場的等效電路，如圖5－10中標有 b 的部分，E_{mb}表示由反向磁場切割定子繞組所感應的電勢。因此，單相感應電動機在運轉中的等效電路，即如圖5－10所示。

5－4　單相感應電動機的轉矩

依據雙旋轉磁場的觀念得知，單相感應電動機在尚未起動前，即轉差率 $s=1$ 時，由於正向與反向兩磁場所產生的轉矩大小相等，但

方向相反，故淨轉矩等於零，亦即單相電動機不能自行起動。

當轉子依某旋轉磁場方向開始轉動後，該電動機的順向轉矩將逐漸增大，而後當轉速達到較高速率時，順向轉矩則隨之降低。最後，當電動機轉矩等於負載、摩擦及風阻等轉矩之和時，電動機便停止加速，即達到穩態連續運轉。

單相感應電動機之機械輸出的計算方法，亦如三相感應電動機的功率與轉矩求法一樣，但必須將順向與反向磁場分別計算，因兩旋轉磁場所產生的轉矩方向剛好相反，所以總轉矩爲兩者之差。

在單相感應電動機的等效電路中，由順向磁場與反向磁場在轉子上所呈現的阻抗分別爲 $\left(\frac{R_2}{s}+jX_2\right)$ 及 $\left(\frac{R_2}{(2-s)}+jX_2\right)$，在與磁化電抗 jX_m 並聯後的順向及反向阻抗可分別表爲

$$Z_f=R_f+jX_f=\left(\frac{R_2}{s}+jX_2\right)/\!/\,jX_m \tag{5-2}$$

$$Z_b=R_b+jX_b=\left(\frac{R_2}{2-s}+jX_2\right)/\!/\,jX_m \tag{5-3}$$

事實上，順向磁場與反向磁場的大小均爲總磁場的一半，故兩磁場反應的阻抗僅爲 $0.5Z_f$ 和 $0.5Z_b$。

設 P_{agf} 和 P_{agb} 分別代表順向磁場與反向磁場所產生之氣隙功率，其分別爲

$$P_{agf}=I^2(0.5R_f) \tag{5-4}$$

$$P_{agb}=I^2(0.5R_b) \tag{5-5}$$

又依三相感應電動機等效電路所推導得到的理論，可得單相電動機的轉子銅損分別爲

$$\text{順向磁場產生的轉子銅損}=sP_{agf} \tag{5-6}$$

$$\text{反向磁場產生的轉子銅損}=(2-s)P_{agb} \tag{5-7}$$

$$\text{轉子總銅損}=sP_{agf}+(2-s)P_{agb} \tag{5-8}$$

所以由兩磁場所產生的內部電磁功率分別爲

$$P_f=P_{agf}-sP_{agf}=(1-s)P_{agf} \tag{5-9}$$

$$P_b = P_{agb} - (2-s)P_{agb} = -(1-s)P_{agb} \tag{5-10}$$

總電磁功率爲

$$P = P_f + P_b = (1-s)(P_{agf} - P_{agb}) \tag{5-11}$$

至於電動機的電磁轉矩，由（5－9）式和（5－10）式可求得順向與反向之電磁轉矩分別爲：

$$T_f = \frac{P_f}{\omega} = \frac{P_{agf}}{\omega_s} \tag{5-12}$$

$$T_b = \frac{P_b}{\omega} = \frac{-P_{agb}}{\omega_s} \tag{5-13}$$

總電磁轉矩爲

$$T = \frac{P}{\omega} = \frac{(1-s)(P_{agf} - P_{agb})}{(1-s)\omega_s} = \frac{P_{agf} - P_{agb}}{\omega_s} \tag{5-14}$$

上式中，ω 表示轉子的機械角速率，ω_s 表示同步角速率，單位以弳度/秒表示之。

由以上的分析得知，單相感應電動機由於有反向磁場的存在，所以淨功率及淨轉矩均會降低，不像三相感應電動機，只有正向磁場無反向磁場，所以沒有這項缺點。

【例 5－1】

一 110V，60Hz，$\frac{1}{4}$馬力，4 極之單相電容起動式電動機，其參數如下：

$$R_1 = 2.5\Omega,\ X_1 = 2.8\Omega,\ X_m = 65\Omega$$

$$R_2 = 4\Omega,\ X_2 = 2.2\Omega$$

鐵心損失爲 30W，摩擦及風阻損爲 15W，若轉差率爲 0.05，試計算

(a)定子電流。

(b)功率因數。

(c)轉速。

(d)輸出功率與轉矩。

(e)效率。

【解】

$$Z_f = R_f + jX_f = \frac{\left(\frac{R_2}{s} + jX_2\right)(jX_m)}{\frac{R_2}{s} + j(X_2 + X_m)}$$

$$= \frac{\left(\frac{4}{0.05} + j2.2\right)(j65)}{\frac{4}{0.05} + j(2.2 + 65)}$$

$$= 30.9 + j39 \text{（歐姆）}$$

$$Z_b = R_b + jX_b = \frac{\left(\frac{R_2}{2-s} + jX_2\right)(jX_m)}{\frac{R_2}{2-s} + j(X_2 + X_m)}$$

$$= \frac{\left(\frac{4}{2-0.05} + j2.2\right)(j65)}{\frac{4}{2-0.05} + j(2.2 + 65)}$$

$$= 1.9 + j2.18 \text{（歐姆）}$$

根據單相感應電動機的等效電路，其總阻抗為

$$Z = (Z_1 + jX_1) + 0.5Z_f + 0.5Z_b$$

$$= (2.5 + j2.8) + 0.5(30.9 + j39) + 0.5(1.9 + j2.18)$$

$$= 18.9 + j23.4$$

$$= 30\angle 51° \text{（歐姆）}$$

(a)定子電流為

$$I = \frac{110}{30} = 3.67 \text{（安培）}$$

(b)功率因數為

$$PF = \cos 51° = 0.63$$

(c)同步速率

$$n_s = \frac{120f}{P} = \frac{120 \times 60}{4} = 1800 \text{（rpm）}$$

$$\omega_s = 2\pi \cdot \frac{n_s}{60} = 188.5 \text{（弳度/秒）}$$

轉子速率

$$n=(1-s)n_s=0.95\times1800=1710\ (\text{rpm})$$

$$\omega=2\pi\frac{n}{60}=179\ (\text{弳度/秒})$$

(d)輸入功率 $P_{in}=VI\cos\theta=110\times3.67\times0.63=254.3$ (瓦)

氣隙功率爲 P_{agf}，P_{agb} 分別爲

$$P_{agf}=I^2\times(0.5R_f)=(3.67)^2\times15.45=208.1\ (\text{瓦})$$

$$P_{agb}=I^2\times(0.5R_b)=(3.67)^2\times0.95=12.8\ (\text{瓦})$$

故電磁功率爲

$$\begin{aligned}P&=(1-s)(P_{agf}-P_{agb})\\&=0.95\times(208.1-12.8)\\&=185.5\ (\text{瓦})\end{aligned}$$

因無載旋轉損失爲 30＋15＝45 瓦，故輸出功率爲

$$P_{out}=185.5-45=140.5\ (\text{瓦})$$

輸出轉矩爲

$$T=\frac{P_{out}}{\omega}=\frac{140.5}{179}=0.79\ (\text{牛頓－米})$$

(e)效率爲

$$\eta=\frac{P_{out}}{P_{in}}=\frac{140.5}{254.3}=0.55=55\%$$

5－5　分相起動式電動機 (Split-phase motors)

分相起動式電動的定子有兩組繞組，一爲主繞組或稱運轉繞組，一爲輔助繞組或稱起動繞組。主繞組用較粗的導線繞在內層，輔助繞組用較細導線繞在外層，兩繞組在空間上相差 90°的電機角。

分相起動式電動機的接線圖如圖 5－11 所示，當單相交流電源加入電動機時，因輔助繞組之電阻電抗 $\frac{R}{X}$ 比值較主繞組大，所以流經

圖5－11　分相起動式電動機

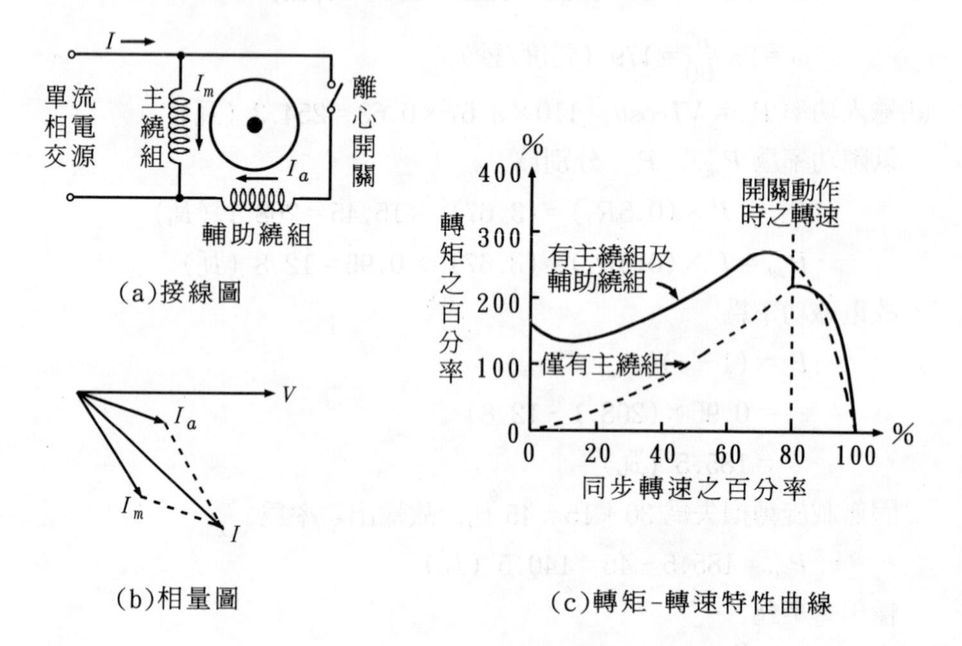

輔助繞組的電流 I_a 比主繞組的電流 I_m 相位超前，如圖 5－11(b)所示。由此可知，定子磁場會先在輔助繞組處達到最大值，然後才在主繞組處達到最大值，也就是說兩繞組上的不同相位電流，可以在定子上產生旋轉磁場。

在分相起動式電動機起動以後，當轉速約為同步速度的 70%～80%左右時，離心開關作用，使輔助繞組切離電源，以減少運轉中電動機的功率損失。分相起動式電動機的轉矩對速率特性曲線如圖 5－11(c)所示。其起動轉矩適中，且起動電流不大，適用於不需很高起動轉矩的負載，例如送風機、抽水機、繞線機等，其額定輸出通常在 $\frac{1}{3}$ 馬力以下。由於輔助繞組是由細導線所繞成，所以長時間通電時，有燒毀的危險，必須注意離心開關之動作是否正常。

若要改變分相起動式電動機的旋轉方向，只要將起動繞組或運轉繞組的兩接線頭互相對換即可。另外，爲了使分相起動式電動機可分別在兩種不同電壓 110 伏特和 220 伏特下運轉，可將主繞組設計成兩組，設每組額定電壓爲 110 伏特，當兩組並聯時可使用於 110 伏特，而兩組串聯時則可使用於 220 伏特。至於起動繞組之額定電壓，則固定爲 110 伏特，兩種接法如圖 5－12 所示。

圖 5－12　雙電壓分相起動式電動機

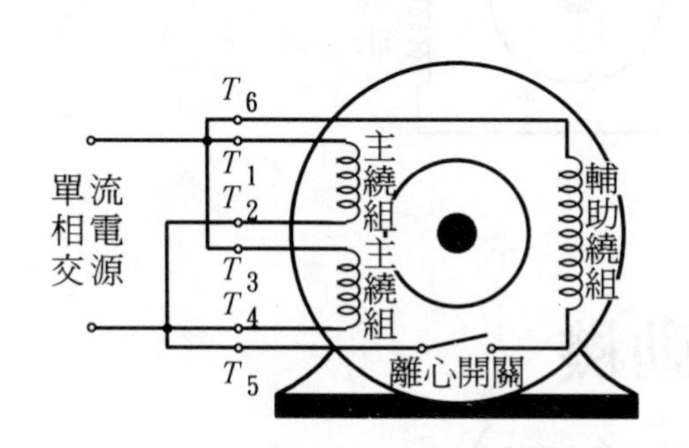

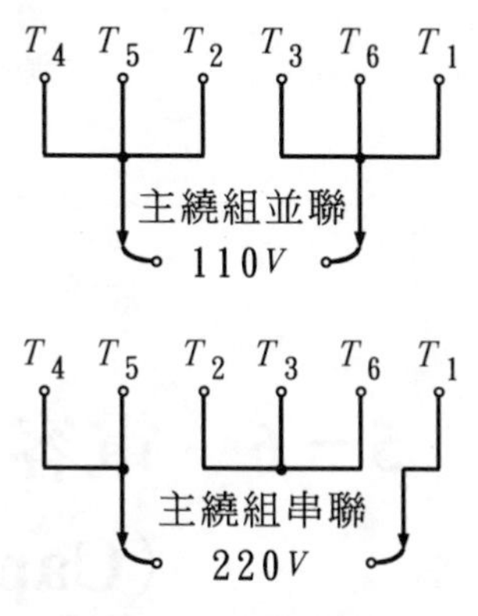

反轉時，T_5,T_6 接頭互換

分相起動式電動機的輔助繞組的線徑細且匝數少，只是用來幫助轉子的起動，一旦轉速建立以後，就必須靠離心開關或延時電驛或其他方法將輔助繞組切離電源，否則輔助繞組將會過熱燒毀。對於密閉式電動機而言，無法利用離心開關，此時可以像圖 5－13 所示改用電磁繼電器（Relay），其線圈與電動機的主繞組串聯，而常開接點與輔助繞組串聯。當電源剛加入時，因電動機尚未起動，流過繼電器的大電流產生足夠的磁力使接點閉合，故輔助繞組此時有電流經過，電動機開始起動，當轉速約達同步速度之 80％時，主繞組電流亦下降到使繼電器的磁力無法繼續讓接點接通，即輔助繞組切離電源。

圖5－13　電磁繼電器與分相式電動機的接線圖

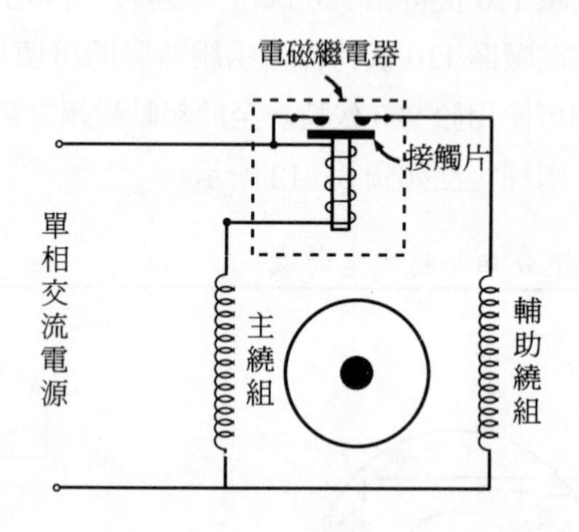

5－6　電容器式電動機 (Capacitor motors)

電容器式電動機之基本構造和分相起動式電動機相同，僅在起動繞組上多了一個或二個電容器，用來增大轉矩或提高功率因數。電容器式電動機又可分爲電容起動式、電容運轉式及電容起動電容運轉式三種型式。

1.電容起動式電動機

分相起動式電動機的起動轉矩公式爲 $T_{ST}=KI_a I_m \sin\delta$，電動機起動時固然有較大的 I_a 和 I_m 值，但是兩分相電流間的夾角 δ 一般約爲30°到40°之間，所以最大起動轉矩大約被限制在額定轉矩的1.5倍以下，但電容起動式電動機可解決這項缺點。爲了增大 I_a 和 I_m 間之夾角，在輔助繞組上多串聯了一個電容器，如圖5－14(a)所示。如能

圖 5－14　電容起動式電動機

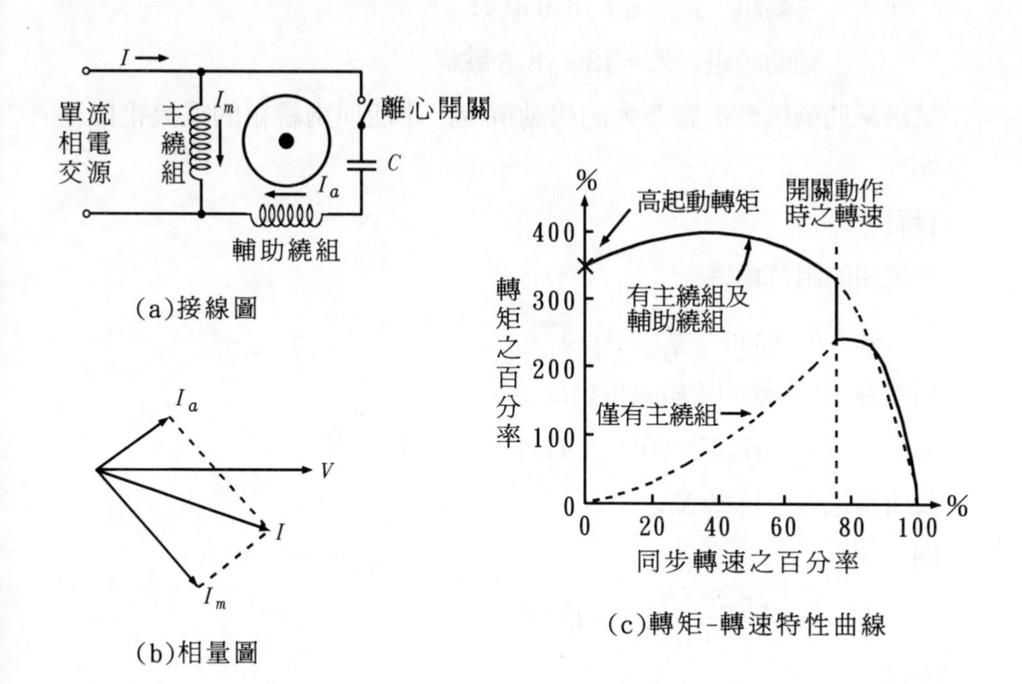

適當地選擇電容器，即可使 I_a 電流領先 I_m 電流至接近理論値 90°，因而便可提高起動轉矩。如果設計得當，亦可使輔助繞組的磁動勢等於主繞組的磁動勢，如此一來，電動機就如同一平衡之兩相電動機，可以產生圓滑的旋轉磁場。

因爲線路總電流是 I_a 和 I_m 之向量和，所以當相位角差 90°時，它們的和就可能比分相起動式的電流還低；事實上，當起動轉矩增加 2 倍以上時，起動電流反而減小 40～50%。爲了獲得這項改進，電容値必須相當大，但因起動時間通常都很短，所以可使用電解質交流電容器。

【例 5－2】

一部 110 伏特，60 Hz，$\frac{1}{4}$ 馬力的電容起動式電動機，已知主繞組和

起動繞組的阻抗如下:

主繞組 $Z_m = 6 + j6.5$ 歐姆

輔助繞組 $Z_a = 13 + j8.5$ 歐姆

試求輔助繞組應串聯多大的起動電容，才能使兩繞組的電流相位差 90°?

【解】

主繞組的阻抗角爲

$$\theta_m = \tan^{-1}\frac{6.5}{6} = 47.3°$$

相差 90°時的輔助繞組阻抗角爲

$$\theta_a = 47.3° - 90° = -42.7°$$

設所需電容容抗爲 X_c,

則

$$\tan^{-1}\frac{8.5 - X_c}{13} = -42.7°$$

所以

$$\frac{8.5 - X_c}{13} = -0.92$$

$$X_c = (0.92 \times 13) + 8.5 = 20.5 \text{ (歐姆)}$$

故電容值爲

$$c = \frac{1}{\omega X_c} = \frac{1}{377 \times 20.5} = 1.29 \times 10^{-4} \text{ (法拉)}$$

電容起動式電動機的起動繞組線徑，通常比分相起動式電動機粗，且匝數比主繞組稍多。在電動機起動後轉速達同步速度的 75% 左右時，就得將輔助繞組和起動電容器切離電源，否則起動電容器長時間通電將會燒毀。電容起動式電動機適用於需要高起動轉矩之負載，如壓縮機、往復式泵浦等。表 5－2 列出了一些電容起動式電動機馬力數及其所需電容值及起動轉矩百分率以供參考。

表 5－2　60Hz 電容起動式電動機的典型電容值

馬力（電壓）	極數	轉速（rpm）	起動電容值（μF）	起動轉矩近似百分比（%）
$\frac{1}{8}$ (110V)	2 4 6	3450 1750 1140	75～84	350～400 400～450 275～400
$\frac{1}{6}$ (110V)	2 4 6	3450 1750 1140	89～96	350～400 400～450 275～400
$\frac{1}{4}$ (110V)	2 4 6	3450 1750 1140	108～138	350～400 400～450 275～400
$\frac{1}{3}$ (110V)	2 4 6	3450 1750 1140	161～180	350～400 400～450 275～400

2. 電容運轉式電動機

電容運轉式電動機與電容起動式電動機不同之處，只在於沒有離心開關，所使用的電容器不僅作爲起動之用，且在正常運轉時仍與輔助繞組串接於電路上，電路如圖 5－15 所示。此電容器與輔助繞組可以設計在任何負載下達成平衡二相運轉，如此一來電動機除了轉矩穩

圖 5－15　電容運轉式電動機

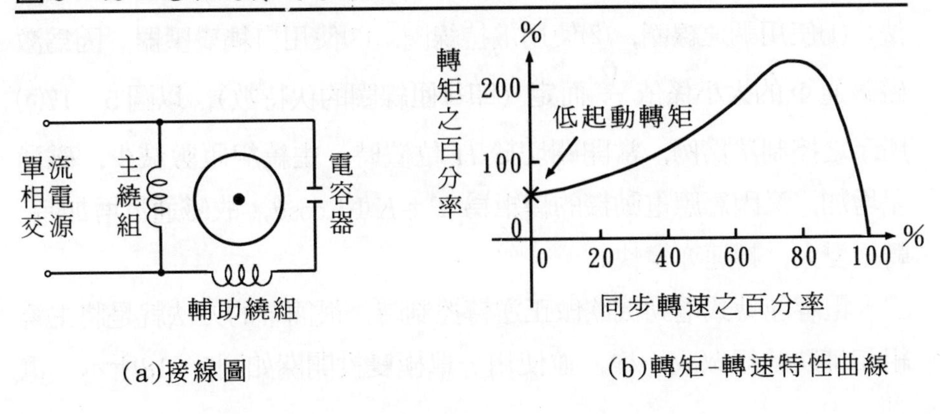

(a)接線圖　　(b)轉矩-轉速特性曲線

定，減小振動及噪音之外，功率因數和效率的問題都將獲得改善。

另一方面，由於電容值是根據正常運轉時設計的，所以在起動時就無法達到二相平衡了，故其起動轉矩比較小。電容運轉式電動機適用於低起動轉矩之負載，如電扇、吹風機等。

因電解質電容器不適於連續通電使用，所以電容運轉式電動機須使用較昂貴的油質電容器。電容運轉式電動機當電源電壓改變時，其轉矩一轉速特性將有很大的差別，如圖 5－16 所示。從這些曲線得知，電容運轉式電動機可以經由改變電壓的方式來調整轉速。

圖 5－16　不同電壓對電動機特性之影響

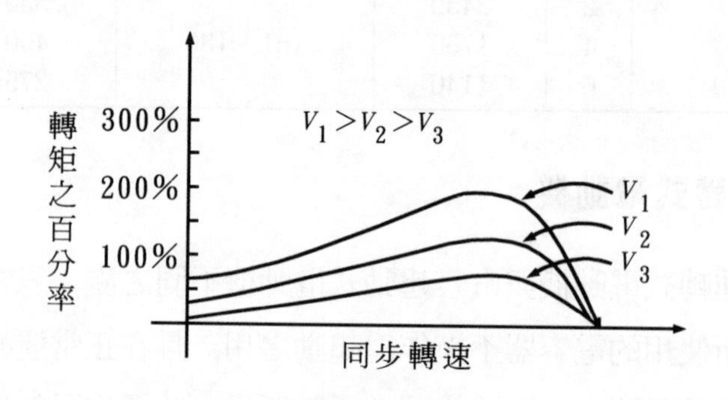

電容運轉式電動機常用的轉速控制法為改變電源電壓，因為電動機轉矩與外加電壓的平方成正比，所以改變電源電壓大小就可調整轉矩，進而控制電動機轉速。圖 5－17 列出了三種改變主繞組電壓之方法：(1)使用調速線圈，(2)使用電抗線圈，(3)使用自耦變壓器。因為激磁磁通 Φ 的大小係依 $\frac{V}{N}$ 而定（即每匝線圈的伏特數），以圖 5－17(a)所示之控制法為例，當開關切於 H 位置時，主繞組匝數減少，磁通量增加，又因感應電動機的轉矩為 $T = K\Phi I_r\cos\theta$，故磁通量增加時，轉矩變大，轉速亦變快。

電容運轉式電動機欲做正逆轉控制時，最簡單的方法就是將主繞組和輔助繞組做成一樣，並使用一單極雙投開關如圖5－18所示。電

圖5－17　電容運轉式電動機之調速控制法

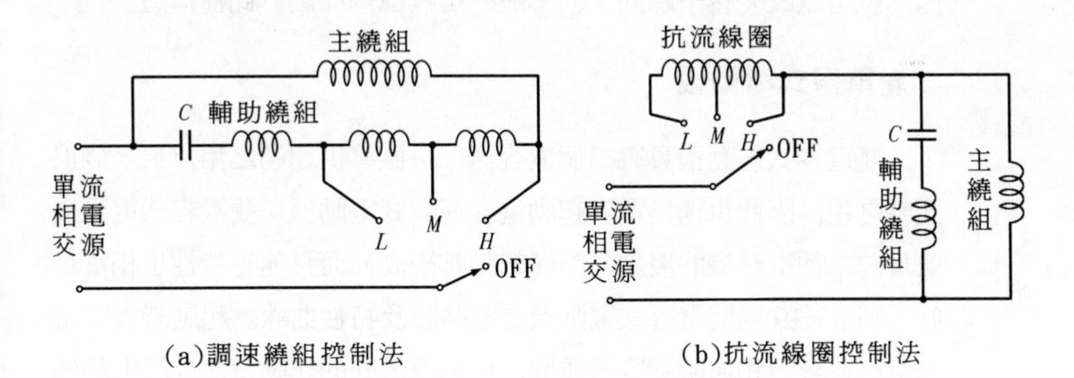

(a)調速繞組控制法　　(b)抗流線圈控制法

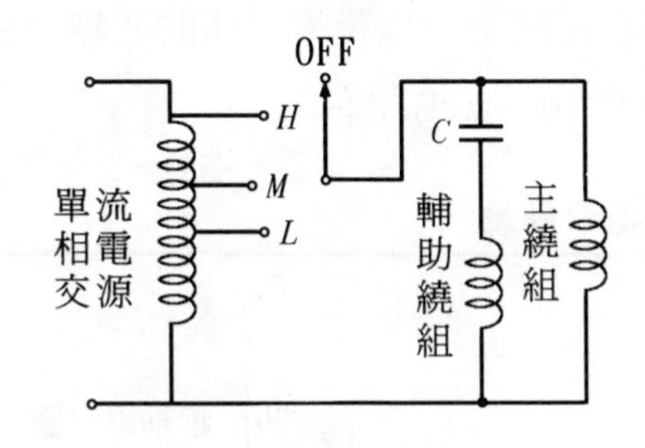

(c)自耦變壓器控制法

圖5－18　可正逆轉控制之電容運轉式電動機

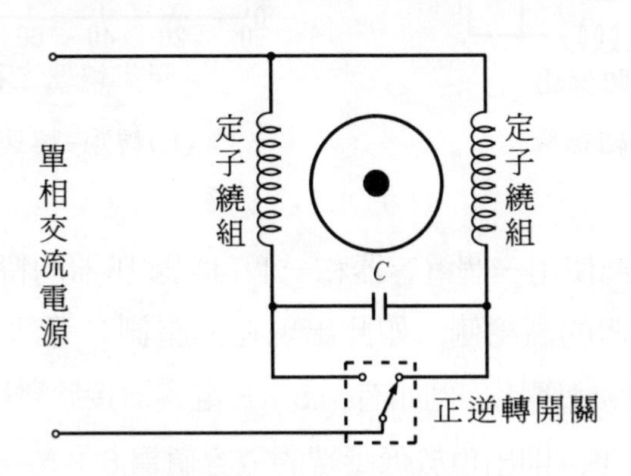

容器可任接於兩繞組之一，即任一繞組都可以當主繞組或輔助繞組，因此就可以改變轉子轉向了，一般的排氣風扇即屬於此種構造。

3. 雙電容式電動機

雙電容式電動機具有二個電容器，一個專供起動之用，另一個為運轉之用，因此也稱為電容起動電容運轉式電動機。雙電容式電動機兼具前二種電動機的優點，不僅起動轉矩高，而且運轉特性也相當良好，圖 5－19 為雙電容式電動機之電路圖及特性曲線。起動時大容量的電解電容器和運轉電容器並聯，可獲得最好的起動特性；等電動機的轉速建立起來之後，再將起動電容器切離電路，此時只剩下小容量的油質電容器連接在電路上，以獲得最佳的運轉特性。通常運轉電容值約為起動電容值的 10～20%左右。

圖 5－19　雙電容式電動機

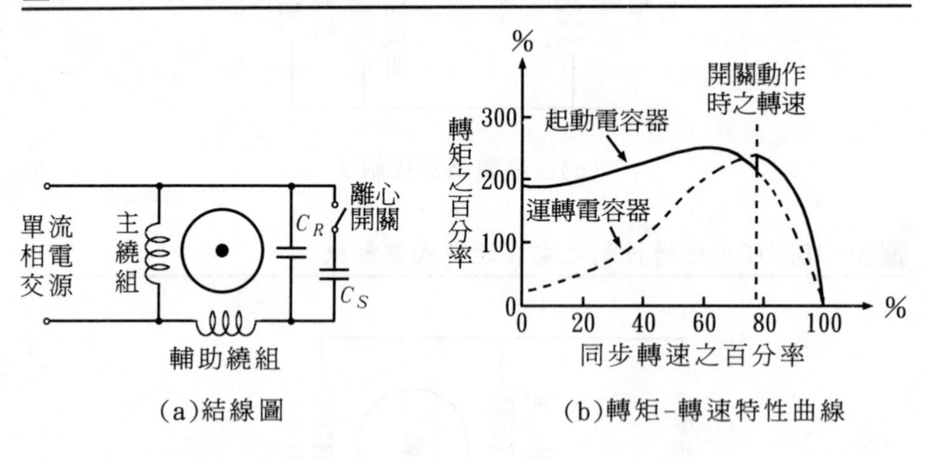

(a)結線圖　(b)轉矩-轉速特性曲線

圖 5－20 為使用一個電容器和一個自耦變壓器的特殊接法。將電容器接於變壓器的高壓側，如此出現在低壓側之等效電容值就變成 a^2C，其中 a 為變壓比。例如有一 5 μF 電容器接於變壓器的高壓端，而變壓比為 6 :1，則出現於低壓端的電容值為 $6^2 \times 5 = 180$ μF。

圖5-20　利用一個自耦變壓器及一個電容器之起動電路

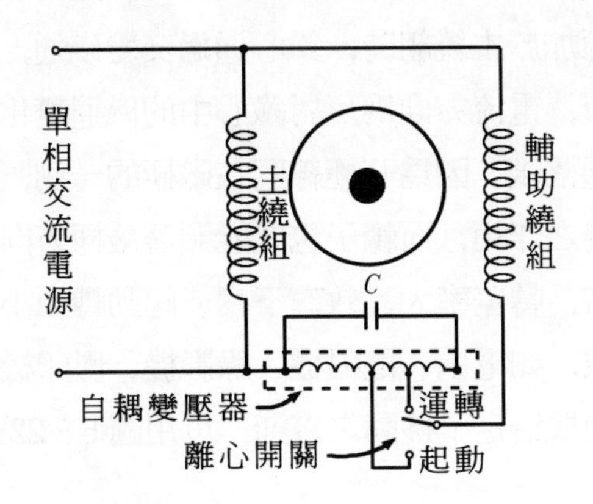

5-7　蔽極式電動機 (Shaded-pole motors)

蔽極式電動機爲感應電動機中構造最簡單且價格最便宜的一種，其定子結構爲在主磁極的一側裝有輔助短路線圈，如圖 5-21(a)所示。蔽極式電動機的轉子雖然爲鼠籠型結構，但定子磁場嚴格來講並

圖5-21　蔽極式電動機

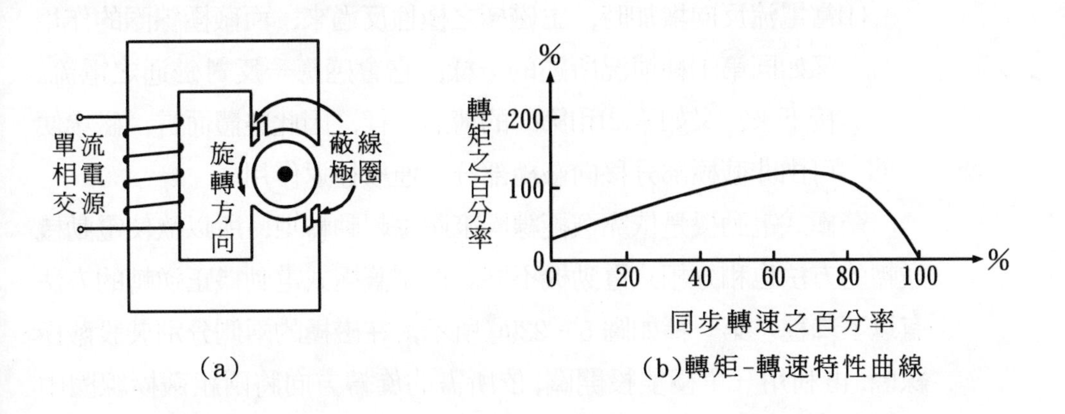

(a)　(b)轉矩-轉速特性曲線

不是旋轉磁場，而只是由磁極的一端移向另一端，並非均勻的旋轉，所以此種電動機的轉矩有脈動現象，其馬力數通常在 0.15 HP 以下。

當交流電源加於主繞組時，鐵心通過交變磁通，此交變磁通使蔽極線圈感應電流，電流方向為反對鐵心中的磁通變化，所以蔽極部分的磁通較主磁通落後。因為蔽極線圈在磁極的一側，所以定子磁極產生類似旋轉磁場之作用，而轉子也就能順著蔽極方向轉動。蔽極式電動機穩態運轉時，轉差率大、效率不良、起動轉矩小，故僅適用於低起動轉矩的負載，如電扇、電唱機、錄影機、影印機等。

蔽極式電動機沿定子移動之磁通，可用圖 5－22 所示之圖形說明如下：

(1)如圖(a)所示，在最初的四分之一週，電流逐漸增大，在蔽極線圈中由感應而生的電流反對磁通的建立，所以蔽極處的磁通較小。

(2)當線路電流達到最大值時，如圖(b)所示，此時電流和磁通都無發生瞬間變化，所以蔽極線圈中沒有感應電流，故磁通均勻分佈於整個磁極上。

(3)當電流在第二個四分之一週時，電流正逐漸減小，此時蔽極線圈感應相反方向的電流，即反對主磁通的減小，如圖(c)所示，磁通便集中到蔽極部分。

(4)當電流反向增加時，主磁極之極性反過來，而蔽極線圈的作用又如同第(1)種情況所述的一樣，它會感應一反對磁通之電流。接下來，又如第(2)和第(3)的情形一樣，因此整體而言，磁場便可由非蔽極部分移向蔽極部分，連續往返作用。

蔽極式電動機是依靠蔽極線圈來產生起動轉矩，所以欲使電動機逆轉的方法也和分相式電動機不同。控制蔽極式電動機正逆轉的方法有以下二種：第一種如圖 5－23(a) 所示，在磁極的兩側分別裝設蔽極線圈，再利用一單極雙投開關，依所需的旋轉方向將兩組蔽極線圈中

圖5－22　蔽極式電動機中之磁場移動狀況

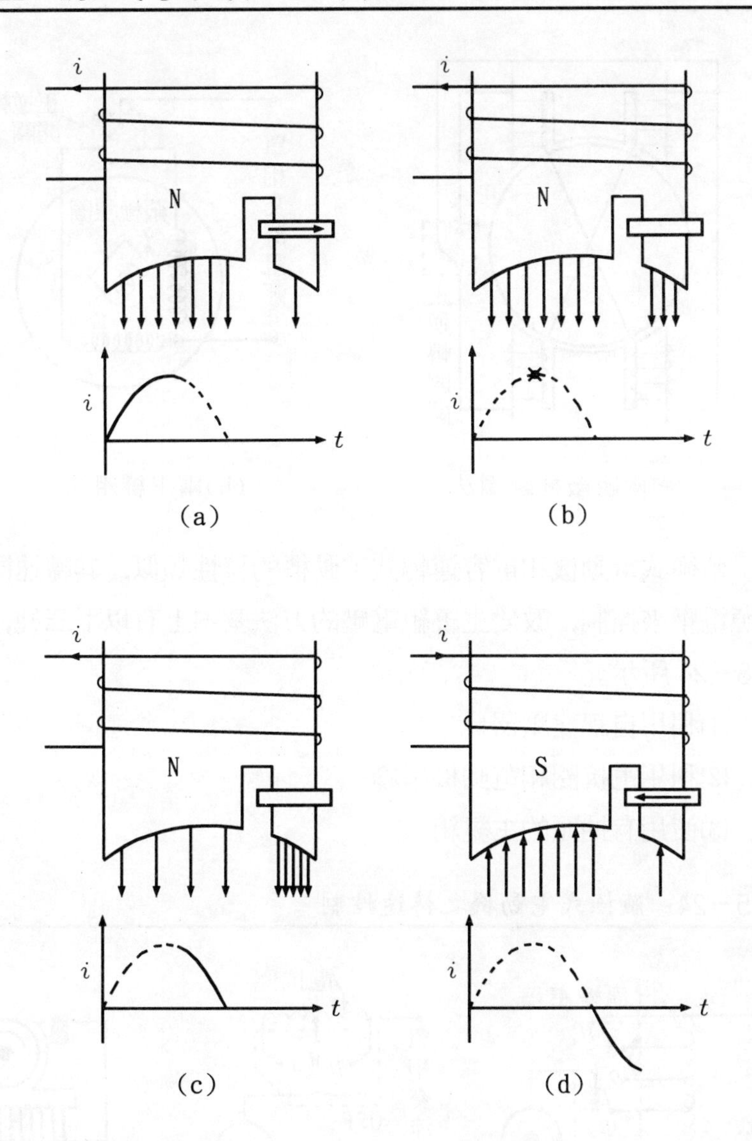

之一短路。第二種如圖 5－23(b) 所示，蔽極線圈只需一組，但需要兩組互成 90°電機角的主繞組，即每一主繞組都和蔽極線圈成 45°，再利用一切換開關依所需的旋轉方向，將主繞組通上交流電源。

圖5－23　蔽極式電動機之正反轉控制

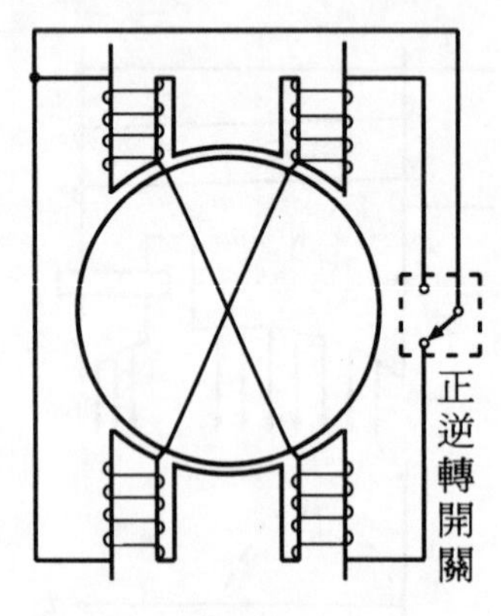

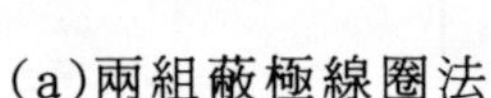
(a)兩組蔽極線圈法

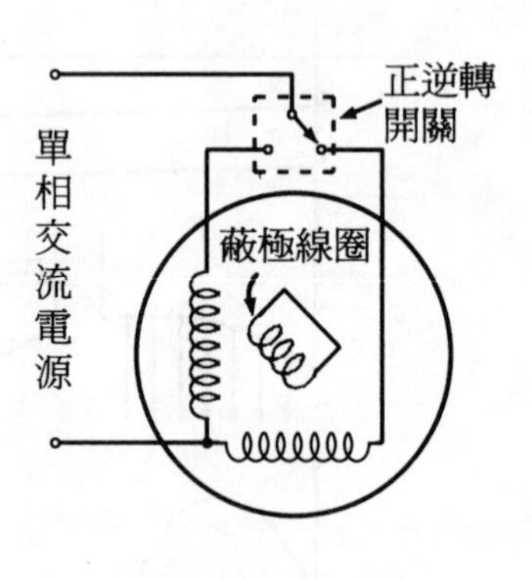

(b)兩主繞組法

蔽極式電動機和電容運轉式電動機的特性類似，其轉速同樣可由電源電壓來控制，改變主繞組電壓的方法基本上有以下三種，電路如圖 5－24 所示。

⑴利用自耦變壓器

⑵利用電抗圈和電動機串聯

⑶使用有抽頭的主繞組

圖5－24　蔽極式電動機之轉速控制

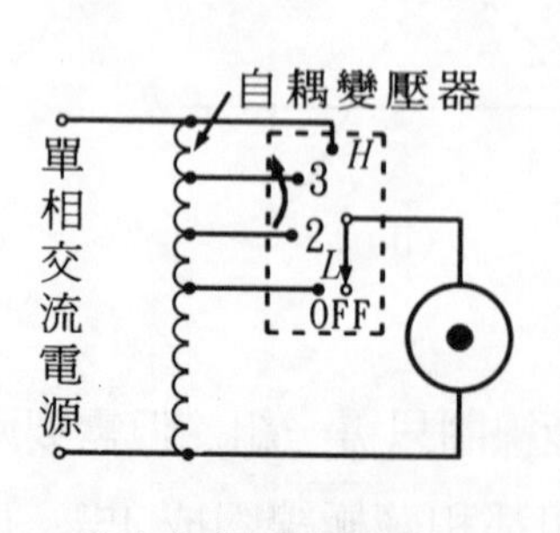

(a)自耦變壓器法

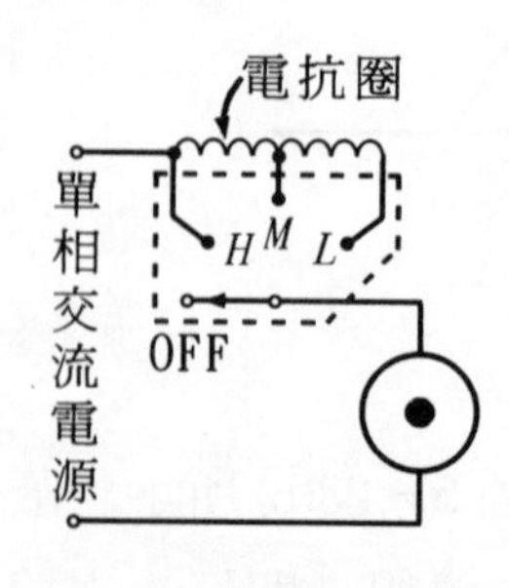

(b)電抗線圈法

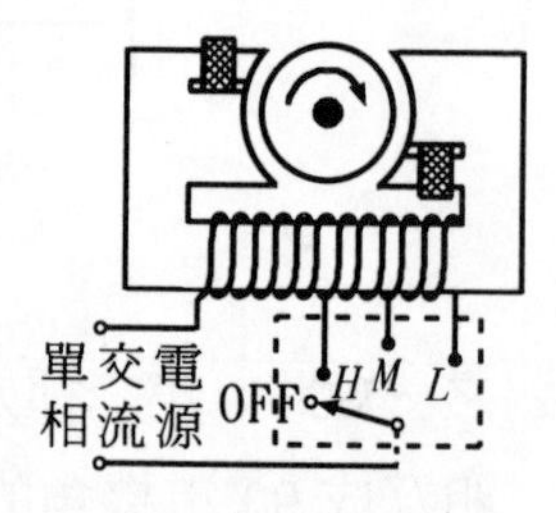

(c)抽頭繞組法

5－8　單相感應電動機之速度控制

單相感應電動機控制轉速的方法，一般可分為：(1)改變主繞組的端電壓，(2)改變極數，(3)改變電源頻率。

5－8－1　電壓控制法

由前述內容得知，感應電動機的轉矩與所加電壓之平方成正比，因而改變外加電壓明顯地可以改變轉矩，進而控制電動機之轉速。圖 5－25 顯示了三種不同電壓下之轉矩—轉速特性曲線。

電動機不論驅動何種負載，電動機本身所產生的轉矩必定等於負

圖 5－25　電容運轉式電動機改變電壓時特性曲線之變化

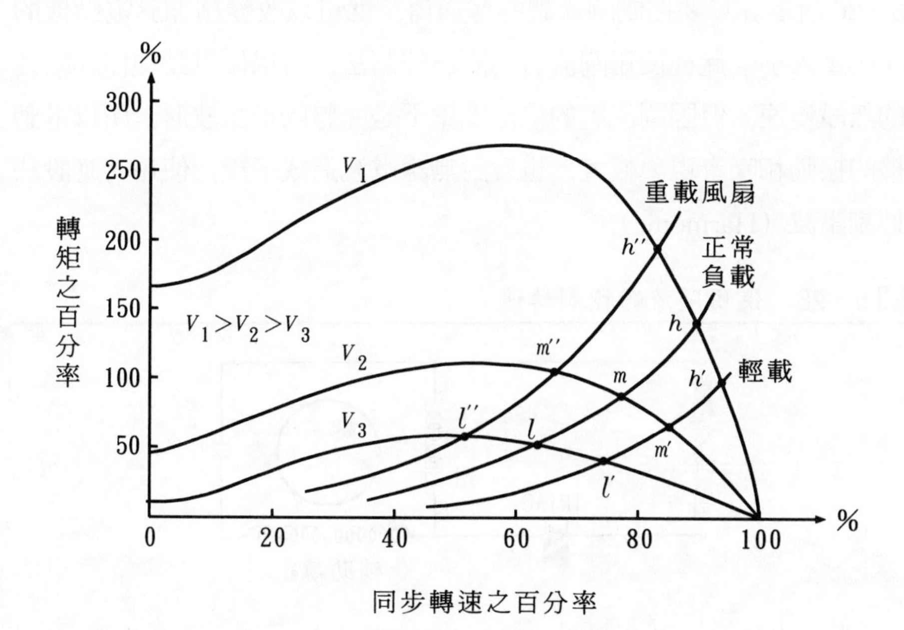

載轉矩，如此才能達到平衡狀態，否則若電動機轉矩大於負載轉矩的話，電動機必然會加速運轉；反之，當電動機轉矩小於負載轉矩時，電動機便會減速運轉。圖 5－25 中各曲線的交點，可查出電動機在不同電壓及不同負載下的轉速。但必須注意如果電動機在較低電壓下運轉且負載變大時，其工作點可能接近崩潰點，如圖上 m'' 和 l'' 點，如此一來，只要負載稍有增加，則電動機將失速。

理論上，任何單相感應電動機均可利用改變電壓來控制轉速，但要注意分相起動式電動機和電容起動式電動機，因爲這兩種電動機具有離心開關，當轉速下降時，離心開關就會閉合，使輔助繞組通上電流，則輔助繞組長時間通電會被燒毀。如果非要控制轉速不可，那麼也必須限制在離心開關跳脫的轉速以上（約同步速度的 80%）到額定轉速間的範圍。

改變電壓的方法除了前面所採用的自耦變壓器、電抗圈及中間抽頭的磁場繞組之外，也可以在電動機的電源線上串聯閘流體，如圖 5－26 所示。只要控制閘流體的導通角，就可以改變施加於電動機的端電壓大小，此種使用閘流體的固態控制法，可以使電動機作連續性的無段變速。但因閘流體的輸出電壓不是完整的正弦波形，所以電動機的振動和噪音現象較大，也會對無線電波造成干擾，使用時應設法抑制諧波（Harmonic）。

圖 5－26　使用閘流體控制轉速

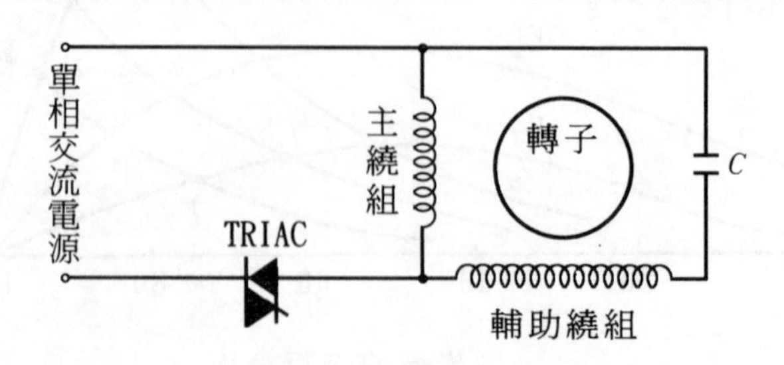

5－8－2　極數控制法

感應電動機在加入交流電源以後，定子繞組產生旋轉磁場，稱爲同步速度 $n_s = \dfrac{120f}{P}$，其中 P 爲定子的磁場極數。由此式可知，只要改變定子極數，就可以改變旋轉磁場速率，進而改變轉子的速率。

改變極數的方法有二種，其一爲在定子上繞上 2 種極數的繞組，依所需的轉速來選用極數。雖然也可在定子上繞以第三種極數的繞組，但是這會增加電動機的體積，而且也不經濟。另一種方法爲定子繞組只有一種，而變更線頭的接法來改變極數，此種極數變化一定成 2 倍的關係，如 2 極變 4 極或 4 極變 8 極。

以改變極數來控制電動機轉速的方法，通常只能得到二種不同的速率，此爲其主要缺點。

5－8－3　頻率控制法

改變電源頻率也是控制電動機轉速的一種方法。傳統上是以旋轉變頻機來產生變頻的電源，而目前幾乎已被靜態變頻器所取代。圖

圖 5－27　單相半橋式換流器

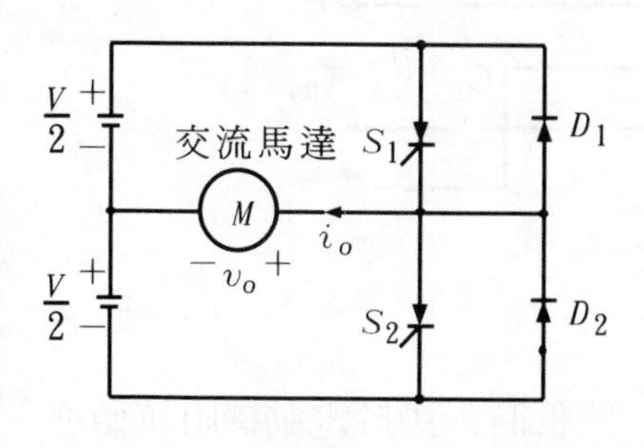

(a)單相半橋式換流器電路

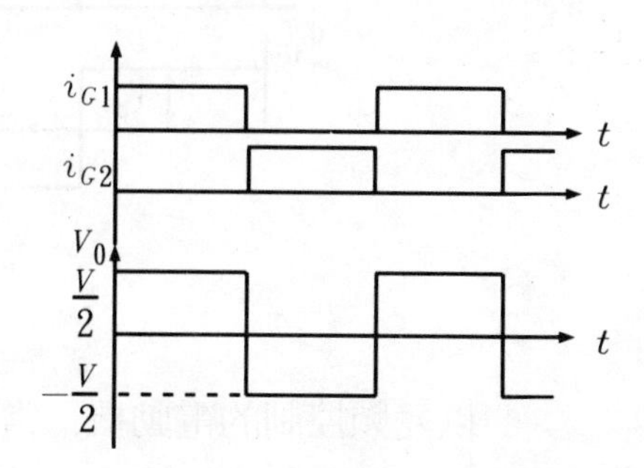

(b)激發脈波和輸出電壓波形

5－27 所示爲單相半橋式換流器（inverter）電路，可將直流電源變成交流電，供應單相感應電動機使用；只要改變 SCR 之激發速率，就可以改變交流電的頻率，進而控制電動機轉速。

半橋式換流器最大缺點就是需要兩個直流電源，因此使用的並不普遍，通常都改用只需一組直流電源之全橋式換流器，如圖 5－28(a) 所示。圖 5－28(b) 示出了電動機端電壓 V_{AB} 波形，雖然它不是理想的正弦波形，但總是正負交變的交流電壓。

圖 5－28　單相全橋式換流器

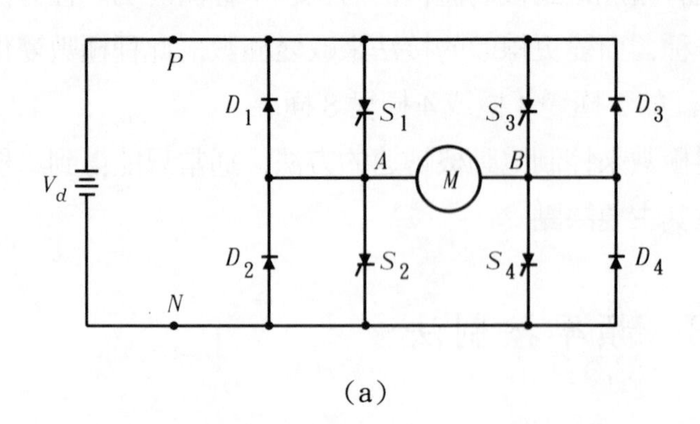

(a)

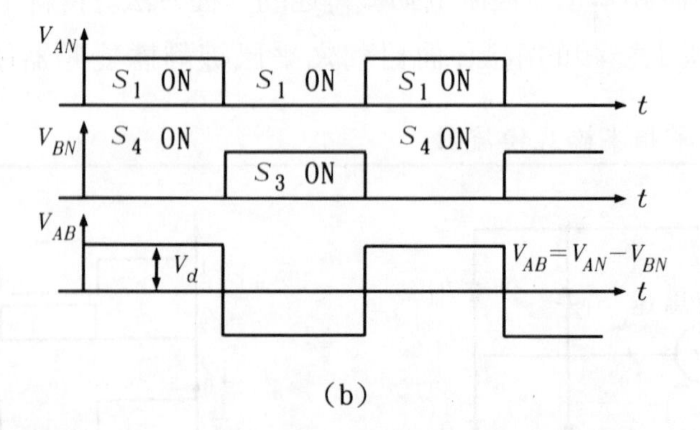

(b)

以變頻控制的電動機，當電源頻率降低時，由於電動機阻抗值亦減小，所以爲了保持電動機有固定的電流和磁場強度，電壓就必須隨著頻率成比例下降，否則電動機電流會增大，導致鐵心過飽和，此種控制方式稱爲 VVVF（Variable Voltage Variable Frequency）。

改變電壓之方法通常有脈波振幅調變（PAM）和脈波寬度調變（PWM）二種方法。前者必須改變直流電源側的電壓值，作法上較爲麻煩；後者則是保持直流電壓值不變，而將換流器電路上的 S_3 和 S_4 的導通時間往前移，如圖 5－29 所示。也可以看成 S_1 和 S_2 之導通時間往後移，如此就可改變 V_{AB} 的脈波寬度。

圖 5－29　單相脈寬調變控制電壓方式

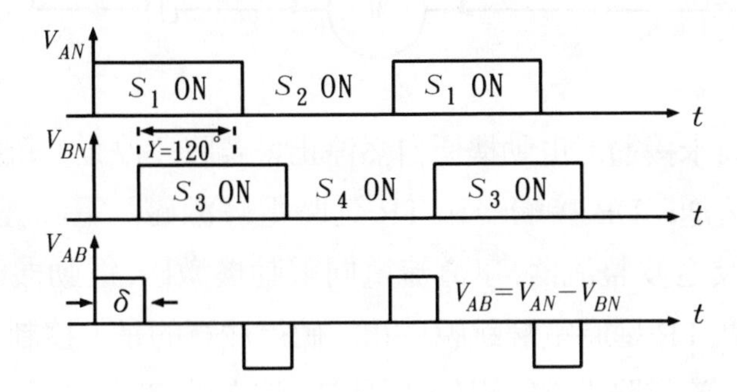

5－9　直流動力制動

感應電動機的轉子因旋轉磁場而轉動，若使定子的旋轉磁場成爲靜止狀態，則轉子也會靜止下來。也就是說，在電動機需要煞車的時候，首先將定子繞組切離交流電源，並且加入直流電流，就可使轉子立刻停止下來。交流電與直流電之間必須有互鎖裝置，防止交流與直流電流同時激磁。此外，在直流電路上通常會加入電阻器來限制直流電流，使電動機繞組不致於被燒毀。

圖 5－30 爲單相感應電動機做直流動力制動之控制電路圖。若電動機原先已經在正常運轉，當輕按「停止」鈕時，即背向接點斷路而

圖 5－30　單相電動機動力制動之接線

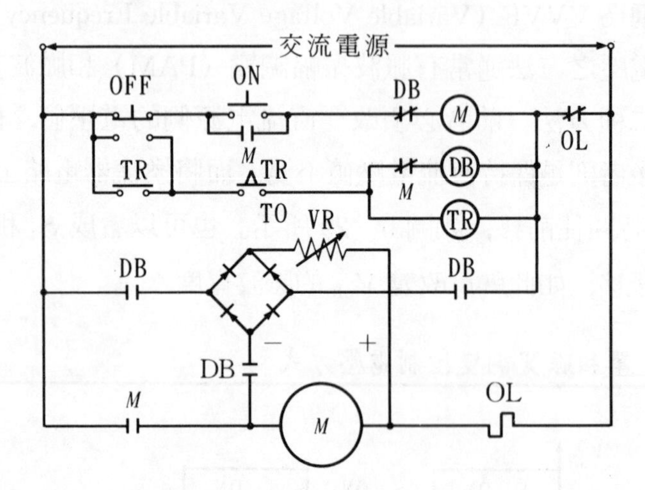

前向接點尚未接通，電動機便自然停止；若將「停止」鈕按到底，則前向接點接通，DB 接觸器和 TR 延時電驛激磁，電源經由二個 DB 常開接點及全波整流器，以直流電向電動機激磁，電動機即執行制動功能，直到 TR 延時電驛跳脫爲止。值得注意的是，控制電路必須適當的調整直流電路上之電阻值及延時電驛之設定時間；原則上要使直流電流不超過電動機之起動電流值。

5－10　交流串激電動機

交流串激電動機又稱萬用式電動機（Universal motor），因爲此種電動機可以使用於交流電源，也可以使用於直流電源。串激電動機產生轉矩之方法和一般感應電動機不同，感應電動機是靠定子的旋轉磁場切割轉子導體，使導體感應電流，進而產生轉矩，而串激電動機的定子磁場和電樞導體均直接由電源吸取電流，使形成相互垂直的兩磁場，進而產生轉矩。

串激電動機接於交流電源時，在交流電流由正半波變爲負半波以後，定子的磁場方向和電樞電流方向是同時改變的，所以轉矩方向仍維持不變；也就是說串激電動機的旋轉方向，不會受到交流電源正、負半波的影響，能夠順利在某一方向轉動。

串激電動機若設計成交直流兩用，則其磁路鐵心部分必須完全以薄鋼片疊成，以降低鐵損。另外，使用於交流電時，因感應電勢較大，所以換向問題比使用於直流電時嚴重；因此通常都將電樞相鄰換向片的電壓設計成較低値，或者將磁場線圈採用分佈（distributed）繞法或設置補償繞組。萬用式電動機之電源頻率範圍通常設計在 60 Hz 到 0 Hz，電壓從 250 伏特到 1.5 伏特之間。萬用式電動機比起直流串激電動機，其串激場稍弱而電樞導體數比較多，爲了補救較大的電樞反應，容量較大的電動機必須設補償繞組。

圖 5－31 爲串激電動機使用於直流電源和交流電源之特性曲線比較。由圖中可看出轉速愈低時，轉矩就愈大；反之，轉矩就愈小。萬用式電動機的轉速變化率相當大，所以不適用於需要定速運轉之負載，然而萬用式電動機由於體積小，而且和別種單相電動機比較起

圖5－31　萬用式電動機於直流、交流驅動時，轉矩—轉速之特性曲線比較。

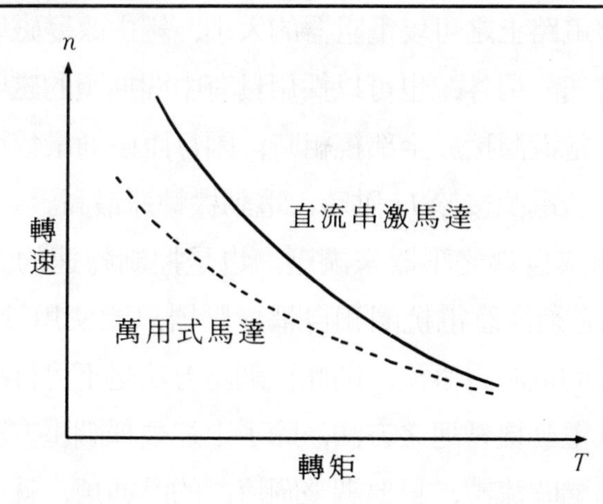

來，它每安培所產生的轉矩較大，因此在需要重量輕而且轉矩大的場合，常使用萬用式電動機，例如吸塵器、手電鑽、縫紉機、果汁機等。萬用式電動機不宜使用輪帶方式來驅動負載，防止萬一皮帶斷裂脫落時，電動機突然失去負載，轉速會上升到損壞機件的程度。

萬用式電動機改變轉向的方法有二種：⑴調換電樞線頭，⑵使用兩組反向的磁場繞組，如圖 5－32 所示。

圖 5－32 萬用式電動機之正反轉控制

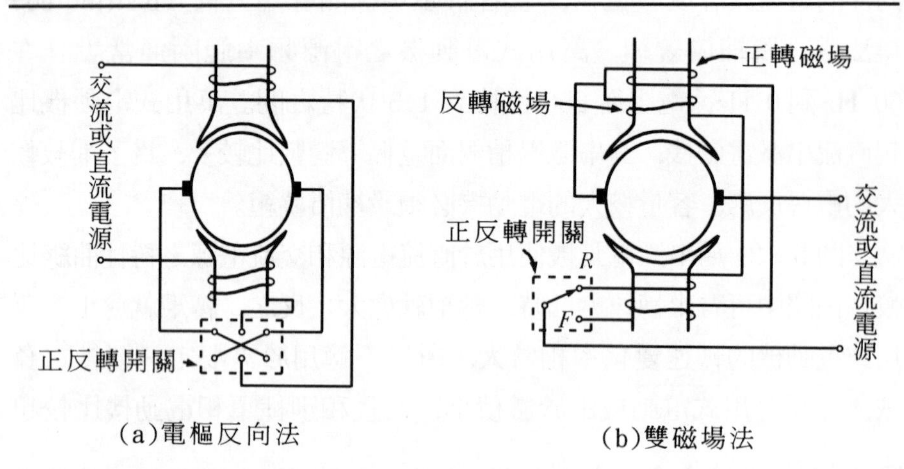

(a)電樞反向法　　(b)雙磁場法

萬用式電動機控制轉速的方法有很多種。例如可改變直流串激電動機所採用調整電路上之可變電阻器的大小，經由改變磁場強弱就可改變電動機的轉速。另外，也可以採用具有中間抽頭的磁場繞組，如圖 5－33 所示。當電源接於全部繞組時，因每匝磁通量較小，故轉速最低；相反地，若電源接於 H 點時，電動機轉速最高。

利用電抗圈或自耦變壓器來調壓，也是控制轉速的方法，如圖 5－34 所示。但必須注意電抗圈和自耦變壓器只能使用於交流電源，若萬用式電動機的電源為直流，則此種調壓方法是不可行的。

控制萬用式電動機轉速之方法，除了上述幾種調壓方法以外，也可以在電路上串聯閘流體，只要調整閘流體的導通角，就可以改變電

圖5－33　使用中間抽頭磁場線圈之萬用式電動機

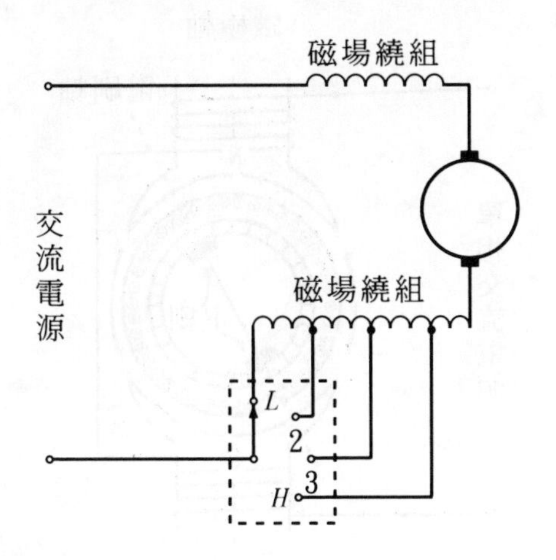

圖5－34　萬用式電動機之轉速控制

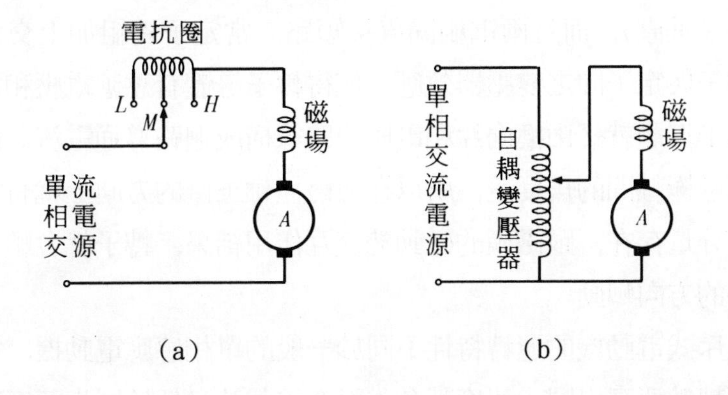

動機的端電壓，進而控制轉速。但是改變定子極數或改變電源頻率之方法，對萬用式電動機而言是沒有效果的。

5－11　推斥式電動機 (Repulsion motors)

推斥式電動機和串激式電動機都屬於換向式電動機，圖5－35所

圖5－35　推斥式電動機動作原理剖面圖

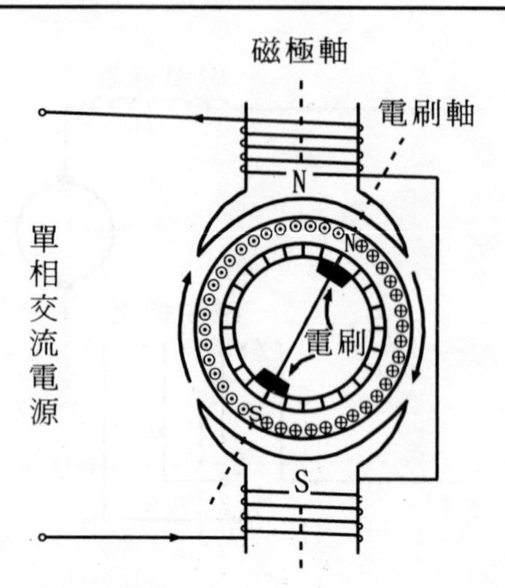

示爲二極的構造圖。電刷軸和定子磁極軸間成某一角度（直流電動機中兩軸成垂直），而且兩電刷間直接短路。當定子繞組加上交流電源後，轉子與定子間之變壓器效應，使得轉子導體有感應電壓和電流產生，轉子導體就經由換向片和電刷短路線構成迴路導通電流。由於電刷軸和磁極軸間的角度差，所以在與磁極軸垂直的方向上就有電樞磁動勢之分量存在，跟磁極的磁動勢交互作用結果，轉子就會順著電刷軸偏移的方向轉動。

推斥式電動機的運轉特性不同於一般的單相感應電動機，它在輕載時運轉轉速高出同步速度甚多，而在重載時又低於同步速度甚多，其轉速－轉矩特性曲線如圖 5－36 所示，與串激電動機頗類似。如同串激電動機一樣，推斥式電動機的負載增加時，其電樞電流與定子繞組電流均依負載增加的比例而增加。通常推斥式電動機的起動電流約爲額定負載電流的 1.5 到 2 倍。

推斥式電動機的優點有：(1)起動轉矩大，(2)起動電流低，(3)調速容易。但也具有下列缺點：(1)噪音大，(2)轉速調整率差，(3)需定期做

圖5－36　推斥式電動機之轉速—轉矩特性曲線

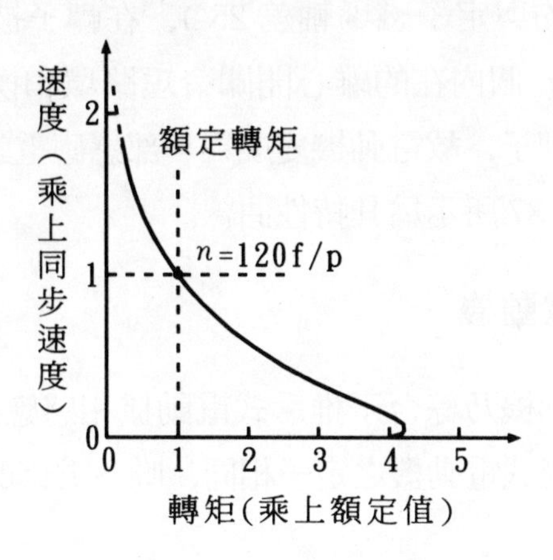

換向器保養。所以推斥式電動機目前使用的非常少，但是推斥原理卻被廣泛使用於其他兩種電動機：(1)推斥起動式感應電動機，和(2)推斥感應式電動機。

1.推斥起動式感應電動機

推斥式電動機的換向片若全部予以短路，則它將成爲一個線繞鼠籠式轉子，這表示推斥式電動機可以當作一具感應電動機運轉。推斥

圖5－37　推斥起動式電動機之轉速—轉矩特性曲線

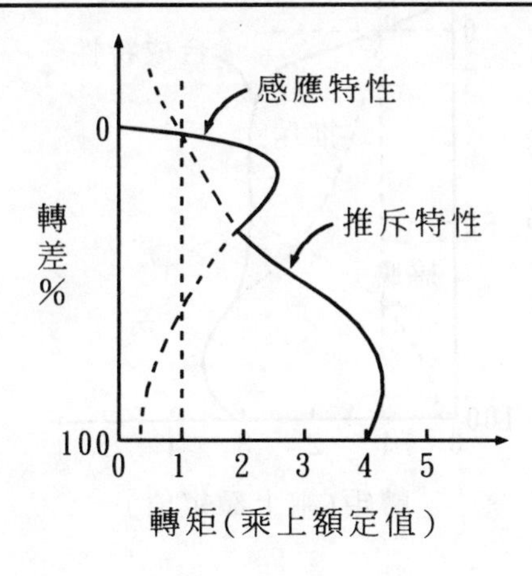

起動式感應電動機的起動是以推斥原理來起動，通常將電刷軸設置在最大轉矩位置（約與定子磁場軸差 25°），在轉子被加速到同步速度的 75％左右時，一個內在的離心開關令短路環和換向片接觸，使電樞轉換成鼠籠式轉子，故電動機變成為一部感應電動機，可依感應機特性運轉，圖 5－37 所示為其特性曲線。

2.推斥感應式電動機

推斥感應電動機乃綜合了推斥式電動機和感應式電動機的特性，因為推斥式和感應式電動機之定子相同，唯一要修改的是增加了一個鼠籠繞組。

推斥感應式電動機有一個雙籠式的轉子，其上部繞組和換向片連結，而下部繞組是一個鼠籠型之感應繞組，這兩個繞組相互絕緣。由於鼠籠型繞組置於轉子槽的底部，所以在起動時，其電抗值極高。也就是繞組的感應電流很小，且功率因數又低，所以此鼠籠型繞組產生之起動轉矩遠小於推斥繞組，如圖 5－38 所示。

圖 5－38　推斥感應式電動機之轉速—轉矩特性曲線

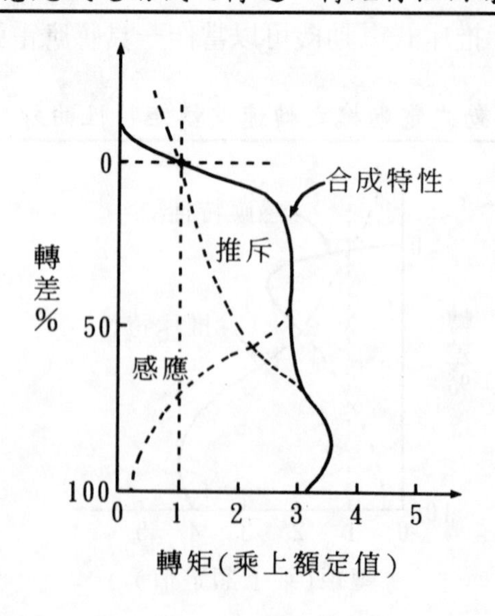

推斥感應電動機依推斥式原理起動，產生約爲額定轉矩 3 到 4 倍之起動轉矩；隨著轉速的增快，由於轉子頻率和電抗值的降低，令更多的電流流入鼠籠繞組。就轉子的某些特定負載而言，電動機爲一個組合了推斥式和感應式的電動機，若負載減小，則轉子速率增快，此時該電動機依推斥特性而加速。

在額定負載時，電動機速率約等於同步速率，又因鼠籠繞組此時不切割磁通，所以該繞組不感應電流。當負載低於額定負載時，電動機沿著推斥特性加速，但當轉速高過同步速度時，感應式的鼠籠繞組將成爲感應發電機作用而被帶動著，其原動機的動力來源即爲推斥式繞組。發電機效應的結果是產生一反轉矩以對抗推斥式繞組的轉矩，結果無載轉速僅稍高於同步速度，如圖 5－38 所示，如此一來，轉速調整率獲得了改善。單相推斥感應式電動機常用來驅動往復式泵浦和壓縮機等。

習 題

5－1 單相感應電動機可區分爲那幾種。

5－2 那兩種單相電動機具有換向片和電刷。

5－3 爲何單相感應電動機不能自行起動。

5－4 如何改變分相起動式電動機的旋轉方向。

5－5 試述電容起動式電動機和電容運轉式電動機各有何特色，適用於何種負載。

5－6 分相起動式電動機和電容起動式電動機能否以改變端電壓的方法來控制轉速，是否有任何限制。

5－7 爲何電容起動式電動機可獲得較大的起動轉矩，但起動電流卻比分相起動式電動機低?

5－8 試述單相感應電動機如何進行直流動力制動?

5－9 雙電容式電動機有何特色?適用於何種負載?

5－10 有一部 110V，60 Hz 的電容起動式電動機，主繞組阻抗爲 $Z_m=4.5+j3.7$ 歐姆，輔助繞組阻抗爲 $Z_a=9.5+j3.5$ 歐姆，求欲使兩繞組電流相位差 90°的起動電容值?

5－11 一部 $\frac{1}{2}$ 馬力的單相分相起動式電動機，電源電壓 230 V，起動繞組電流爲 $3\angle-15°$ 安培，主繞組電流爲 $5.0\angle-50°$ 安培，試求:

(a)起動時電動機定子總電流。

(b)起動時之功率因數和消耗功率。

(c)正常運轉時的功率因數和消耗功率。

(d)滿載效率。

5－12 一部 $\frac{1}{3}$ 馬力單相 4 極分相起動式電動機，從 110 V，60 Hz 之電源吸取 7.2 安培電流，功率因數爲 0.75，若滿載轉速爲 1720rpm，試求：

(a)滿載效率。

(b)滿載轉差率。

(c)額定輸出轉矩。

5－13 一部 $\frac{1}{3}$ 馬力，110 V，60 Hz 之電容起動式電動機，已知主繞組和起動輔助繞組之阻抗如下：

主繞組 $Z_m = 4 + j3$ 歐姆

輔助繞組 $Z_a = 8 + j3$ 歐姆

試求輔助繞組應串聯多大的起動電容，才能使兩繞組之電流相位差 90°。

5－14 萬用式電動機與一般單相感應電動機相比較，有何優缺點。

5－15 試述萬用式電動機爲何不能以改變極數或改變頻率的方法來控制轉速。

5－16 試述何種場合適用及不適合使用萬用式之電動機。

5－17 試述推斥起動式感應電動機及推斥感應電動機，在構造及運轉上有何差別。

5－18 試述推斥式電動機的動作原理。

5－19 試述電容式電動機不同型式之適用場合及其原因。

5－20 試述單相感應電動機控制轉速的方法有那幾種。

第六章 同步電機

所謂同步電機，是指一交流電機其轉速在穩定狀態下與電樞電流之頻率成正比；在同步轉速時，電樞所生的旋轉磁場與場繞組電流所生的磁場同速，因而可產生一穩定轉矩。同步電機之電樞繞組幾乎均在定子上且通常爲三相繞組，用作激磁之直流功率約爲同步電機額定之百分之一至百分之幾，且通常均經滑環（Slip ring）由稱爲激磁器（Exciter）的直流發電機供應；此激磁器多數與同步電機裝於同一軸上，或稱爲勵磁發電機。

6-1　同步電機之分類

交流同步電機的一般構造曾在 3-2 節討論過，且以圖 3-4、圖 3-5 表示過它的剖面及磁通路徑。以同步轉速轉動的交流發電機可能有兩種基本構造型式：

⑴旋轉電樞式（Revolving armature type）。

⑵旋轉磁場式（Revolving field type）。

圖 6-1 爲具有 6 極的旋轉電樞式交流發電機，磁場係靜止而電樞線圈迴旋於其間。若爲單相發電機之線圈端引接至兩個滑環，多相發電機之線圈端則引接至三個或以上的滑環，然後再利用銅或碳刷將電流導出。

圖 6-2 及圖 6-3 所示爲單相及三相之旋轉磁場式發電機定子結線法。其中單相發電機爲 4 極，三相發電機則表示了 2 極與 4 極的接法。

基於以下的優點，同步發電機多採靜止電樞和旋轉磁場的構造，旋轉電樞式僅偶見於小型一低電壓之發電機。若干旋轉換流機，由於同一電樞繞組載有直流與交流，也必需使用旋轉電樞式。旋轉磁場式的優點有：

圖6－1　旋轉電樞式單相發電機

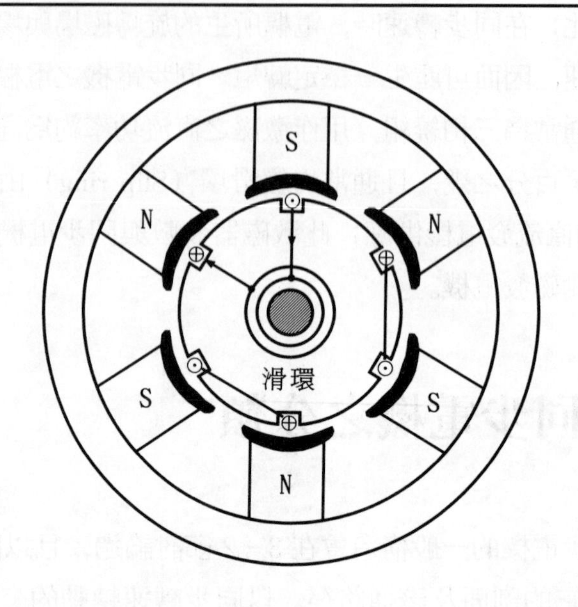

圖6－2　迴旋磁場式單相發電機

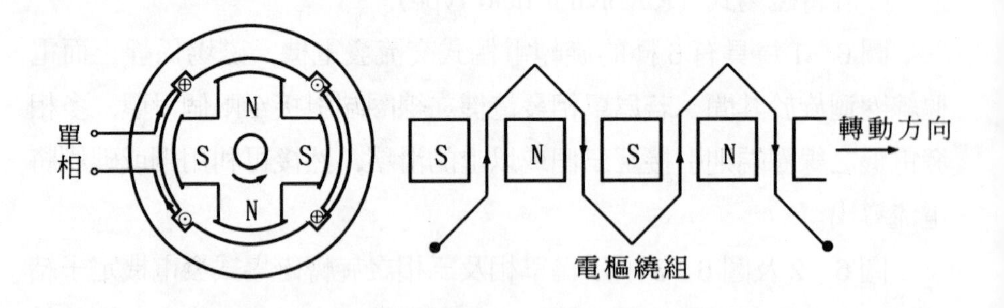

(1)增加了電樞齒強度（Tooth strength）。大容量電機必需使用較多的電樞銅料及安置於較深的電樞槽中；如圖 6－4 所示。當靜止之電樞槽深度由 $a-a'$ 增加至 $b-b'$ 時，槽齒變得更堅強，而旋轉之電樞槽加深後則槽齒將更窄更弱。兩種樞槽之頂端均較底端爲窄，其目的是防止震動時繞組之可能脫出槽外。

圖6－3　迴旋磁場式三相發電機

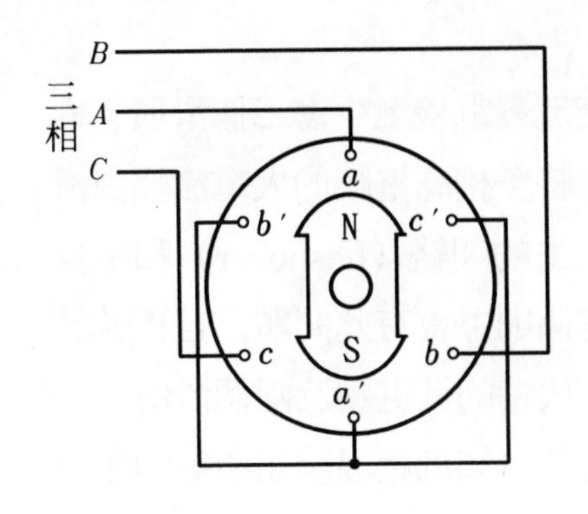

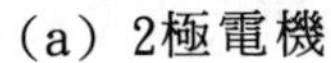
(a) 2極電機

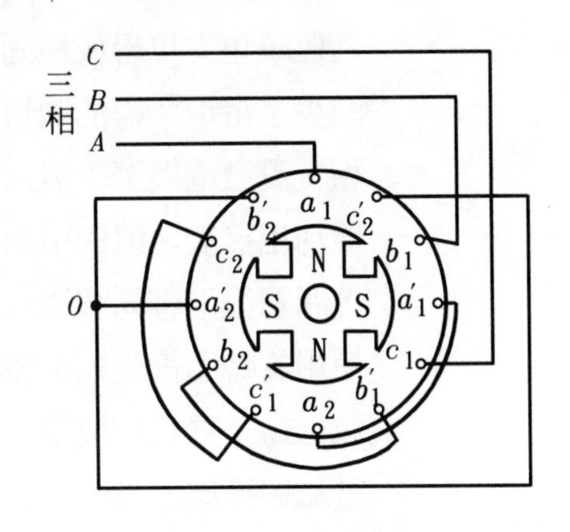

(b) 4極電機

圖6－4　旋轉電樞之深槽產生弱齒

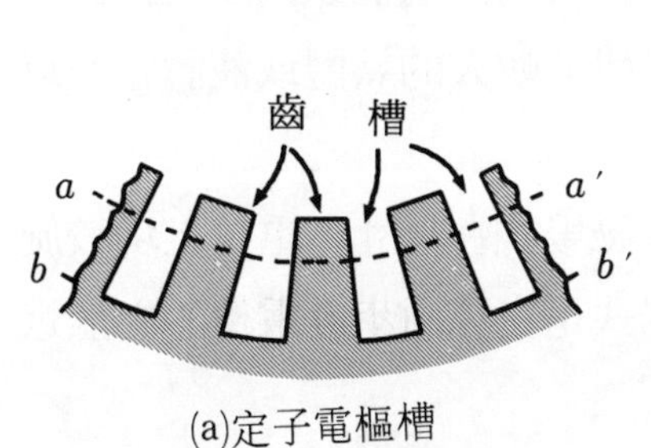

(a)定子電樞槽

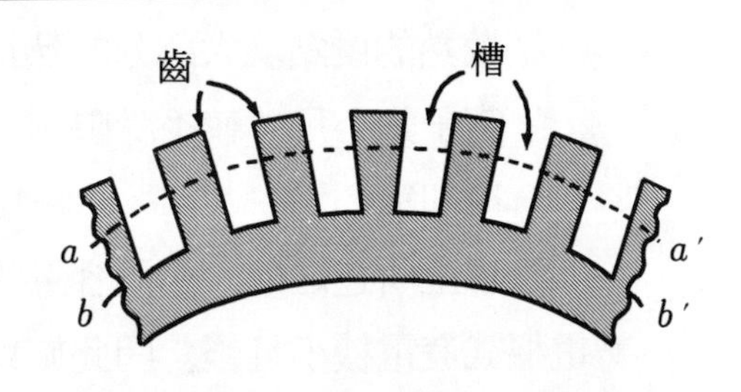

(b)旋轉電樞槽

(2)減少了電樞電抗。由圖 6－4 可見槽底 $b-b'$ 齒寬以定子電樞較寬，其磁阻較小、電樞漏磁亦較少，因而旋轉磁場式電樞電抗較小。

(3)改善了絕緣。高速率、大容量的交流發電機在高電壓下供給大電流，必需考慮絕緣。由於靜止之物體較旋轉物體易於絕緣，將高壓交流的電樞繞組置於定子而低壓直流的場繞組置於轉子，所需的絕緣尺寸、重量和數量均較小與較少。

⑷構造上的優點。大型多相定子之電樞繞組比場繞組複雜，線圈之匝與匝間、相與相間之連接線很多，在靜止構造上易於安置且樞繞也支撐得較穩固。

⑸減少了滑環所需的數目。三相交流發電機至少需三個滑環、六相交流發電機至少需六個滑環，將多相高電壓的大電流經由滑環利用接觸之電刷引出，其所產生的閃絡（flashover）和絕緣等問題很不容易解決，靜止之電樞則不會有此問題，且相較於使用旋轉場繞組則至多僅採 300 伏特的低電壓及兩個滑環。

⑹減低轉子重量和慣量。由以上討論可知低壓場繞組所需的用銅量和絕緣均比高壓電樞繞組少很多，以場繞組作旋轉元件的電機轉子易於製造且可高速率操作；在加速大容量交流發電機，尤其是以蒸汽渦輪機作原動機，需花費很多小時，具有較低轉子慣量的旋轉磁場式可以加速得較迅速。

⑺散熱的優點。大部分的熱量由樞繞及周圍的樞鐵內產生，由於定子鐵心尺寸較不受限制，可以建造較大的氣體或液體管路以冷卻鐵心。

除以上所述之外，相同容量的旋轉磁場式在尺寸和重量上均較旋轉電樞式發電機小且輕，因此旋轉磁場式是交流同步發電機的必然選擇。

交流發電機如依其使用之原動機型式，可分為下列種類：⑴汽輪式，⑵水輪式及⑶汽機式發電機。

⑴汽輪式發電機以鍋爐產生之蒸汽推動渦輪而轉動，係高速發電機，為獲得較大之機械強度及較少之風損，一般均採用穩極式的圓柱形轉子。

⑵水輪式發電機之速率自 50 至 400 rpm，視使用的水源而定，故其所需極數很多，且因風阻現象在低速時不構成問題，因此常使用凸極式的轉子。

(3)汽機式發電機直接聯結蒸汽或柴油機，爲維持均勻之角速度需要較大的飛輪效應。

低速、凸極交流發電機有大內徑的定子，可以塞入較多的導體，及大外徑的轉子以安置較多磁極，因此有較短軸長的場極和樞導體；相反的，高速、隱極式交流發電機則有較小外徑的圓柱形轉子，因而需較長軸長的場極和樞導體。因此，由外觀的顯著差異可以輕易分辨出凸極式和隱極式同步動力機，而無需檢視其轉子，如圖 6－5。

圖6－5 同步電機之外觀

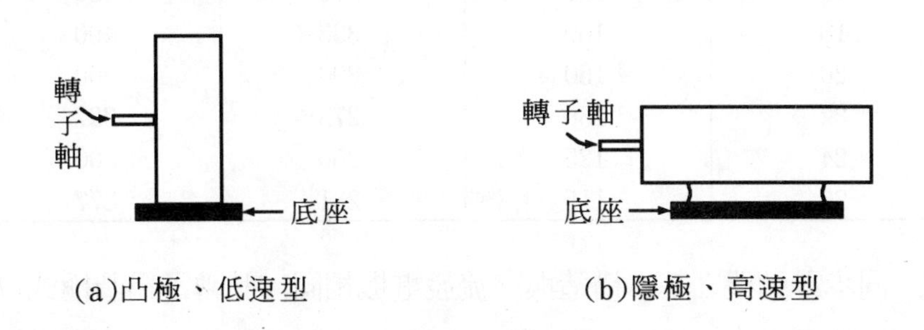

(a)凸極、低速型　　(b)隱極、高速型

交流發電機之頻率一般常用者有每秒 25、50 及 60 週三種，其中每秒 25 週之頻率較低，適合作長距離輸電用，可以減少輸電線上因電感及電容之損耗，而 50 週及 60 週者頻率較高，可免除電燈之閃爍現象。我國國家標準局所定之頻率爲每秒 60 週，但如日本及除東北境內之大陸其他發電廠則採每秒 50 週之頻率。

在交流發電機中，若磁極數爲 P，機械轉速爲 n（rpm），與感應電動勢頻率 f（Hz）之關係可表示爲

$$n=\frac{120f}{P}\text{ rpm} \qquad (6-1)$$

圓柱形的隱極式轉子常爲 2 極或 4 極，凸極式轉子則極數通常較多，比較通用的商業頻率與極數、轉速之關係列於表 6－1 中，可供參考比較。

表6－1 交流發電機極數、頻率與轉速之關係

磁極數 P	每分鐘轉速 n（rpm）		
	$f=25$ 週/秒	$f=50$ 週/秒	$f=60$ 週/秒
2	1500	3000	3600
4	750	1500	1800
6	500	1000	1200
8	375	750	900
10	300	600	720
12	250	500	600
14	214	429	514
16	187	375	450
18	169	333	400
20	150	300	360
22	136	273	327
24	125	250	300
26	115	231	277

同步電動機之基本構造與交流發電機相同，其轉子爲凸極式以備使用直流激磁。由於同步電動機需以同步速率轉動後，其轉子磁極方能與定子旋轉磁場的無形磁極互相連鎖運轉，而起動則必需另藉其他方法，通常小容量同步電動機之辦法是在轉子的凸極極面裝置鼠籠式銅棒，則依據感應電動機之原理可自行起動，此銅棒與軸平行而兩端短路，亦兼具抑制追逐（Hunting）作用，故稱爲阻尼繞組（Damper winding）。

【例6－1】

一 60 週/秒汽輪式發電機，其轉速爲 1800 轉/分，求此發電機之極數若干?

【解】

$$f=60\ \text{Hz},\quad n=1800\ \text{rpm}$$

$$\therefore P=\frac{120f}{n}=\frac{120\times 60}{1800}=4\ （極）$$

6－2　同步電機之磁通與磁勢波

於多相同步電機中，其電樞電流所產生之磁勢是一固定值，且與主磁場有一固定不變的位置關係。旋轉電樞式電機，其磁場係靜止，則磁勢亦爲靜止；旋轉磁場式電機，則電樞靜止而磁場旋轉，但電樞磁勢與磁勢作同步之旋轉，以圖 6－6 作說明。

圖 6－6(a)表示三相電流 i_A，i_B，i_C 隨時間變化之情形，圖 6－6(b)爲全節距雙層三相繞組之電樞槽及導體，當各相電流爲＋時則在＋A、＋B 或＋C 之繞組端點流入，同樣，當各相電流爲－時則在－A、－B 或－C 之端點流入。

於瞬間(1)時，i_A 爲最大之正值，i_B 及 i_C 均爲負值且爲最大值之 $\frac{1}{2}$，電流係自＋A、－B 及－C 流入，再至－A、＋B 及＋C 流出，而 A 相電流產生之磁勢爲 B 相及 C 相電流產生磁勢的兩倍。於圖 6－6(b)中，導體中之點號和＋號分別表示電流之流出與流入書本方向，由以上討論可知 a、b 二槽中之導體電流值相同而方向相反，故此二槽可視爲一線圈之二元件，其磁勢方向向上，於 $a'b'$ 位置之高度則爲安培匝數；同理，c、d 二槽亦可視爲一個線圈，其磁勢以 $c'd'$ 表示。由於 A 相電流爲 B 相及 C 相者之二倍，因此圖 6－6(b)中 e、f 二槽及 g、h 二槽導體電流產生磁勢亦以二倍高度顯示。於 m、n 及 k、l 等槽內之情形亦與上述者相似，惟其磁勢係向下作用。

將各槽導體產生之磁勢相加，則其合成磁勢即如圖中所示之梯形，由於磁通之擴散，則約略可獲得圓頂波形曲線。設 K_d 爲分佈因數，K_p 爲節距因數，其意義可參看第三章（3－11）式至（3－15）式各式；N 爲每極下串聯之電樞繞組匝數，I 爲電流之有效值，則每

圖6－6 三相交流發電機之電樞磁勢

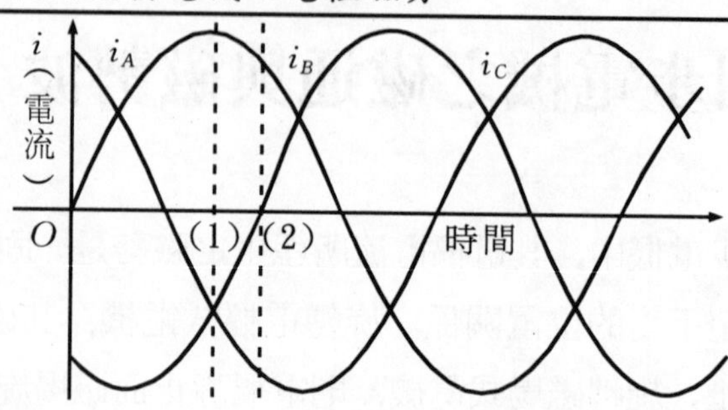

(a)三相電流隨時間之變化

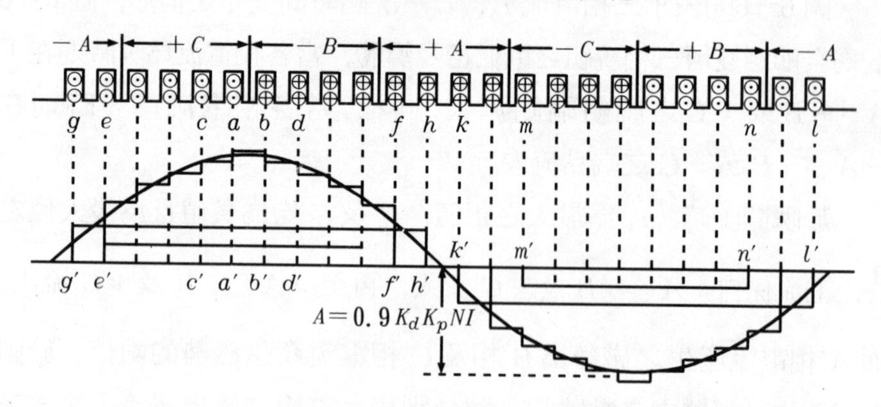

(b)瞬間(1)時的各相電流方向和磁勢

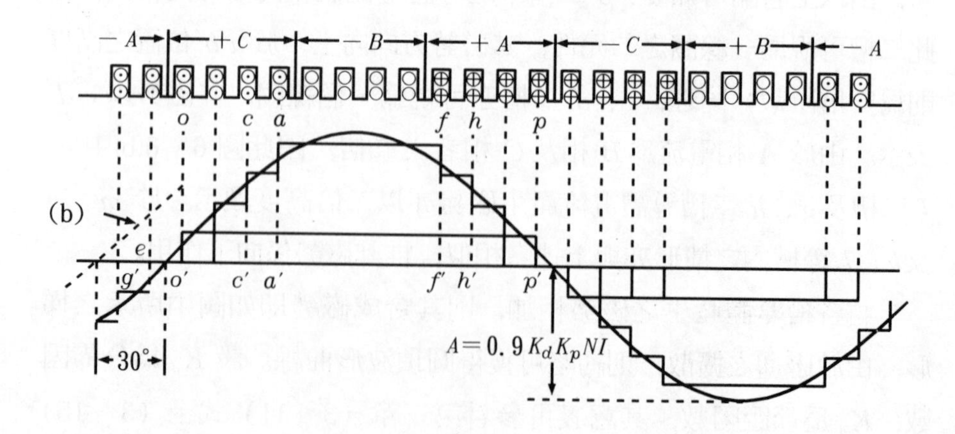

(c)瞬間(2)時的各相電流方向和磁勢

極之電樞磁勢爲

$$A = 0.9K_d K_p NI \text{（安培－匝）} \quad (6-2)$$

式中之係數 0.9 是平頂波之基波成分 $\frac{4}{\pi}$ 乘以 $\frac{\sqrt{2}}{2}$ 所得。

圖 6－6(c)所示者爲圖 6－6(a)中於瞬間(2)之情形，與瞬間(1)相隔 30°時間度數，此時 I_A 爲最大值的 0.866 倍之正值，I_B 爲零，而 I_C 爲最大值的 0.866 倍之負值。因此，於相鄰之 A 相與 C 相區域中，所有線槽內導體中電流均同向且相等，其磁勢亦因而相同。槽 a 及槽 f 中電流形成之磁勢以 $a'f'$ 表示，於槽 c 及槽 h 則以 $c'h'$ 代表，以此類推，其合成磁勢與圖 6－6(b)相似，亦屬於梯形曲線。

比較圖 6－6(b)及(c)，可見兩磁勢的基本成分均爲平滑的正弦波，電樞之磁勢隨磁場同步旋轉，其間保持恆定的相互位置。如圖形所示，多相同步機之電樞磁勢可視爲正弦波分佈，但磁場磁勢之分佈則非正弦波形，兩者之合成波形如何計算，則顯得頗爲複雜。由於分佈因數及節距因數影響，且作 Y 形結線時可減低電動勢的諧波成分，因此，既然於發電機之運用中只處理電壓與電流之基頻部分，於磁勢波之計算亦只處理其基頻部分。

同步電機之定子與轉子間的空氣隙（Air gap），係磁通量或磁勢的耦合空間，三相之磁勢波形合成可以向量和表示。圓柱形轉子之表面平滑，必需利用導體之安排以獲得近於正弦分佈之磁通密度，如圖 6－7(a)之凸極式轉子，則可利用圓頂之磁極，由於氣隙之大小致磁阻不同，而取得正弦分佈的磁通密度。

如圖 6－7(a)所示，爲三相發電機內電流較端電壓落後 θ 角度，且端電壓較感應電動勢落後 α 角度，此電樞內之感應電動勢則較激磁電壓落後 β 角度。此圖所表示之情況爲圖 6－6 之瞬間(1)之電流分佈，此時 A 相之電流爲最大值，其電樞磁勢即如 A 曲線所示，F_1 爲磁場之磁勢強度曲線，合成磁勢即爲 A 和 F_1 的向量相加，以 F 表示。

於負載時，若功率因數爲 $\cos\theta$，電流 I 較端電壓落後 θ 角度，即較感應電動勢 E 落後 $\theta+\alpha$ 角度，與激磁電壓間夾角爲 $\theta+\alpha+\beta$。將各正弦波以相量表示，則如圖 6－7(b)，可再將電樞磁勢 A 化分爲兩種成分，於落後的功率因數時包括去磁成分 A_D 和交磁成分 A_C，如圖 6－7(c)之所示。

圖6－7　三相交流發電機之電樞、磁場及合成磁勢

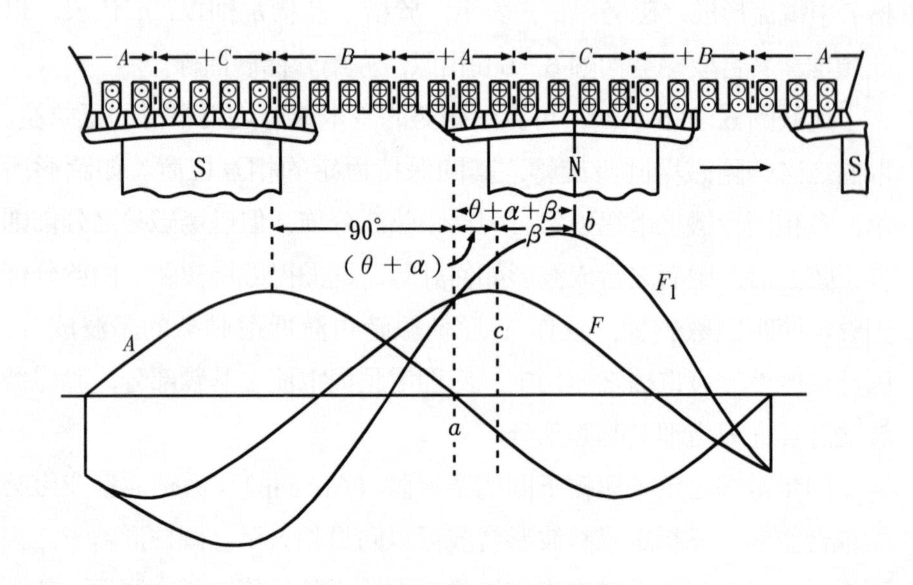

(a)滯後功率因數之磁勢波

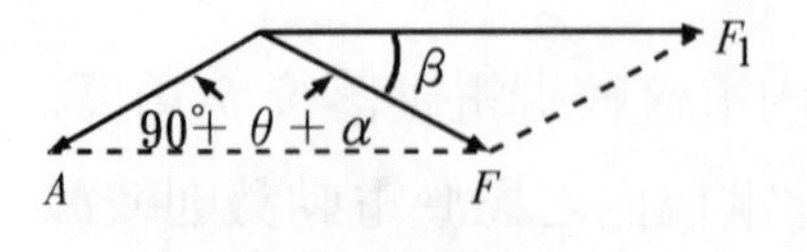

(b)以向量表示各磁勢波

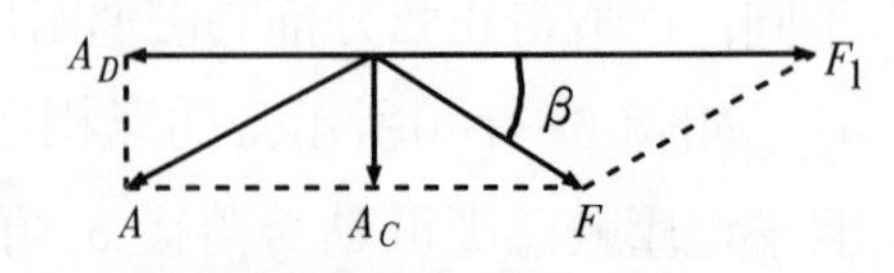

(c)電樞磁勢之分解

6－3　電樞反應

無載時，發電機空氣隙中之磁通分佈係與磁極之中線對稱，通常皆大約爲一正弦波，故發生於電樞中之電動勢亦爲一正弦波。當有電流流經電樞線圈時，則電樞所形成的磁通即必需和磁場的磁通合併，因而使電樞導體所切割的磁通大小及分佈均改變，其感應電動勢大小與波形亦隨而改變，此種結果稱爲電樞反應（Armature reaction）。由於交流電機各導線之電流係呈正弦波形變化，且各導線的電流對於場磁通量可爲超前（leading）或落後（lagging），視功率因數而定，故需作進一步討論。

在不同負載功率因數時，電樞電流與主磁場的相對位置可以圖6－8表示。其中第一組是電樞導體對主磁場之相對運動而形成的電動勢方向，第二、三、四組則是功率因數爲1、零（落後）及零（超前）之三種極端情形下，單相電機電流的方向，其對磁場磁通量及電動勢之影響另以三相電機說明如下：

(1)負載功率因數爲1時，如圖6－9(a)，三相發電機之電動勢與

圖6－8　不同功率因數情況下電樞電流對場磁通之位移

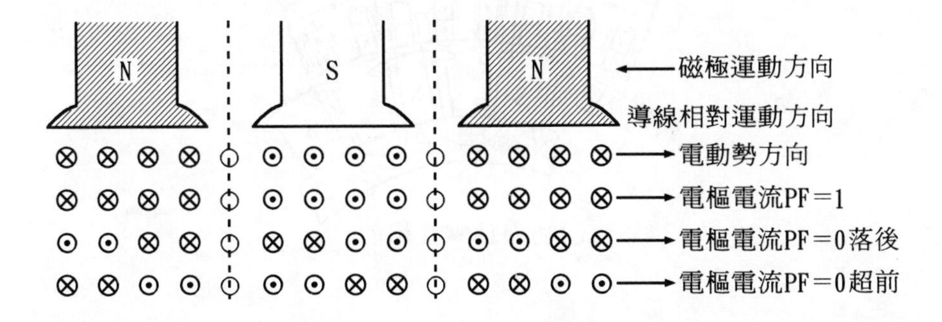

電流同相。在圖中顯示的瞬間，第二相導體處於磁極之中央，與磁極之磁通未發生切割，因此電流爲零。

(2)零功率因數落後時，如圖 6－9(b)，電流較電動勢落後 90°。在此情況下，電樞電流所產生之磁通是直接去磁的，因此當負載功率因數極低且落後（如輕載之感應電動機），發電機端電壓隨負載的增加而急速降低。

(3)零功率因數超前時，如圖 6－9(c)，電流較電動勢超前 90°。在此情況下，電樞電流所產生之磁通是直接加強磁場的，故發電

圖6－9　三相發電機電樞電流所產生之磁通

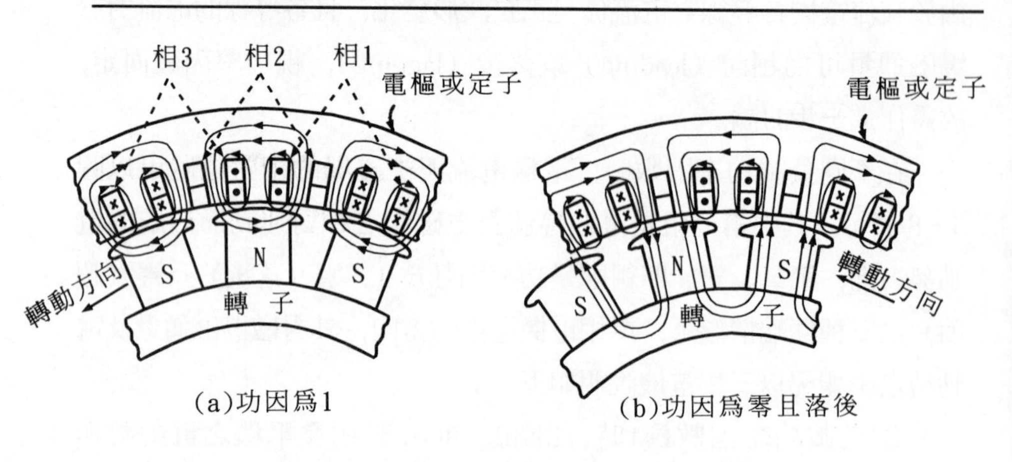

(a)功因爲1

(b)功因爲零且落後

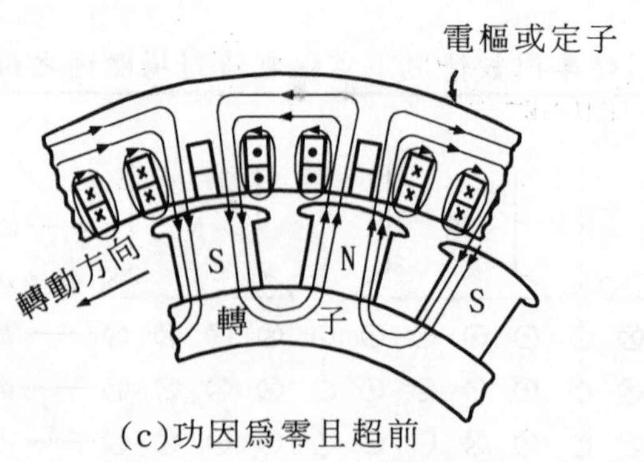

(c)功因爲零且超前

機接至電容器上，或遠端開路的長輸電線，端電壓將升高。

綜合上述可知，電樞電流之磁通在電樞導體上所生之電動勢應為電抗電勢 E_{ar}，與電樞電流成正比而落後電流 90°角，E_{ar} 稱為電樞反應電壓（Armature reaction voltage）。

功率因數為 1 時，由右手定則可知電樞電流產生與主磁場方向互相垂直之磁通量，此稱為正交磁化磁通量（Cross-magnetizing flux），以主磁場磁通量 Φ_f 為參考軸，則電樞電流所產生之 Φ_a 與 Φ_f 正交，且落後 90°。電樞產生之交流電壓 E_g 落後 Φ_f 90°，所以 E_g 與 I_a 同相，而 E_{ar} 則落後 Φ_a 90°，此一電壓在交流發電機中直接影響其電壓調節，各相量間之關係繪於圖 6－10(a)。

當功率因數為零且落後時，I_a 落後電樞電動勢 E_g 90°，Φ_a 是直接與 Φ_f 相抗，如圖 6－10(b)所示。當功率因數為零且超前時，I_a 超前 E_g 90°，Φ_a 則與 Φ_f 相加，如圖 6－10(c)所示。由上兩圖 E_{ar} 和 E_g 之關係，可知落後功因形成不良之發電機電壓調整，而超前功因可獲得良好的電壓調整。

圖 6－10　電樞反應電壓之效果

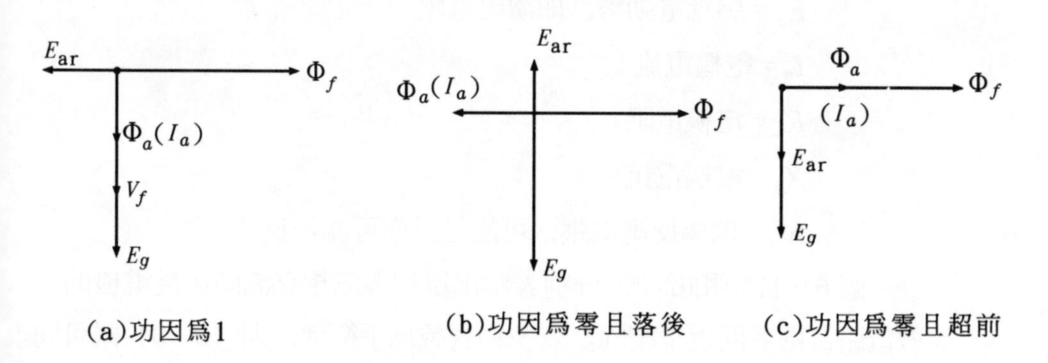

在單相或多相交流電機非屬極端情況時，當每相電樞電流落後每相電動勢之角度在 0°與 90°之間，則電樞反應之效果部分是去磁作

用，部分是正交磁化作用；同理，電流超前電動勢 0°與 90°之間時，則部分是磁化作用及部分是正交磁化作用。

6－4 同步阻抗與等效電路

當負載加於交流同步發電機之輸出端時，則電樞線圈中即有電流通過，若線圈電阻爲 R_a，將因此而產生 I_aR_a 之電阻壓降；同時，每一導體所產生的磁通，部分將與本身交鏈，因而有自感應電動勢之形成，由於每相之各導體相互串聯，此感應電動勢即相當於電樞的電抗壓降，故同步發電機亦具有 I_aX_a 之電抗壓降，這種情形和變壓器頗爲類似。

是故，對一單相或多相交流同步發電機，激磁電壓和端電壓（V_t）或相電壓（V_p）的關係，可以下式表示

$$\dot{V}_p = \dot{E}_g - \dot{I}_aR_a - j\dot{I}_aX_a \pm \dot{E}_{ar} \qquad (6-3)$$

其中，以一相作成的等效電路參數爲

E_g＝感應電動勢，即激磁電壓

I_a＝電樞電流

R_a＝電樞電阻

X_a＝電樞電抗

E_{ar}＝電樞反應電壓，可能是正亦可能是負

圖 6－11(a)和(b)中，分別表示出單相與三相交流同步發電機的等效電路，兩者間近乎相同。若多相負載爲平衡者，則（6－3）式可同時表示單相或多相發電機，各參數上以橫線標示者代表其爲向量，對於各種不同功率因數的向量圖，必需加以考慮，同時可據此預測電壓關係，且寫出電壓調整率公式。

圖6－11 交流同步發電機之等效電路

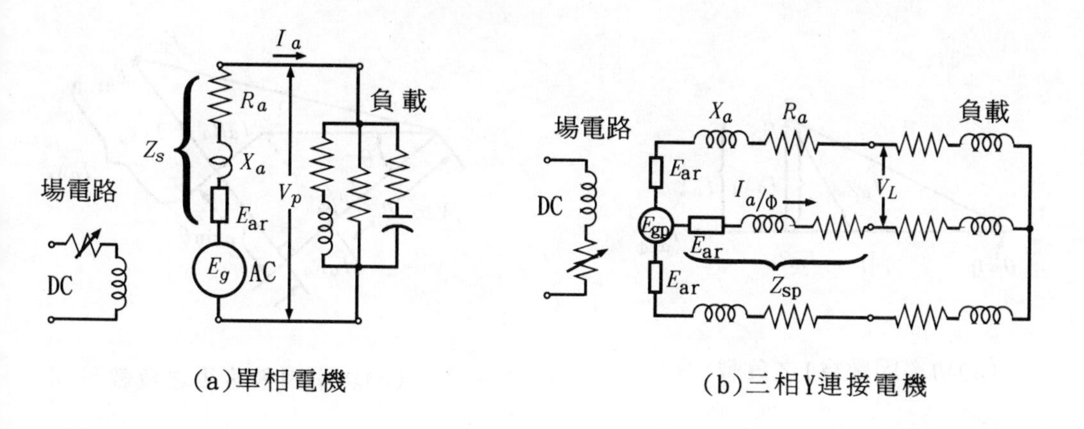

(a)單相電機 (b)三相Y連接電機

圖 6－11 兩等效電路均假設激磁電路爲他激式者，因此，因負載改變所引起的端電壓變化不致影響主磁場的激發，這種安排和直流他激發電機類似。

造成激磁電壓與端電壓差異的各種不同壓降間關係示於圖6－12，根據定義，功率因數爲 1 時，電樞相電流 I_a 與每相端電壓同相位，每相電阻壓降 I_aR_a 與 I_a 必然同相位，而每相的電抗壓降 I_aX_a，則因其爲電感性，故永遠超前 I_a 90°，電樞反應電壓 E_{ar} 亦領先 I_a 爲 90°，因此 E_{ar} 亦恆與電樞電抗壓降 I_aX_a 同相，此情形表示於圖 6－12(a)中，(6－3) 式呈現於功率因數爲 1 的負載情況下，則可寫成

$$\dot{E}_{gp}=(\dot{V}_p+\dot{I}_aR_a)+j(\dot{I}_aX_a+\dot{E}_{ar}) \qquad (6-4)$$

上式顯示，當功率因數爲 1 時，電樞反應所產生之電壓落後電樞電流 90°，克服電樞反應所生電壓即爲全部激磁電壓的一部分，此部分爲超前電樞電流 90°。由圖 6－12(a)和 (6－4) 式之中均可得知，在此情況的相端電壓 V_p 較每相激磁電壓低一總阻抗壓降 I_a (R_a + jX_s)，jI_aX_s 爲交軸同步電抗壓降，亦即是電樞電抗與電樞反應的組合壓降。

圖6－12 在三種負載情況下的同步發電機激磁電壓與端電壓之關係

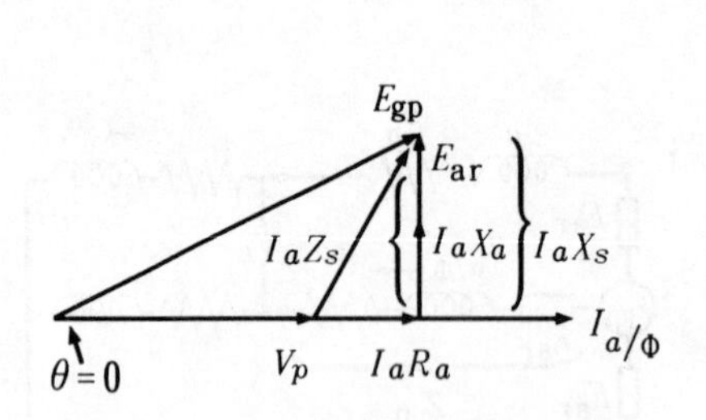

(a)功率因數爲1之負載

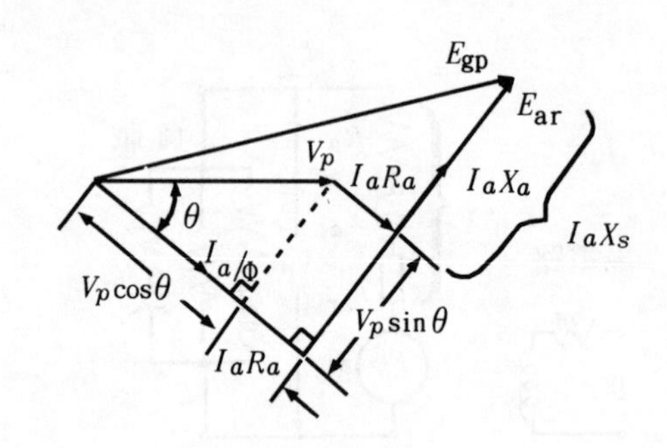

(b)功率因數落後之負載

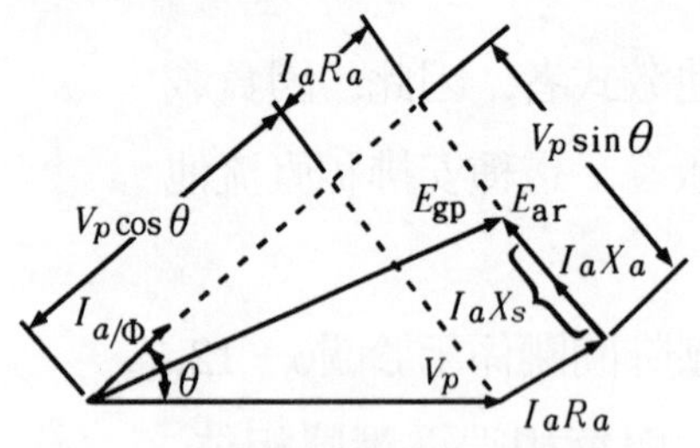

(c1)功率因數超前之負載

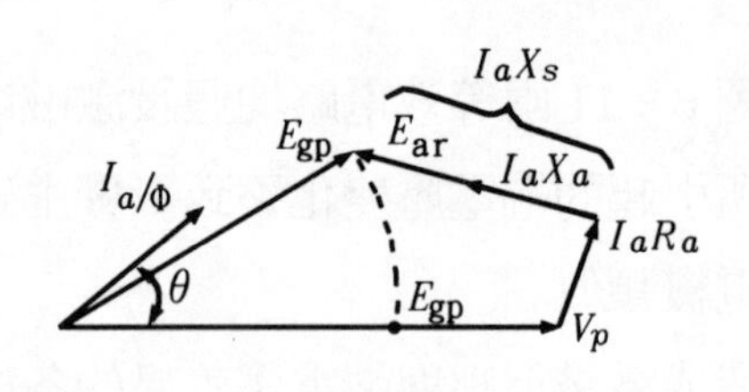

(c2)功率因數超前形成負電壓調整率

如因負載爲電感性者，跨接於交流同步發電機的輸出端，致使每相電樞電流 I_a 落後於端電壓某一角度 θ，則可以圖6－12(b)表示，依據定義 $\cos\theta$ 即功率因數。電阻壓降 I_aR_a 與每相電樞電流同相，交軸電抗和電樞反應壓降領先電樞電流 90°，則（6－3）式亦可適用，但每相之發電電壓 E_{gp} 若改用水平和垂直分量表示，則可更簡略。

$$\dot{E}_{gp}=(\dot{V}_p\cos\theta+I_aR_a)+j(V_p\sin\theta+I_aX_s) \qquad (6-5)$$

同理，如因負載爲電容性者，使得 I_a 領先 V_p 某一角度 θ，則關係可以圖6－12(c)表示，I_aR_a 壓降永遠和每相電樞電流同相，而 I_aX_s 領先電樞電流 90°，以水平和垂直分量表示 E_{gp}，則可得

$$E_{gp}=(V_p\cos\theta+I_aR_a)+j(V_p\sin\theta-I_aX_s) \qquad (6-6)$$

由圖 6－12 和（6－5）式及（6－6）式可知，欲獲得同樣的額定相電壓，超前功率因數較落後功率因數所需發出的電壓低，此可由以下之各例題觀察驗證。

【例 6－2】

一 50 仟伏安，230 伏特，60 Hz 之單相交流發電機，其電樞電阻為 0.012 歐姆，同步電樞電抗為 0.080 歐姆，以額定電流供應功率因數為 1 之負載，試求其激磁電壓 E_g。

【解】

額定電流

$$I=\frac{50000}{230}=217.4\ (\text{安培})$$

由於

$$E_g=(V_p+I_aR_a)+jI_aX_s$$

故

$$\begin{aligned}E_g&=\sqrt{(V_p+I_aR_a)^2+(I_aX_s)^2}\\&=\sqrt{(230+217.4\times0.012)^2+(217.4\times0.08)^2}\\&=233.25\ (\text{伏特})\end{aligned}$$

【例 6－3】

一 1000 仟伏安，4600 伏特，三相 Y 接交流發電機，已知每相電樞電阻 2 歐姆，同步電抗 20 歐姆，當

(a)功率因數為 1 的負載時。

(b)功率因數為 0.75 落後的負載時。

求滿載時每相的激磁電壓。

【解】

$$V_p=\frac{V_L}{\sqrt{3}}=\frac{4600}{1.73}=2660\ (\text{伏特})$$

$$I_a=\frac{kVA\times1000}{3V_p}=\frac{1000\times1000}{3\times2660}=125\ (\text{安培})$$

每相 $I_a R_a$ 壓降＝125×2＝250（伏特）

每相 $I_a X_s$ 壓降＝125×20＝2500（伏特）

(a)當功率因數為 1

$$E_{gp} = (V_p + I_a R_a) + jI_a X_s$$
$$= \sqrt{(2660+250)^2 + (2500)^2}$$
$$= 3845 (\text{伏特/每相})$$

(b)當功率因數為 0.75 落後

$$E_{gp} = (V_p \cos\theta + I_a R_a) + j(V_p \sin\theta + I_a X_s)$$
$$= (2660 \times 0.75 + 250) + j(2660 \times 0.676 + 2500)$$
$$= \sqrt{(2250)^2 + (4270)^2}$$
$$= 4820 \ (\text{伏特/每相})$$

【例 6－4】

如例 6－3 之電機，當情況改為

(a)功率因數為 0.75 超前的負載時。

(b)功率因數為 0.4 超前的負載時。

求滿載時每相所需的激磁電壓。

【解】

如例 6－3 所求

每相 $I_a R_a$ 壓降＝250 伏特

每相 $I_a X_s$ 壓降＝2500 伏特

(a)功因為 0.75 超前

$$E_{gp} = (V_p \cos\theta + I_a R_a) + j(V_p \sin\theta - I_a X_s)$$
$$= (2660 \times 0.75 + 250) + \text{j}(2660 \times 0.676 - 2500)$$
$$= \sqrt{(2250)^2 + (730)^2}$$
$$= 2360 \ (\text{伏特/每相})$$

(b)功因為 0.4 超前

$$E_{gp}=(2660\times 0.4+250)+j(2660\times 0.916-2500)$$
$$=\sqrt{(1314)^2+(40)^2}$$
$$=1315(\text{伏特/每相})$$

可見，在超前功因情況下，激磁電壓較端電壓爲低，並且當功因愈超前，所需的激磁電壓愈低。

由上述之討論及範例顯示，端電壓較無載時電壓升高或降低數量，係依據負載之大小及負載之總功率因數而定，且⑴負載愈大，則端電壓的升高或降低值愈大。⑵落後功率因數愈低，則電壓降愈大。⑶超前功率因數愈低，則電壓升高愈大。

6－5 損失與效率

交流發電機之額定如同所有的電機，是由它所能允許的溫升所決定。一般而言，全部的損耗都是以熱的方式散失，在一定的電壓和頻率下，交流發電機的額定容量以仟伏安表示。極數一定的電機，當頻率已知時，即可決定其轉速，而摩擦與風阻之損失爲速率的函數，故頻率決定了風阻與摩擦所產生的熱量。

磁滯和渦流損失是頻率與磁通的函數，感應得到的激磁電壓亦係由頻率和磁通來決定，故由電壓與頻率即可知鐵芯損失產生之熱量。電樞之銅線圈損失是電流的函數，但在既定的仟伏安和電壓額定下，額定電流極易求得，其所生成的熱量亦可由電壓和仟伏安額定所決定。

【例6－5】

一單相發電機額定電壓 3300 伏特，額定容量 100 仟伏安，若負載的功率因數爲 80%，此部電機可提供電流及功率若干？若發電機爲三相者，結果又如何?

【解】

(a)單相發電機

$$電流=\frac{100000}{3300}=30.3\ (安培)$$

$$功率=100\times 0.8=80\ (仟瓦)$$

(b)三相發電機

$$電流=\frac{100000}{\sqrt{3}\times 3300}=17.5\ (安培)$$

$$功率=100\times 0.8=80\ (仟瓦)$$

詳列交流發電機損失，則可分類為:

(1)銅損失。由電樞線圈及場線圈之電阻造成。

(2)鐵芯損失。包括磁極、定子鐵芯，由於轉子和電樞磁場合併磁通所產生的渦流和磁滯損失。

(3)摩擦和風阻損失。如同一般之旋轉電機，由於軸承和電刷之摩擦，及使冷卻空氣流通所需之功率。

交流發電機之效率亦如同其他電機，是輸出和輸入的比值，但是大型的交流發電機如欲直接測量其輸出和輸入之功率，以決定其效率，則既不經濟且不準確，由於輸入之計算不易達成（由原動機驅動），而上述的損失則較易於測量，因此，常依據損失來決定交流發電機的效率。

$$效率=\left[1-\frac{損失(仟瓦)}{輸出(仟伏安\times 功率因數)+損失(仟瓦)}\right]\times 100\% \qquad (6-7)$$

【例 6-6】

一 3300 伏特，500 仟伏安，60 Hz，三相 Y 接之交流發電機，由試驗可知

機械損失 = 12 仟瓦

滿載磁場電流，100％功率因數＝53 安培

滿載磁場電流，80％功率因數＝65 安培

每一相之電樞線圈電阻＝0.68 歐姆

激磁電壓爲 125 伏特，以變阻器調整磁場電流，試計算

(a)100％功率因數負載。

(b)80％功率因數負載，其滿載效率分別爲若干？

【解】

滿載電樞電流 $I_a = \dfrac{500000}{\sqrt{3}\times 3300} = 87.5$（安培）

(a)100％功率因數

輸出功率＝500×1.0＝500（仟瓦）

機械損失＝12（仟瓦）

激磁損失＝$\dfrac{125\times 53}{1000}=6.63$（仟瓦）

電樞線圈之銅損失＝$\dfrac{87.5^2\times 0.68\times 3}{1000}=15.62$（仟瓦）

∴總損失＝34.25（仟瓦）

效率＝$\left(1-\dfrac{\text{損失(仟瓦)}}{\text{輸出(仟伏安×功率因數＋損失(仟瓦))}}\right)\times 100\%$

$=\left(1-\dfrac{34.25}{500+34.25}\right)\times 100\%$

$=93.6\%$

(b)80％功率因數

輸出功率＝500×0.8＝400（仟瓦）

機械損失＝12（仟瓦）

激磁損失＝$\dfrac{125\times 65}{1000}=8.13$（仟瓦）

電樞線圈之銅損失＝$\dfrac{87.5^2\times 0.68\times 3}{1000}=15.62$（仟瓦）

∴總損失＝35.75（仟瓦）

效率＝$\left(1-\dfrac{35.75}{400+35.75}\right)\times 100\%=91.8\%$

一同步電動機或同步發電機若在固定頻率下運轉，由於速率固定，其旋轉損失爲恆定數值，可經由量測，由無載時電樞輸入之功率扣除電樞銅損而獲得。

【例 6－7】

三相 Y 連接同步電機之量測結果如下：無載時電樞電流爲 8 安培，且此時電樞輸入功率 6 仟瓦。當直流磁場激磁爲 18 安培與 125 伏特之直流，則交流發電機在開路時之線電壓爲 1350 伏特。設鐵心損失與直流激磁自無載到滿載均不改變，且已知每相電樞之有效電阻 $R_a = 0.45$ 歐姆，滿載時電樞電流 $I_a = 52.5$ 安培，單位功因時額定輸出 100 仟瓦，試求：

(a)同步電機的旋轉損失。

(b)磁場銅損失。

(c)在 $\frac{1}{4}$、$\frac{1}{2}$、$\frac{3}{4}$ 負載及滿載時之銅損。

(d)於各種負載且功率因數爲 0.9 落後時的效率。

【解】

(a)∵同步電機之旋轉損失(P_r)

$= 無載時之電樞輸入功率(\sqrt{3} \times V_a I_a \cos\theta) - 電樞銅損(3I_a^2 R_a)$

$$P_r = 6000 - (3 \times 8^2 \times 0.45) = 6000 - 86.4 = 5914 \text{（瓦）}$$

(b)磁場銅損失 $= 125 \times 18 = 2250$（瓦）

(c)滿載時電樞銅損 $= 3I_a^2 R_a = 3 \times (52.5)^2 \times 0.45 = 3725$（瓦）

在 $\frac{1}{4}$ 負載時，銅損 $= 3725 \times \left(\frac{1}{4}\right)^2 = 233$（瓦）

在 $\frac{1}{2}$ 負載時，銅損 $= 3725 \times \left(\frac{1}{2}\right)^2 = 932$（瓦）

在 $\frac{3}{4}$ 負載時，銅損 $= 3725 \times \left(\frac{3}{4}\right)^2 = 2100$（瓦）

(d)∵ $效率(\%)=\dfrac{額定輸出\times負載}{額定輸出\times負載+損失}\times100\%$

$$在\frac{1}{4}負載=\frac{(100000\times0.9)\times\frac{1}{4}}{\left(100000\times0.9\times\frac{1}{4}\right)+(5914+2250)+233}\times100\%$$

$$=\frac{90000\times\frac{1}{4}}{90000\times\frac{1}{4}+8164+223}\times100\%$$

$$=72.7\%$$

$$在\frac{1}{2}負載=\frac{90000\times\frac{1}{2}}{90000\times\frac{1}{2}+8164+932}\times100\%=83.2\%$$

$$在\frac{3}{4}負載=\frac{90000\times\frac{3}{4}}{90000\times\frac{3}{4}+8164+2100}\times100\%=86.8\%$$

$$在滿載=\frac{90000}{90000+8164+3725}\times100\%=88.25\%$$

旋轉損失之一部分是因旋轉之磁極與設置於交流電機軸上的通風扇受風阻而引起的，在大型的交流電機常採密封式之冷卻及強迫的通風，其方法是：

(1)利用冷風機來帶走電機產生的熱，使溫度保持在合理之情況下。

(2)避免因冷風機之風阻使部分區域溫度較高。

(3)密封此交流電機的冷卻系統，與塵埃及濕氣隔絕。

渦輪發電機的輸出甚大，且速率很高，必須採用密封式的冷卻系統，其使用媒介常是氫氣而不用空氣。氫氣比空氣黏度較小，且熱傳遞能力是空氣的八倍，因此能更有效的降低交流電機的溫度，且使導線冷卻面受到的風阻較小，除此之外，使用氫氣尚有電氣上的優點，

由於

(1)氫氣本身爲絕緣體，且不會使物體氧化。

(2)電暈的產生電位較空氣爲高。

氫氣冷卻之顧慮主要是某些氫氣混合物具有爆炸性。由實驗得知，氫氣與空氣的比率由6%比94%至71%比29%均可能引起爆炸，但氫氣所佔比率高達90%以上則不會有爆炸的危險，甚至在高溫時也是一樣。

完全密封之系統以氫氣作爲冷卻媒介，並以送風機或風扇強迫氫氣流經轉子與定子，充分的接觸內部線圈而加以冷卻，如此可使電機的效率大爲提高，若不使用氫氣冷卻，則其體積必須增加約25%。

不論直流或交流發電機，在額定轉速及額定端電壓下其輸出容量具有額定數值，以仟瓦（kW）或仟伏安（kVA）表示。而直流或交流電動機，在額定速率、滿載電流及額定端電壓時，其輸出額定容量以馬力（HP）表示。若電機在銘牌所指示的額定容量下運轉，則不致於過熱而損壞，而短暫之過載運轉也是被允許的，但電機不能長時期的使用於過載情況，那是會使壽命縮短的，而且效率也較低。

電機通常以周圍溫度40℃作標準來設計製造，表6-2列出了不同絕緣等級的最高被允許溫度。若電機裝置之地點接近高溫的機件，例如渦爐或電熱器，則電機周圍之實際溫度可能很高，那麼電機的溫度極限就必須更高。

電機內最高溫度點通常深埋在定部或電樞的繞組中，由於不易接近而難以量測，通常可用熱電偶或溫度計儘量放置在接近於最熱點的地方，然而表面溫度與溫度最高點仍有差別，須以測得之值再加15℃來修正。亦可用電阻值之改變作測量，這方法計算最熱點的溫度，則須再加上10℃才較能近於實際數值。

在額定的溫度和電壓條件下，另一影響額定容量的因素是責任週期(Dutycycle)，責任週期可分爲連續性的及間歇性的兩種，對於相

表6－2　絕緣材料的溫度極限

材料種類	絕緣等級	所允許的溫度（周圍溫度以40℃爲標準）	最大溫度極限
棉、絲、紙或其他有機物，但浸在或灌注絕緣材料液體內。	O	50℃	90℃
1.浸過或灌注有關之介質液體的材料。 2.導體表面塗有瓷漆錦（Enamels）與假漆（Varnishes）。 3.膜（Films）與纖維物醋酸鹽片及其他纖維物產品。 4.有纖維的填料嵌線與薄片材料或碳酸樹膠及其他類似性質的樹膠。	A	65℃	105℃
雲母，石棉，纖維玻璃或其他有機物，無機物與一小部分A級材料；如綳帶或填塞物。	B	90℃	130℃
1.雲母，石棉，纖維玻璃，與類似有機物材料與有束縛力物質構成的矽混合物。 2.矽混合橡膠或樹脂與同介質及溫度特性的。	H	140℃	180℃
純雲母，瓷器，玻璃，石英與類似的有機材料。	C	無限制	無限制

同額定容量之電機，連續運轉者需要較大的體型，以便能有較大表面來散發熱量。若一10馬力連續性電動機，用於12～13馬力的間歇運轉，通常溫升是不會超過的。電機額定容量與周圍溫度、作用週期，由上述討論可知是具有密切關係的，若增加周圍的溫度，其額定容量和責任週期即必須減少。

6－6 電壓調整率

由例 6－3 及例 6－4 之闡釋，可瞭解功率因數爲超前或落後的負載，對交流發電機激磁電壓的影響，即

(1)功率因數超前愈少，從無載時電壓 E_{gp} 至滿載時電壓 V_p 所升高的電壓值愈大。

(2)落後功率因數愈低，則 E_{gp} 與 V_p 之間的差值愈大，可以圖6－13表示其間的關係。

圖 6－13 不同功率因數時之電樞電流與每相電壓

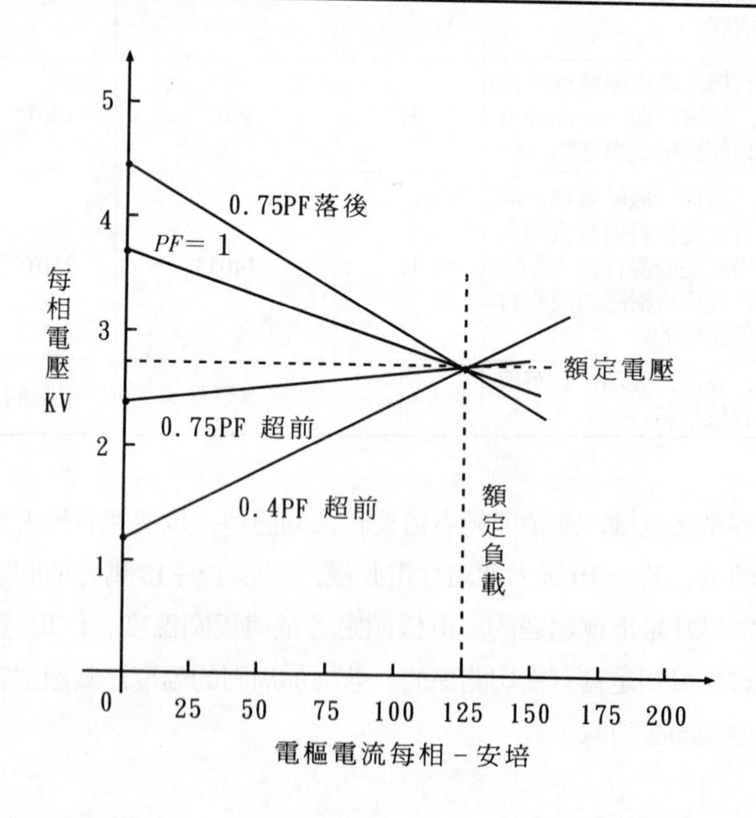

一交流發電機的電壓調整率（Voltage regulation）係定義爲

$$VR(\text{電壓調整百分率}) \equiv \frac{V_{nl} - V_{fl}}{V_{fl}} \times 100\%$$

$$= \frac{E_{gp} - V_p}{V_p} \times 100\% \qquad (6-8)$$

式中電壓值是採用每相數值計算，若改用線電壓計算，亦可獲得相同的結果。

圖 6－13 顯示，功率因數爲 1 時並非零電壓調整率，由於總阻抗壓降造成無載時電壓和滿載激磁電壓的差距。超前功因運轉，電樞反應爲磁化作用，使激磁電壓增加，因此常造成負電壓調整率，在某一超前功因運轉時，電樞反應增加之電壓爲電樞內壓降所平衡，此時之電壓調整率爲零。在落後功因負載時，電樞反應的作用是去磁，因此具有減低激磁電壓之效果，再加上電樞內阻抗的壓降，使得端電壓迅速的下降。

【例 6－8】

試由例 6－3 及 6－4 所得到之結果，計算出各種不同功率因數下的電壓調整率。

【解】

(a)功率因數爲 0.75 落後

$$VR = \frac{4820 - 2660}{2660} \times 100\% = 81.3\%$$

(b)功率因數爲 1

$$VR = \frac{3845 - 2660}{2660} \times 100\% = 44.4\%$$

(c)功率因數爲 0.75 超前

$$VR = \frac{2360 - 2660}{2660} \times 100\% = -11.25\%$$

(d)功率因數爲 0.4 超前

$$VR = \frac{1315 - 2660}{2660} \times 100\% = -50.6\%$$

在實際的運用上，藉著電壓調整器，自動的隨著電負載和功率因數的改變，以增減直流發電機激磁器的場激磁，可使輸出端電壓保持固定，此激磁器經常和原動機及交流發電機按裝於同一軸上，其特性和交流發電機之電壓調整率關係密切，亦即場電流、功率及激磁器額定限制，影響交流發電機可否在一大範圍負載內保持恆定電壓。

6－7 同步發電機之特性曲線

交流發電機每相激磁電壓 E_{gp} 和端電壓 V_p 間的差異爲同步阻抗壓降 I_aZ_s，事實上，E_{gp} 和 V_p 在任何功率因數及任何負載下均存在著這種差異，同步阻抗壓降爲電樞電阻和交軸電樞電抗和電樞反應的相量和，相量圖可以圖 6－14 表示，其中圖 6－14(a)爲各個電壓降間的關係，圖6－14(b)則是除以電樞電流I_a之後，形成一個阻抗三角形。

圖6－14 交流發電機同步阻抗壓降及阻抗三角形

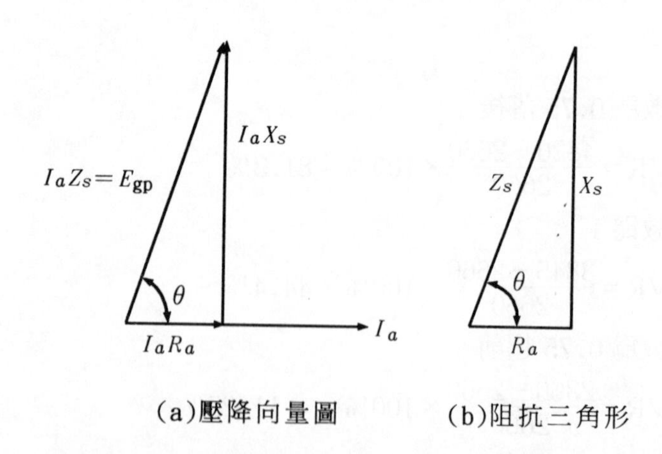

(a)壓降向量圖　(b)阻抗三角形

每相同步阻抗和有效電阻可由特定的「同步阻抗」法測試而得，此方法包含開路及短路實驗，示於圖6－15中，以三種測試來決定要

圖 6－15　同步阻抗測試時之電路連接法

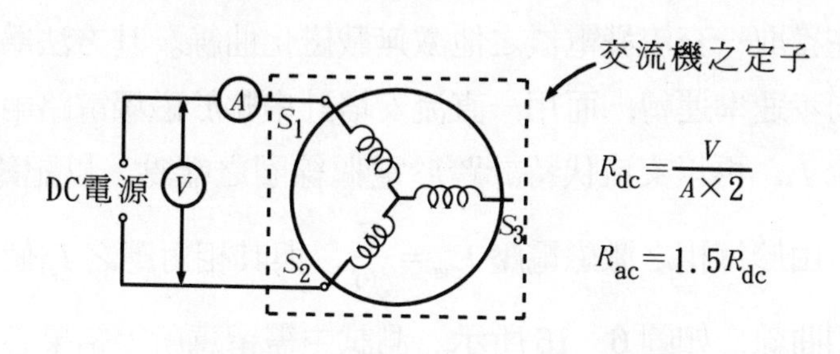

(a)每相直流和交流的電阻測試

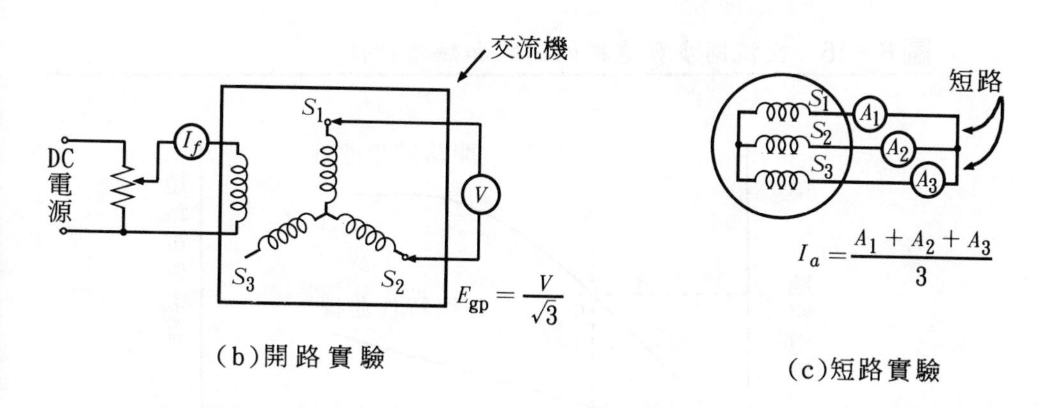

(b)開路實驗

(c)短路實驗

計算電壓調整率所需的數值。

圖 6－15(a)是用來求得每相的電樞電阻，電樞假設爲 Y 接，以低壓的直流源經安培計接至電機定子的兩個端點，並以伏特計量取端電壓，每相的直流電阻即爲

$$R_{dc}=\left(\frac{1}{2}\right)\frac{\text{伏特計讀數}}{\text{安培計讀數}}=\frac{V}{2\times A} \qquad (6-9)$$

採直流測試而不用交流，原因是採交流法時包括場極及周圍鐵心均被耦合，將會造成誤差，(6－9) 式雖是以 Y 接的定子繞組推導而得，但 Δ 接時亦獲相同的結果，此乃因同一額定之電機 Δ 接者之每相阻抗爲 Y 接的三倍。

交流電阻依頻率、絕緣性質、尺寸和容量等之不同，其數值約爲直流電阻的 1.2～1.8 倍，可以中間值 1.5 作假設。

圖 6－15(b)爲開路實驗的電路連接法，開路實驗或稱無載實驗，係在獲取一交流發電機之他激無載磁化曲線。其方法爲先將此發電機以同步速率運轉，而用一直流安培計串聯於磁場電路中，以量取磁場電流 I_f，再以交流伏特計跨於電樞線圈之端點，以記錄線電壓 V 之值，由於每相之激磁電壓 $E_{gp}=\dfrac{V}{\sqrt{3}}$，與其相對應之 I_f 值，即可繪出一飽和曲線，如圖 6－16 所示。測試中需留意所得結果必須在固定方向取得，以避免產生小磁滯環。

圖 6－16　交流同步發電機的開路和短路特性

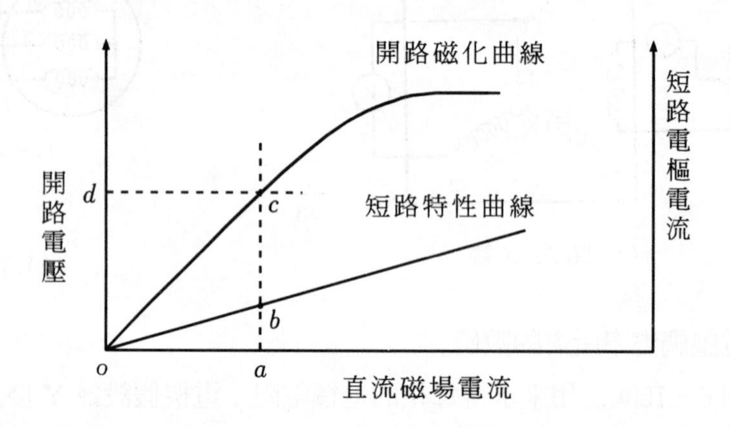

圖 6－15(c)爲短路實驗的電路連接法，短路實驗之目的在於獲取一交流發電機之短路特性曲線。其方法爲連接交流安培計於定子外線，記錄其線電流而獲得，此法不論定子之電樞繞組爲 Y 接或 Δ 接均相同。交流發電機加速至同步轉速，調節磁場電流爲零再逐漸增加，如此可取得直流磁場電流與其對應之短路電樞電流，將此等記錄繪製成線，則如圖 6－16 所示。

值得注意的是，短路特性曲線爲完全線性，由於發電機端電壓爲零，每相激磁電壓全部用來克服同步阻抗 I_aZ_s 壓降，而 Z_s 幾乎爲定值，因此短路電流非常落後，爲低功因負載情況，致使去磁效應大大的減低了場磁通和激磁電壓，因此雖未產生非常大的短路電流，卻仍需相當高的場電流。

如圖 6－16 所示，於激磁電流 oa 時，每相之短路電樞電流額定值 I_a 爲 ab，開路電壓即每相激磁電壓 E_{gp}，故可求出每相之同步阻抗爲

$$\dot{Z}_s = \frac{\dot{E}_{gp}}{\dot{I}_a} \tag{6-10}$$

式中

I_a = 每相的滿載或額定電流

E_{gp} = 造成額定短路電流的場電流所產生之開路電壓

而同步感抗 X_s 之值爲

$$X_s = \sqrt{Z_s^2 - R_{ac}^2} \tag{6-11}$$

式中

R_{ac} = 每相交流電樞電阻，由直流電阻測試修正

若 V_p、I_a 及 $\cos\theta$ 爲已知，則經由以上的實驗取得了 R_a 和 X_s 後，E_{gp} 即可求得，而電壓調整率也可據而獲得。

$$\dot{E}_{gp} = (V_p\cos\theta + I_a R_{ac}) + j(V_p\sin\theta \pm I_a X_s) \tag{6-12}$$

上式中，落後功率因數負載用“＋”號，超前功率因數負載則用“－”號。

【例 6－9】

有一 100 仟伏安，1100 伏特之三相交流發電機，經由三項實驗後得到以下的結果，試求電樞爲 Y 接時

(a)每相有效電阻、同步阻抗及電抗。

(b)功因爲 0.8 落後及 0.8 超前時的電壓調整率。

直流電阻測試得線電壓 = $6V_{dc}$，線電流 = $10A_{dc}$

開路實驗得場電流 = $12.5A_{dc}$，線電壓 = $420V_{ac}$

短路實驗得場電流 = $12.5A_{dc}$，線電流 = 額定值

【解】

已知定子電樞繞組爲 Y 接者

額定值

$$I_a = \frac{kVA \times 1000}{V_l \times \sqrt{3}} = \frac{100000}{1100 \times 1.732} = 52.5 \text{（安培）}$$

(a)
$$R_{dc} = \frac{V_l}{2I_a} = \frac{6V}{2 \times 10} = 0.3 \text{（Ω/相）}$$

$$R_{ac} = 0.3 \times 1.5 = 0.45 \text{（Ω/相）}$$

$$Z_s = \frac{E_{gp}}{I_a} = \frac{420}{\sqrt{3} \times 52.5} = 4.62 \text{（Ω/相）}$$

$$X_s = \sqrt{Z_s^2 - R_{ac}^2} = \sqrt{(4.62)^2 - (0.45)^2} = 4.61 \text{（Ω/相）}$$

(b)
$$V_p = \frac{V_l}{\sqrt{3}} = \frac{1100}{\sqrt{3}} = 635 \text{（伏特/相）}$$

$$I_a R_{ac} = 52.5 \text{ A} \times 0.45 \text{ Ω} = 23.6 \text{（伏特/相）}$$

$$I_a X_s = 52.5 \text{ A} \times 4.61 \text{ Ω} = 242 \text{（伏特/相）}$$

功因爲 0.8 落後時

$$\begin{aligned} E_{gp} &= (V_p \cos\theta + I_a R_{ac}) + j(V_p \sin\theta + I_a X_s) \\ &= (635 \times 0.8 + 23.6) + j(635 \times 0.6 + 242) \\ &= 530 + j623 = 820 \text{（伏特）} \end{aligned}$$

$$\text{電壓調整率} = \frac{V_{nl} - V_{fl}}{V_{fl}} \times 100\% = \frac{820 - 635}{635} \times 100\% = 29.1\%$$

功因爲 0.8 超前時

$$\begin{aligned} E_{gp} &= (V_p \cos\theta + I_a R_{ac}) + j(V_p \sin\theta - I_a X_s) \\ &= (635 \times 0.8 + 23.6) + j(635 \times 0.6 - 242) \\ &= 530 + j139 = 548 \text{（伏特/相）} \end{aligned}$$

$$\text{電壓調整率} = \frac{548 - 635}{635} \times 100\% = -13.65\%$$

【例 6－10】

假設前例交流發電機電樞為 Δ 接時，且得到相同之測試結果，重作例題。

【解】

$$V_l = V_p = 420$$ （伏特）（由短路實驗）

$$I_p = \frac{I_l}{\sqrt{3}} = \frac{52.5\text{A}}{1.732} = 30.31$$ （安培）

(a)Δ 接之每相阻抗為 Y 接之三倍

$$R_{ac} = 3 \times 0.45\ \Omega/\text{相} = 1.35\ (\Omega/\text{相})$$

$$Z_s = \frac{420\text{V}}{30.31\text{A}} = 13.86\ (\Omega/\text{相})$$

$$X_s = \sqrt{Z_s^2 - R_{ac}^2} = \sqrt{(13.86)^2 - (1.35)^2} = 13.8\ (\Omega/\text{相})$$

(b)額定電壓　$V_l = V_p = 1100$ 伏特

且

$$I_p = 30.31\ (\text{安培/相})$$

$$I_a R_{ac} = 30.31 \times 1.35 = 40.8\ (\text{伏特/相})$$

$$I_a X_s = 30.31 \times 13.8 = 419\ (\text{伏特/相})$$

功因為 0.8 落後時

$$E_{gp} = (V_p \cos\theta + I_a R_{ac}) + j(V_p \sin\theta + I_a X_s)$$

$$= (1100 \times 0.8 + 40.8) + j(1100 \times 0.6 + 419)$$

$$= 920.8 + j1079 = 1421\ (\text{伏特/相})$$

$$\text{電壓調整率} = \frac{V_{nl} - V_{fl}}{V_{fl}} \times 100\% = \frac{1421 - 1100}{1100} \times 100\% = 29.1\%$$

功因為 0.8 超前時

$$E_{gp} = (V_p \cos\theta + I_a R_{ac}) + j(V_p \sin\theta - I_a X_s)$$

$$= (1100 \times 0.8 + 40.8) + j(1100 \times 0.6 - 419)$$

$$= 920.8 + j241 = 950\ (\text{伏特/相})$$

$$\text{電壓調整率} = \frac{950 - 1100}{1100} \times 100\% = -13.65\%$$

由以上的例 6－9 與 6－10 結果，得知不論交流發電機之電樞繞組係 Y 接或 Δ 接，計算結果相同。大部分的交流發電機是 Y 接的，由於中性點連接後引接出來，可供作接地保護電路使用，且對於同樣的相電壓，Y 接法可自動的提供較高線電壓，因此在長距離輸電時亦較被歡迎。

於通用之同步電機，額定值在數百仟伏安以上之電機，於額定電流時電樞電阻壓降通常少於額定電壓的 0.01，即以額定值爲基準 (base)，樞電阻少於 0.01 標么（per unit），樞漏電抗在 0.1 至 0.2 標么範圍內，同步電抗約爲 1.0 標么。一般而言，電機尺寸規格減少時，標么樞電阻增加，標么同步電抗減少；例如實驗室內的小型電機，其樞電阻可能在 0.05 標么，而同步電抗大約爲 0.5 標么。

圖 6－16 和（6－12）式顯示同步阻抗恆爲開路曲線和短路曲線之比例，當這兩曲線爲線性時，則同步阻抗爲固定值，即直線上兩點的比例，但曲線在數値漸高時，可見到開路曲線彎曲，同步阻抗降低，即呈飽和曲線情況。由以上兩例題中所顯示出，每相電樞電阻與同步阻抗相較之下是幾乎可以不計入的，因此短路情況電樞電流落後所發電壓近於 90°，使電樞反應接近於去磁效應，故短路曲線的飽和情況更少。採取非飽和曲線上兩點計算出的同步阻抗和電抗，由上述討論可知較實際值大很多，我們經常以計算所得同步電抗值的 0.75 倍來補償兩者的差異。

在作短路實驗時測得驅動電機所需之機械功率，則可算出電樞電流引起的損耗。驅動同步機所需的機械功率相當於摩擦、風阻和樞電流所生損耗之和，故樞電流損耗可由機械功率減去摩擦和風阻損失而得，短路樞電流引起的損耗亦稱爲短路負載損耗，圖 6－17 表示出兩類損耗對於電樞電流的關係，它們均近於拋物線。

短路負載損耗包含電樞繞組之銅損、由電樞漏磁通所引起的部分鐵心損失，而總磁通量引起的鐵心損失通常很小而不計入。利用測量

圖6－17　短路負載損耗及雜散損耗

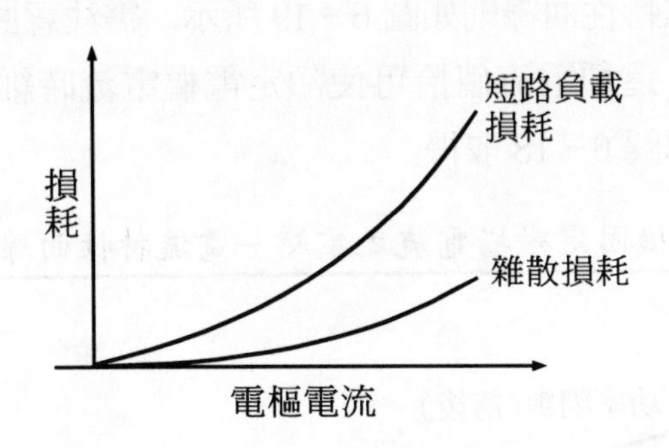

得到的直流電阻，若要符合實際運轉時的情況，可用下式作爲校準

$$\frac{r_T}{r_t}=\frac{234.5+T}{234.5+t} \quad (6-13)$$

式中 r_T 及 r_t 分別表示銅導體在攝氏溫度爲 T 及 t 時之電阻，如前（6－9）式之測得數值，經此修正後尙需考慮集膚效應、電樞漏磁等的額外損耗，方可得交流的等效電樞電阻，因此以係數估算較爲簡易。

同步發電機在穩定狀態運轉時，不同之功率因數必需有不同的磁場電流以維持負載電流的輸出，其關係稱爲複合曲線，圖6－18表示了典型電機的三種功率因數情況之複合曲線。

圖6－18　同步發電機複合曲線

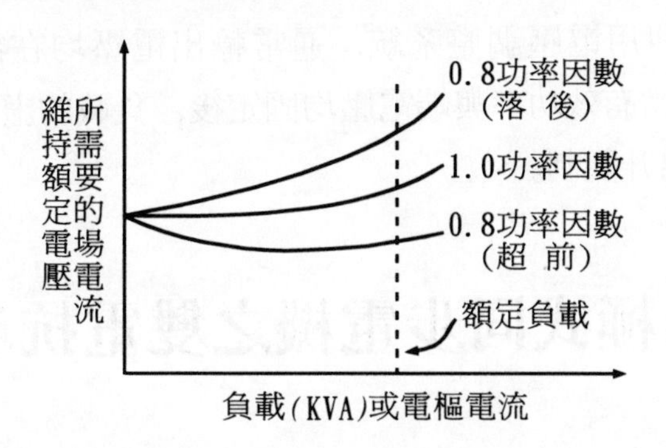

如果場電流爲定值而負載改變，則端電壓將改變。對於三種不同功率因數作出之特性曲線則如圖 6－19 所示。需注意曲線是對應於不同的磁場電流，這種電流值恰可使額定電樞電流時維持額定之端電壓，其大小可由圖 6－18 取得。

圖 6－19　發電機固定磁場電流之電壓—電流特性曲線

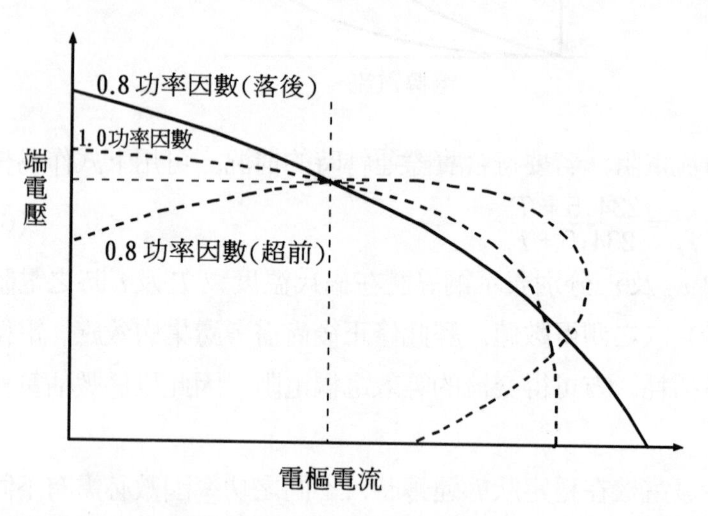

交流同步發電機有效功率與虛有功率受限於冷卻之能力，一般用在一特定電壓及功率因數（通常爲落後 80%，85%，90%）能連續運轉而不致過熱時，這最大的負載仟伏安數即是同步發電機的額定容量。發電機的有效功率輸出受限於原動機容量的限制，且在仟伏安額定容量之內。利用電壓調整系統，通常輸出電壓均在額定電壓的 ±5% 範圍中。當有效功率與端電壓均固定後，負載的虛有功率大小由電樞及磁極溫升限制。

6－8　凸極式同步電機之雙電抗理論

電樞磁動勢所產生的電樞磁通，其路徑經過電樞鐵心、氣隙和場極，當電樞磁通隨功率因數而移動路徑時，磁路的磁阻也隨而改變，這情形尤其以凸極式的電機差別更大，磁阻和電樞磁通隨功因而不隨負載電流改變的特性，造成以同步阻抗法計算所得的電壓調整率和實際值間的相當大差異。這種由於沿凸出的場極構成較佳的磁化方向，因此沿磁極或稱直軸方向的磁導遠大於沿極間或稱象限軸的磁導之現象，唯有採雙電抗理論方能較精確的計算。

已知電樞反應之磁通較場磁通落後相角 $90^\circ + \theta_{lag}$，其中 θ_{lag} 是指電樞電流落後於激磁電壓的角度（即內功率角），若電樞電流落後於激磁電壓 90°，則電樞反應磁通波 Φ_{ar} 直接與場極反向，與場磁通 Φ_f 亦反向，如圖 6－20 所示，圖中只畫出了基波的成分而且忽略因樞槽引起的變形，圖 6－20(a)中的 Φ_{ar} 和 Φ_f 代表的只是基波所生的磁通。

圖6－20　在凸極同步機內直軸之氣隙磁通

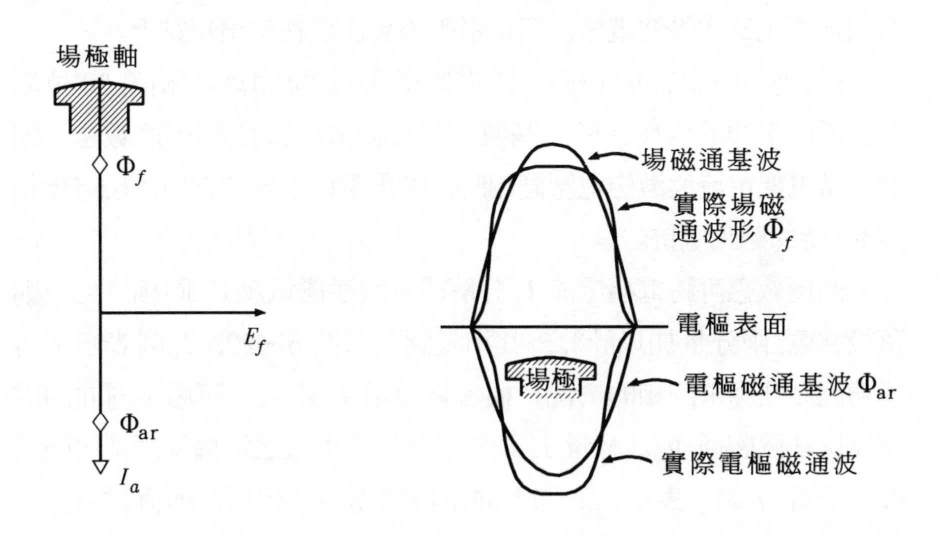

(a)落後功因之磁通相量圖　(b)磁通波位置與方向

當電樞電流與激磁電壓方向相同，亦即內功率角 0°，則情況可以圖6－21來表示。電樞反應磁通波位於極間的正方向，其波形有相

圖6－21 在凸極同步機內象限軸之氣隙磁通

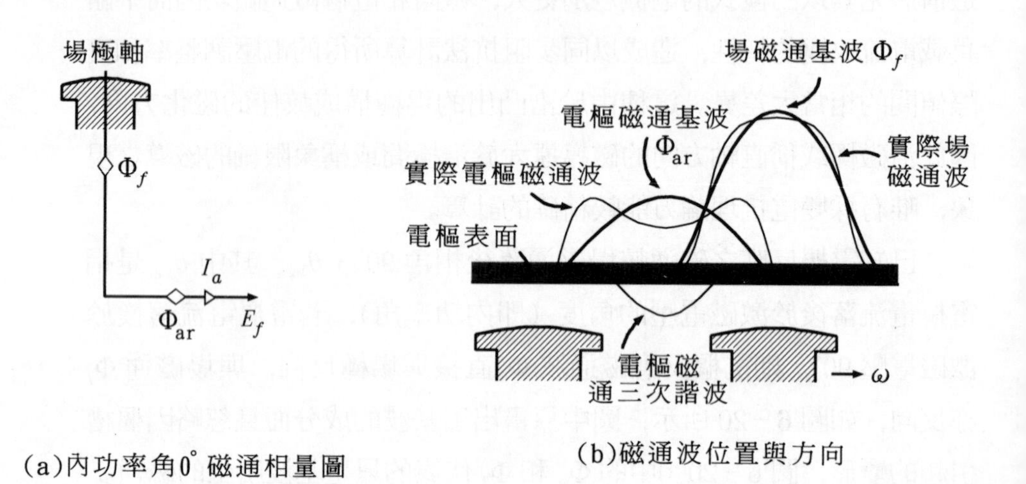

(a)內功率角0°磁通相量圖　(b)磁通波位置與方向

當大的變形，可分解爲基波和三次諧波，此三次諧波磁通可在電樞相繞組內產生三次諧波電壓，但這電壓不會出現在輸出端點上。

由於極間氣隙的高磁阻，當電樞反應磁通波和場極相差 90°位置時，所產生的電樞反應磁通基波將少於圖 6－20 所顯示的數量。因此，當電樞電流與激磁電壓同相時，磁化電抗小於當它與激磁電壓相差 90°時的磁化電抗。

凸極效應可將電樞電流 I_a 分解成一與激磁電壓 E_f 同相，另一則落後 90°之兩分量加以計算，其相量圖示於圖 6－22，此圖表示了落後功因而凸極未飽和的情況。樞流之分量 I_d 產生了與場極同向的電樞反應基波磁通 Φ_{ad}，分量 I_q 產生了與場極垂直之電樞反應基波磁通 Φ_{aq}。下標 d 與 q 表示空間的方向是與磁極中央相同，即直軸 d，若爲兩極之間方向相同，即象限軸 q。對一部未飽和電機而言，電樞反應磁通 Φ_{ar} 是 Φ_{ad} 及 Φ_{aq} 之相量和，總磁通 Φ_r 則爲 Φ_{ar} 及主場磁通 Φ_f 之相量和，其方向大小均表示於圖 6－22 中。

圖6－22　凸極同步電機之氣隙磁通

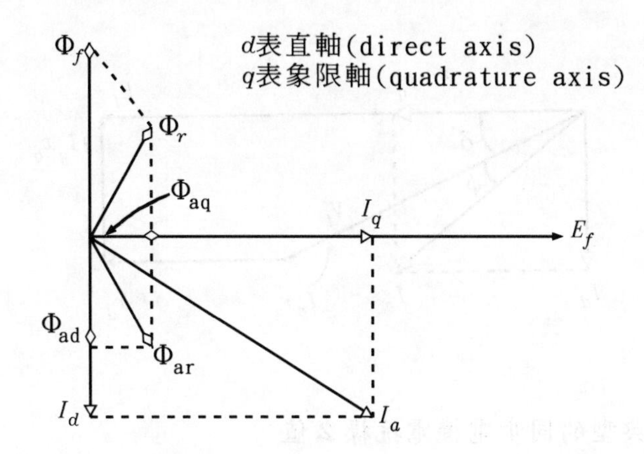

I_a 的兩分量 I_d 和 I_q 分別可產生同步電抗壓降 jI_dX_d 與 jI_qX_q。如前所述，同步電抗代表電樞電流磁通基頻相關的電感作用，包括電樞漏磁及電樞反應磁通兩部分，同理對凸極同步電機可將電樞反應的電感作用分成直軸磁化電抗 $x_{\varphi d}$ 和象限軸磁化電抗 $x_{\varphi q}$，分別加以計算。即

$$X_d = X_l + X_{\varphi d} \qquad (6-14)$$

$$X_q = X_l + X_{\varphi q} \qquad (6-15)$$

式中的 X_l 爲電樞漏磁電抗，同步發電機以雙電抗理論作出的分析相量圖示於圖 6－23。激磁電壓 E_f 爲端電壓 V_t、電樞電阻壓降 I_aR_a 及同步電抗壓降 $jI_dX_q + jI_qX_q$ 的相量和。

由於極間磁阻較大，因此象限軸同步電抗 X_q 小於直軸同步電抗 X_d，通常 X_q 約爲 X_d 之 0.6 到 0.7 倍數值。典型的電抗數據列於表 6－3中，同步電動機、同步調相機與水力發電機爲凸極式轉子，渦輪的火力發電機爲圓柱形轉子，圓柱形轉子受轉子槽影響，其凸極效應較小。

圖6－23 同步發電機之相量圖

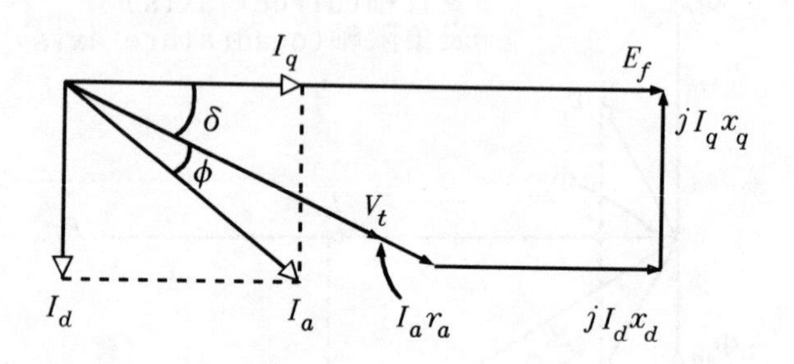

表6－3 典型的同步電機電抗標么值

	同步電動機		同步調相機	水力發電機	火力發電機
	高速	低速			
X_d	0.80	1.10	1.60	1.00	1.15
X_q	0.65	0.80	1.00	0.65	1.00

圖 6－23 電樞電流落後於激磁電壓相角爲 $\phi+\delta$，這角度爲內功率角，不易取得，通常我們可量取的是發電機端電壓和電樞電流的相角差，亦即功率角 ϕ。將該圖重畫以討論若不考慮凸極效應造成的誤差，如圖 6－24。由於$\triangle o'a'b'$與$\triangle oab$ 相似，可求得 $o'a'=jI_a X_q$；若以 $X_s=X_d$，不考慮凸極，則激磁電壓求出 E_f'，而非正確之 E_f。

由圖 6－24 的相對關係，可知 $V_t+I_a R_a+jI_q X_q$ 之相角與E_f 相同，因此可定出 d 軸和 q 軸的位置，以下面之例題說明求解運轉時同步發電機之激磁電壓方法。

圖6-24 各電壓分量之相量圖及相對關係

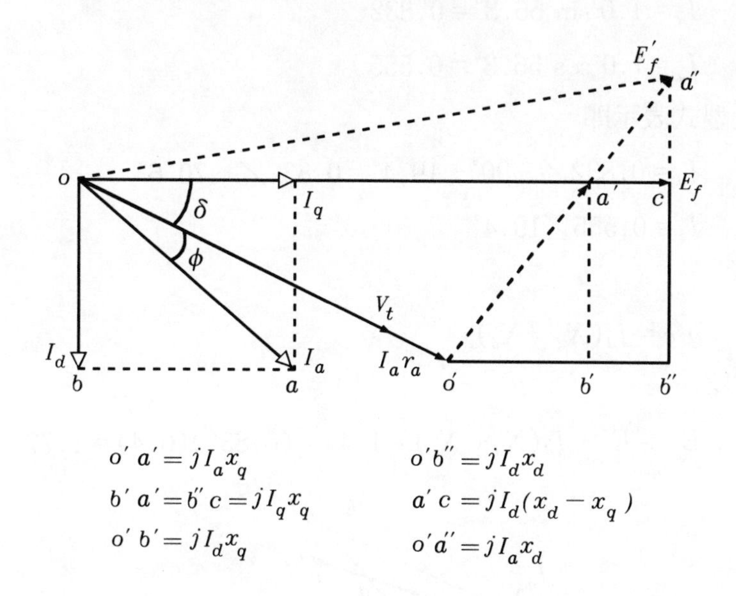

【例6-11】

一凸極轉子之同步發電機，其直軸及象限軸同步電抗分別爲 1.0 及 0.6 標么，不計樞阻。試求發電機在額定端電壓下輸出額定功率，且爲 0.8 落後功率因數，其激磁電壓爲若干?

【解】

以端電壓爲參考相量

$$V_t = 1.0 + j0$$

由於功因爲 0.8 且落後，故

$$I_a = 0.8 - j0.6 = 1.0\angle -36.9^\circ$$

$$jI_a X_q = j(0.8 - j0.6)(0.6) = 0.36 + j0.48$$

$$E' = V_t + jI_a X_q = 1.36 + j0.48 = 1.44\angle 19.4^\circ$$

可知 E_f 與 V_t 間夾角爲 $\delta = 19.4^\circ$

E_f 與 I_a 間的相角差爲 $19.4^\circ + 36.9^\circ = 56.3^\circ$

電樞電流 I_a 可分成 I_d 與 I_q 兩分量，如圖，且

$$I_d = 1.0 \sin 56.3° = 0.832$$

$$I_q = 1.0 \cos 56.3° = 0.555$$

以相量型式表示即

$$I_d = 0.832\angle -90° + 19.4° = 0.832\angle -70.6°$$

$$I_q = 0.555\angle 19.4°$$

長度

$$a'c = I_d(X_d - X_q)$$

激磁電壓

$$E_f = E' + I_d(X_d - X_q) = 1.44 + (0.832)(0.4) = 1.77$$

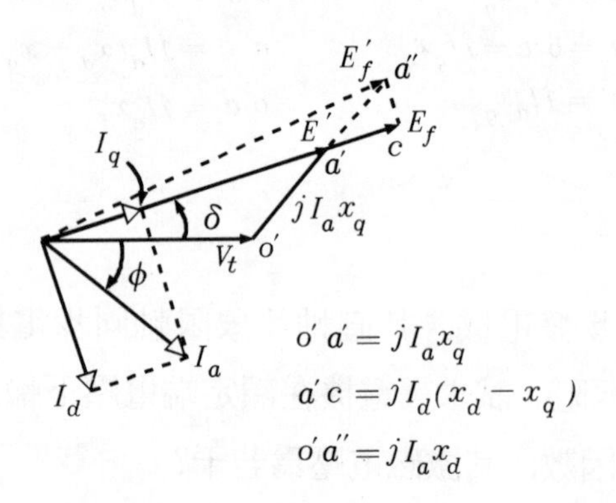

以相量表示則

$$E_f = 1.77\angle 19.4° \text{（標么）}$$

若簡化計算，不考慮凸極效應，可以直軸電抗 X_d 作爲同步電抗 X_s，以例 6－11 之電機爲例，將可算出 $E_f' = 1.79\angle 26.6°$的結果，顯見 E_f 和 E_f' 之間相角差頗大，數值則有稍許差異。因此，若僅討論端電壓、功率及激磁電壓在正常運轉時的相互關係，則以簡化計算已可得滿意的結果；即要討論功率角特性，則除非是圓柱形轉子電機，否則必需使用雙電抗理論，而要決定電壓調整率，同步阻抗法提供了「悲觀」值，但卻最容易實行、計算和理解。

【例6－12】

一部45仟伏安，118安培，220伏特，60 Hz，6極三相Y接之交流發電機，其轉子爲凸極式，直軸同步電抗及象限軸同步電抗分別爲1歐姆與0.6歐姆，功率因數爲1時，試求發電機於額定端電壓下輸出額定功率，激磁電壓爲若干?

【解】

首先需找出 E_f 之相位，再將 I_a 分解成 I_d 及 I_q 兩分量，其相量圖如下所示

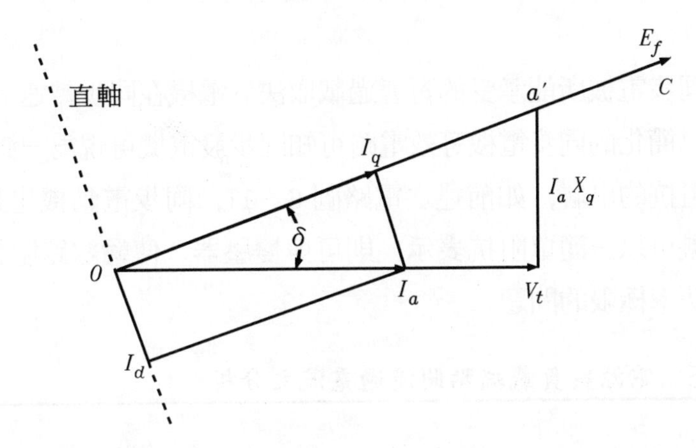

$$V_t=\frac{220}{\sqrt{3}}=127\text{（伏特）}$$

額定負載時

$$I_a=118\text{（安培）}$$

$$jI_aX_q=j118\times0.6=j70.8\text{（伏特）}$$

$$V_t+jI_aX_q=127+j70.8=145\angle29.2^\circ\text{（伏特）}=oa'$$

可得

$\delta=29.2^\circ$且 E_f 與 I_a 之相位差亦爲 29.2°

$$I_d=I_a\sin\delta=118\sin29.2^\circ=57.5\text{（安培）}$$

$$a'c=I_d(X_d-X_q)=57.5\times0.4=23\text{(伏特)}$$

故

$$E_f = oa' + a'c = 145 + 23 = 168 \text{（伏特）}$$

由於 E_f 爲相激磁電壓，Y 接之線電壓需乘 $\sqrt{3}$

即

$$\sqrt{3} \times 168 = 290.8 \text{（伏特）}$$

6－9　凸極式同步電機之功率角特性

一同步電機所能承受的暫態過載取決於電機在同步轉速下的最大轉矩，以簡化的同步電機等效電路可知同步發電機可視爲一激磁電壓和同步阻抗的串聯，如前述之電路圖 6－11，同步電動機也是一樣。由於電機可以一簡單阻抗表示，則可與變壓器、傳輸線路阻抗合併，以求解功率極限的問題。

圖 6－25　電源與負載端點間流過電流之分析

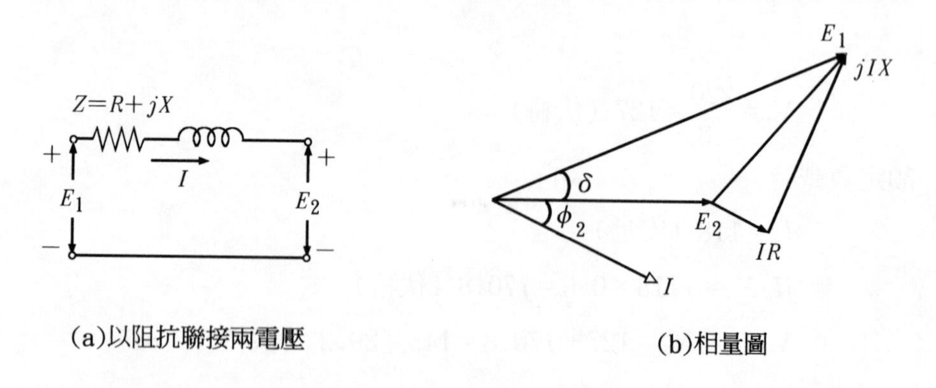

(a)以阻抗聯接兩電壓　　(b)相量圖

於圖 6－25(a) 所示電路，包含了兩交流電壓及一串聯的電阻及電抗，其中有電流 I 流經阻抗，則圖 6－25(b)可表示各相量間的關係。由電流端 E_1 經阻抗傳遞到負載端 E_2 之功率爲

$$P_2 = E_2 I \cos\phi_2 \tag{6-16}$$

式中 ϕ_2 爲 I 與 E_2 之相位差，相電流爲

$$\dot{I} = \frac{\dot{E}_1 - \dot{E}_2}{\dot{Z}} \tag{6-17}$$

若以極座標表示電壓及阻抗，即

$$\dot{I} = \frac{E_1\angle\delta - E_2\angle 0^\circ}{Z\angle\phi_z} = \frac{E_1}{Z}\angle\delta - \phi_z - \frac{E_2}{Z}\angle - \phi_z \tag{6-18}$$

ϕ_z 爲以極座標表示 Z 時之相角。

相量方程式之實部應平衡，即

$$I\cos\phi_2 = \frac{E_1}{Z}\cos(\delta - \phi_z) - \frac{E_2}{Z}\cos(-\phi_z) \tag{6-19}$$

由於 $\cos(-\phi_z) = \cos\phi_z = \frac{R}{Z}$，將(6－19)式代入(6－16)式可得

$$P_2 = \frac{E_1E_2}{Z}\cos(\delta - \phi_z) - \frac{E_2^2R}{Z^2} \tag{6-20}$$

$$= \frac{E_1E_2}{Z}\sin(\delta + \alpha_z) - \frac{E_2^2R}{Z^2} \tag{6-21}$$

式中假設 $\alpha_z = 90^\circ - \phi_z$，同理可求得

$$P_1 = \frac{E_1E_2}{Z}\sin(\delta - \alpha_z) + \frac{E_1^2R}{Z^2} \tag{6-22}$$

在通常情況下可不考慮電阻，則

$$P_1 = P_2 = \frac{E_1E_2}{X}\sin\delta \tag{6-23}$$

當 $\delta = 90^\circ$ 時可獲得最大的功率，即

$$P_{1\max} = P_{2\max} = \frac{E_1E_2}{X} \tag{6-24}$$

【例 6－13】

一 2000 馬力，功率因數 1.0，三相 Y 連接 2300 伏特，30 極 60 Hz 的同步電機，每相同步電抗爲 1.95 歐姆，不計電阻及其他耗損。若以定電壓定頻率的無限匯流排供電，試計算此同步電動機可輸出的最大轉矩。

【解】

等效線路及相量圖表示如下

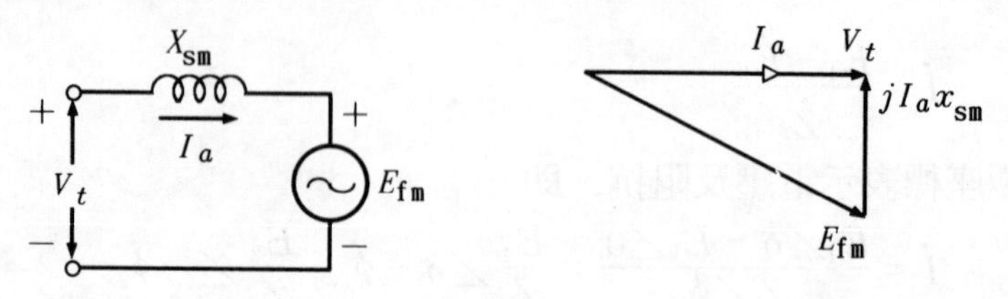

圖中 E_{fm} 爲電動機之激磁電壓，X_{sm} 爲電動機之同步電抗，若忽略任何損耗，則

額定 kVA = 2000 × 0.746 = 1492 kVA，每相 497 kVA

額定電壓 $= \dfrac{2300}{\sqrt{3}} = 1330$（伏特/每相）

額定電流 $= \dfrac{497000}{1330} = 374$（安培/每相）

$$I_a X_{sm} = 374 \times 1.95 = 730 \text{（伏特/每相）}$$

由相量圖可知

$$E_{fm} = \sqrt{V_t^2 + (I_a X_{sm})^2} = 1515 \text{（伏特/每相）}$$

由（6－24）式可知，電動機可取得的最大功率爲

$$P_{max} = \frac{V_t E_{fm}}{X_{sm}} = \frac{1330 \times 1515}{1.95} = 1030 \text{（仟瓦/每相）}$$

$$= 3090 \text{（仟瓦/三相）} \left(\text{即 } \frac{3090}{1492} = 2.07 \text{ 標么}\right)$$

30 極 60 Hz 之同步轉速爲

$$n_s = \frac{120f}{P} = \frac{120 \times 60}{30} = 240 \text{ 轉/分} = 4 \text{（轉/秒）}$$

$$T_{max} = \frac{P_{max}}{\omega_s} = \frac{3090 \times 10^3}{2\pi \times 4} = 123 \times 10^3 \text{（牛頓－米）}$$

最大轉矩 123×10^3 牛頓－米，或 90.6×10^3（磅－呎）。

【例 6－14】

一 1750 仟伏安，三相 Y 連接 2300 伏特，2 極 3600 rpm 之渦輪發電機供電予前例題之電動機，此發電機之同步電抗為每相 2.65 歐姆，若電機均以功率因數 1.0，於額定轉速下運轉。試求此同步電動機之最大轉矩，並計算電動機輸出最大轉矩時的端電壓。

【解】

當功率源為渦輪發電機時，等效線路及滿載運轉、最大功率運轉相量圖分別表示於下：

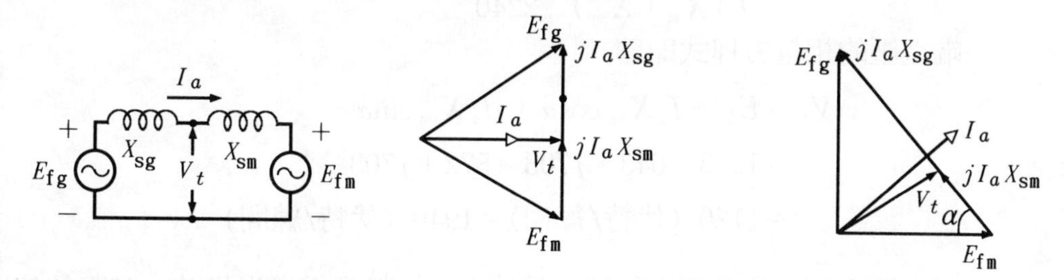

若 E_{fg} 為發電機之激磁電壓，X_{sg} 為發電機之同步電抗，於滿載時以功率因數 1.0 運轉，則

$$V_t = 1330 \text{（伏特/每相）}$$

$$E_{fm} = 1515 \text{（伏特/每相）}$$

發電機之同步電抗壓降為

$$I_a X_{sg} = 374 \times 2.65 = 991 \text{（伏特/每相）}$$

由相量圖

$$E_{fg} = \sqrt{V_t^2 + (I_a X_{sg})^2} = 1655 \text{（伏特/每相）}$$

可獲得最大的傳輸功率為

$$P_{max} = \frac{E_{fg} E_{fm}}{X_{sg} + X_{sm}} = \frac{1655 \times 1515}{4.60} = 545 \text{（仟瓦/每相）}$$

$$= 1635 \text{（仟瓦/三相）} \left(\text{即 } \frac{1635}{1492} = 1.095 \text{ 標么}\right)$$

$$T_{max} = \frac{P_{max}}{\omega_s} = \frac{1635 \times 10^3}{2\pi \times 4} = 65 \times 10^3 \text{（牛頓－米）}$$

$$= 48 \times 10^3 \text{（磅－呎）}$$

發生最大功率時 E_{fg} 應超前 E_{fm} 90°，由相量圖可知

$$I_a(X_{sg}+X_{sm})=\sqrt{E_{fg}^2+E_{fm}^2}=2240 \text{（伏特/每相）}$$

$$I_a=\frac{2240}{4.60}=488 \text{（安培/每相）}$$

$$I_aX_{sm}=488\times1.95=951 \text{（伏特/每相）}$$

$$\cos\alpha=\frac{E_{fm}}{I_a(X_{sg}+X_{sm})}=\frac{1515}{2240}=0.676$$

$$\sin\alpha=\frac{E_{fg}}{I_a(X_{sg}+X_{sm})}=\frac{1655}{2240}=0.739$$

端電壓的相量方程式即爲

$$\begin{aligned}V_t &= E_{fm}-I_aX_{sm}\cos\alpha+jI_aX_{sm}\sin\alpha\\ &=1515-643+j703=872+j703\\ &=1120 \text{（伏特/每相）}=1940 \text{（伏特/線間）}\end{aligned}$$

例 6－13 及 6－14 可知，當功率由渦輪發電機提供時，其阻抗使端電壓隨負載之增加而減少，因此最大功率由 3090 kW 減少至 1635 kW。於眞實運轉時，若負載轉矩增加至最大時，將失去同步作用，電動機將停止而發電機超速，線路將由斷路器切斷。

今再討論凸極式轉子同步電機連接至無限匯流排的簡單系統，如圖 6－26(a)所示，若同步電機爲發電機則相量圖即如圖 6－26(b)。同步電機的直軸同步電抗及象限軸同步電抗分別爲x_d和x_q，若線路電

圖6－26　凸極同步電機連接無限匯流排分析圖

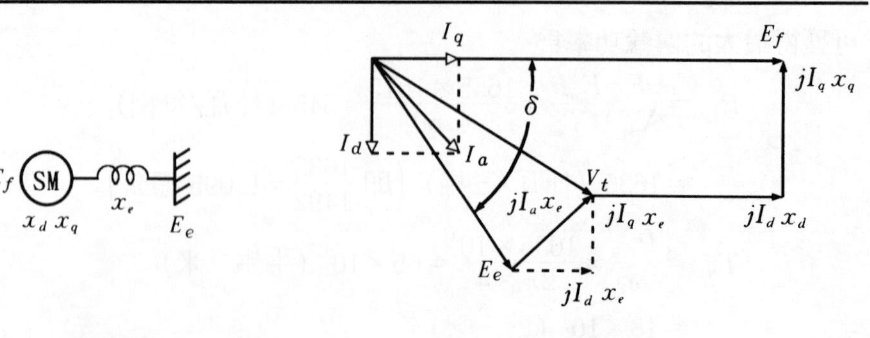

(a)系統圖　　(b)相量圖

抗爲 x_e，則以相電壓表示的無限匯流排電壓 E_e、端電壓 V_t 與激磁電壓 E_f 示於圖上，其間相隔以各阻抗的壓降。

若不計電阻之影響，在 E_f 和 E_e 之間的全部電抗爲

$$X_d = x_d + x_e \tag{6-25}$$

$$X_q = x_q + x_e \tag{6-26}$$

將 E_e 分解成與 I_d 及 I_q 同向的分量，即 $E_e\sin\delta$ 與 $E_e\cos\delta$，則每相送往匯流排的功率爲

$$P = I_d E_e \sin\delta + I_q E_e \cos\delta \tag{6-27}$$

由相量圖之關係可知

$$I_d = \frac{E_f - E_e\cos\delta}{X_d} \tag{6-28}$$

$$I_q = \frac{E_e\sin\delta}{X_q} \tag{6-29}$$

將（6－28）式及（6－29）式代入（6－27）式，可得

$$P = \frac{E_f E_e}{X_d}\sin\delta + E_e^2\,\frac{X_d - X_q}{2X_d X_q}\sin 2\delta \tag{6-30}$$

圖6－27　凸極同步電機之功率—功率角特性曲線

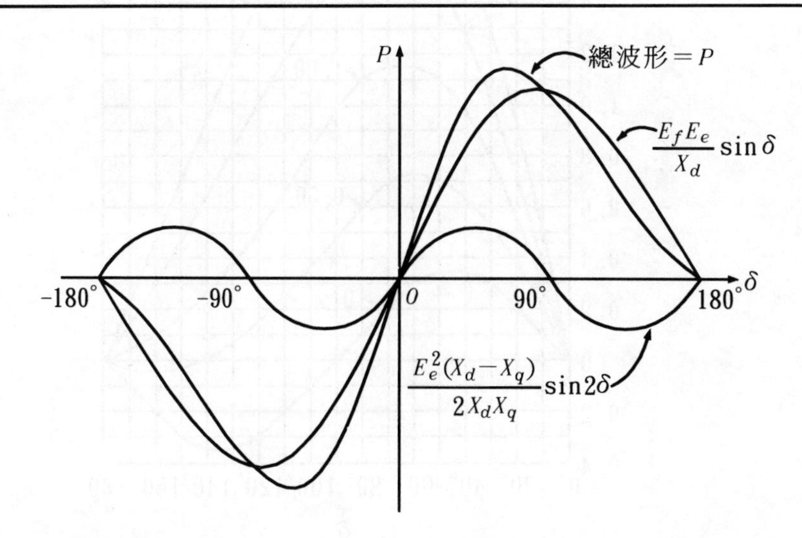

推導而得到的（6－30）式中區分為兩項，首項之功率—功率角特性與圓柱形轉子電機相同，第二項才顯示了凸極的效應，一典型電機的功率—功率角曲線示於圖 6－27 中。凸極之效應係使氣隙磁通波產生一轉矩，使場極指向最小磁阻的方向，磁阻轉矩與激磁大小無關，若在均勻氣隙電機中則 $X_d = X_q$，無磁化的優先方向，磁阻轉矩為零。

圖 6－28 為一組在定端電壓與不同激磁下的功率—功率角曲線，僅畫出 δ 為正值的區域，若 δ 為負值則可參考圖 6－27 取原點之相對位置而得。在發電機中 E_f 超前 E_e，在電動機中則是 E_f 落後 E_e，

圖 6－28　功率—功率角特性曲線組，此時 $E_e = 1.0$，$X_d = 1.0$，$X_q = 0.6$。

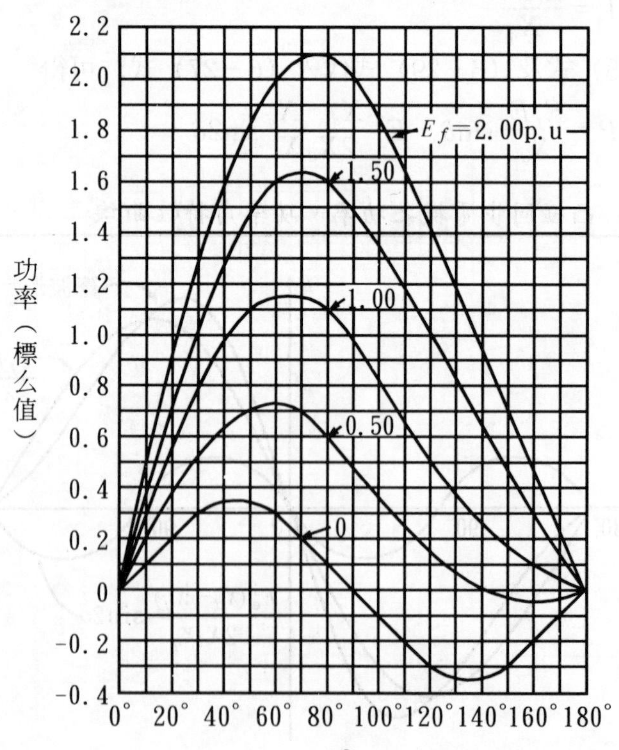

由特性曲線之總波形位置可知，凸極式轉子同步電機在較小的 δ 值即可產生需要轉矩，其可輸出的轉矩也較大。

於（6－30）式中包含了兩變數 P 與 δ，四個參數 E_f、E_e、X_d 及 X_q。若場激磁所生之最大功率為 $P_{f\max}$，由磁阻轉矩所生的最大功率為 $P_{r\max}$，則式子可改寫為

$$P = P_{f\max}\sin\delta + P_{r\max}\sin 2\delta \tag{6-31}$$

或寫為

$$\frac{P}{P_{f\max}} = \sin\delta + \frac{P_{r\max}}{P_{f\max}}\sin 2\delta \tag{6-32}$$

若忽略電阻的影響，（6－32）式為同步電機連接外界系統的標準化表示型式，可以圖 6－29 表示。

圖6－29 標準化之功率—功率角特性曲線

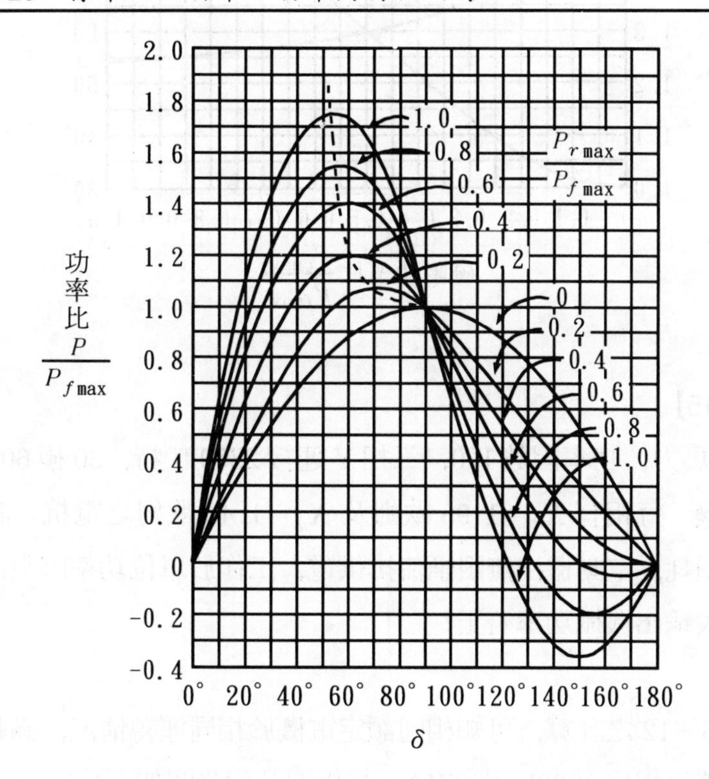

圖6－29所示之一組曲線，功率比的最大值 $\frac{P_{max}}{P_{fmax}}$ 及發生極大功率時的功率角 $\delta_{max}P$ 爲磁阻功率比 $\frac{P_{rmax}}{P_{fmax}}$ 之函數，此曲線與功率比中曲線最大值的虛線軌跡互相參照，可計算出穩態運轉時功率之極限，示於圖 6－30。由例 6－15 可瞭解使用之方法。

圖 6－30　標準化曲線顯示之磁阻轉矩作用

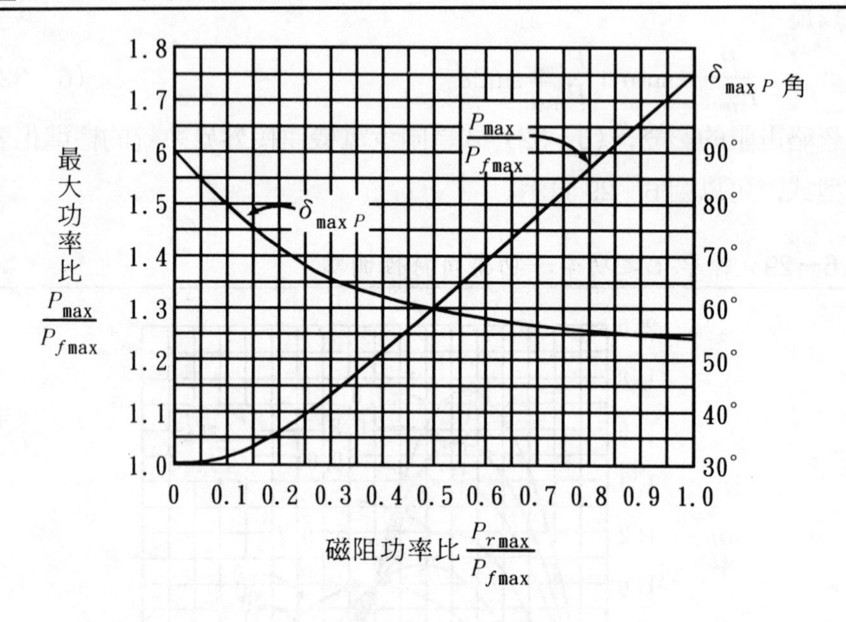

【例 6－15】

一 2000 馬力，功率因數 1.0，三相 Y 連接 2300 伏特，30 極 60 Hz 的同步電機，每相有 $X_d = 1.95$ 歐姆及 $X_q = 1.40$ 歐姆之電抗。設不計入任何損耗，電動機由無限匯流排供電，工作於單位功率因數，其穩態之最大輸出機械功率若干？

【解】

參看例 6－12 之計算，可知相同額定電機於相同運轉情況，滿載端電壓與電流每相爲 1330V 及 374A。接線圖及相量圖如下：

無限匯流排 I_a $E_e=V_t$ M E_f

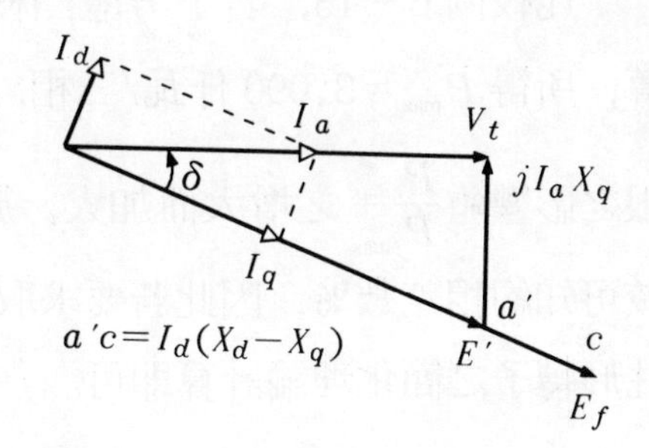

相量電壓方程式爲

$$\dot{E}_f=\dot{V}_t-j\dot{I}_dX_d-j\dot{I}_qX_q$$

$$\dot{E}'=\dot{V}_t-j\dot{I}_aX_q$$

$$=1330-j(374)(1.40)=1429\angle-21.5^\circ \text{（伏特/每相）}$$

因此，功率角 $\delta=21.5^\circ$，且 E_f 落後於 V_t

$$I_d=I_a\sin\delta=(374)(0.367)=137 \text{（安培）}$$

$$\dot{E}_f=\dot{E}'+\dot{I}_d(X_d-X_q)$$

$$=1429+(137)(0.55)=1504 \text{（伏特/每相）}$$

$$P_{f\max}=\frac{(1504)(1330)}{1.95}=1025 \text{（仟瓦/每相）}$$

$$P_{r\max}=\frac{(1330)^2(0.55)}{2(1.95)(1.40)}=178 \text{（仟瓦/每相）}$$

因此

$$\frac{P_{r\max}}{P_{f\max}}=0.174$$

由圖 6－30，最大功率比之對應値爲

$$\frac{P_{\max}}{P_{f\max}}=1.05$$

故最大功率爲

$$P_{\max}=1.05P_{f\max}=(1.05)(1025\text{kW})$$

$$=1080 \text{（仟瓦/每相）}$$

$$=3240 \text{（仟瓦/三相）}$$

比較例 6－13，若不考慮凸極效應，以 X_d 作爲同步電抗 X_s 計算，所得 $P_{max}=3{,}090$ 仟瓦/三相，兩例誤差小於 5%。凸極對功率極限之影響隨 $\frac{P_{r\max}}{P_{f\max}}$ 之增大而加大，於正常激磁之電機，由兩例題的比較可知約相差數%，因此若要求取穩態功率極限，凸極電機可以採圓柱形轉子之簡化理論計算即可。

【例 6－16】

如例 6－12 之 45 仟伏安，118 安培，220 伏特，60 Hz，6 極三相 Y 接之交流發電機，其 $x_d=1$ 歐姆，$x_q=0.6$ 歐姆，若不計較電樞電阻，維持例 6－11 相同的運轉情況，求：

(a)$\delta=90°$時之輸出功率。

(b)$\delta=30°$時之輸出功率。

【解】

由例 6－12 已求得端電壓與激磁電壓分別爲

$$V_t=127\ (\text{伏特/每相})$$

$$E_f=168\ (\text{伏特/每相})$$

$$P=\frac{E_fE_e}{X_d}\sin\delta+E_e^2\frac{X_d-X_q}{2X_dX_q}\sin2\delta$$

若 $X_d=x_d=1.0$ 及 $X_q=x_q=0.6$，$\delta=90°$或 $30°$

代入可得

(a)
$$P=\frac{168\times127}{1.0}\sin 90°+\frac{(1.0-0.6)}{2\times1.0\times0.6}\times127^2\ \sin180°$$
$$=168\times127$$
$$=21.336\ (\text{仟瓦/每相})$$

(b)
$$P=\frac{168\times127}{1.0}\sin30°+\frac{(1.0-0.6)}{2\times1.0\times0.6}\times127^2\ \sin60°$$
$$=10668+4656$$
$$=15.324\ (\text{仟瓦/每相})$$

6－10　同步發電機之並聯運轉

從經濟觀點而言，發電系統由數個小的發電機組並聯（parallel operation）運用，較使用一個大的發電機擁有許多的優點，雖然後者在其額定容量負載有較好的效率，這些優點爲：

⑴假如此一大發電機損壞，則發電系統將完全停頓，而使用數個小單元發電機時，其餘良好的小發電機仍可提供所需之服務，可靠性較佳。

⑵大發電機唯有在其額定容量負載時，才有最大的效率，做輕載運轉是很不經濟的，使用並聯的小發電機則可隨負載之變動增減並聯機組數，因而各機能有最大的效率。

⑶以維修及保養的方便性而論，較小的機件工作可簡化，較具優勢。

⑷當系統逐步加大時，採用較小發電機較具彈性，可隨平均需量之增加而增購電機，建廠初期的資本開銷較小。

⑸發電機之容量有其物理上和經濟上的限制，當系統龐大時必然須要多個機組並聯發電。

並聯電路的定義是所有並聯機件的兩端具有相同的電壓，當多部發電機併聯運轉，則可以圖 6－31 表示，在匯流排上之各電源及負載 Z_L 有相同的電壓 V_L，因此

$$\dot{V}_L = \dot{I}_L \dot{Z}_L = \dot{E}_{g1} - \dot{I}_1 \dot{Z}_1 = \dot{E}_{g2} - \dot{I}_2 \dot{Z}_2 = \dot{E}_{g3} - \dot{I}_3 \dot{Z}_3 \qquad (6-33)$$

可藉由電路之 KCL 定理解出另種形式之表示

$$V_L = \frac{\dfrac{E_{g1}}{Z_1} + \dfrac{E_{g2}}{Z_2} + \dfrac{E_{g3}}{Z_3}}{\dfrac{1}{Z_1} + \dfrac{1}{Z_2} + \dfrac{1}{Z_3}} \qquad (6-34)$$

圖6－31 並聯發電機與負載之電流與電壓

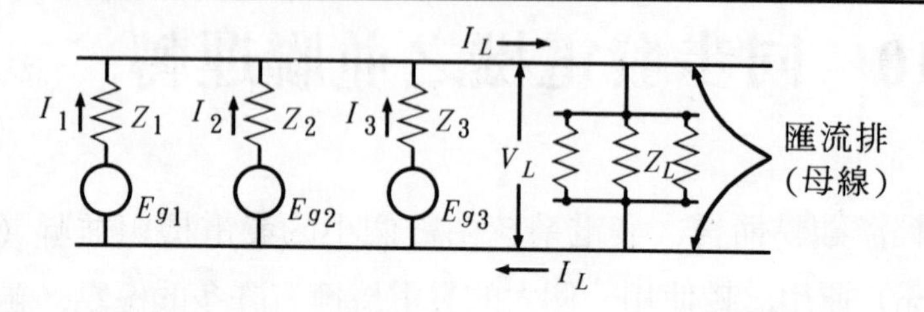

以上兩式中 E_g 表發電機激磁電壓，Z 表等效內阻抗，Z_L 爲負載的等效阻抗，I_L 爲輸往負載的總電流。

在（6－33）式中顯示，每部發電機無須具有相同的激磁電壓，或提供相同的電流給負載，但發電機要成爲電源，其激磁電壓必須高於匯流排電壓 V_L，方能供應電流給匯流排，若電機之激磁電壓小於 V_L，則這個電機由匯流排接受電流，而在電動機模式下運轉。

直流發電機並聯運轉之基本要求爲：

(1)電源之負載電壓特性必須相同或極相似。

(2)電源彼此間之極性必須保持相等及反向。

若爲交流發電機，則以上要求應補充成：

(1)所有電機必須有相同的額定有效值電壓。

(2)所有電機之電壓波形應相同。

(3)並聯電機的相量必須絕對相反。

(4)所有電機之頻率必須相同。

(5)所有組合之發電機電壓和原動機速度特性，在運轉時均爲下垂曲線。

(6)電機電壓之相序必須與匯流排相同，此項係專指多相系統而言。

事實上，交流電機之併聯要求第(5)條可敘述爲「電源之負載電壓特性必須相同或極相似」外，均可簡單敘述爲「電源彼此間之極性必須保持相等及反向」。

同步單相交流發電機之併聯較多相發電機簡單，依據極性原則接法如圖 6 – 32(a) 所示，兩部發電機之端電壓於各瞬間都呈現相反的波形，如圖 6 – 32(b) 所示者，圖 6 – 32(c) 表示發電機端電壓之大小相等且方向相反，以上參考和繪製圖形之方向標示於線路圖上，可知匯流排或負載之電壓則可如圖 6 – 32(d)。圖 6 – 32 諸圖均作完全同步的假設，亦即兩發電機具有相同之頻率、波形及有效值交流電壓。

圖6－32　同步之兩單相發電機並聯運轉

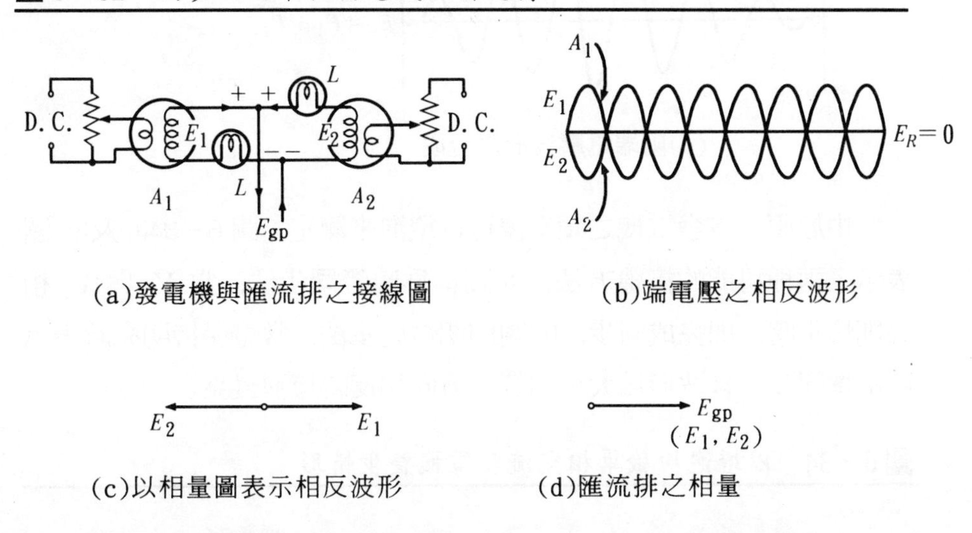

(a)發電機與匯流排之接線圖　(b)端電壓之相反波形

(c)以相量圖表示相反波形　(d)匯流排之相量

若兩發電機之頻率有些許的不同，如 E_2 由於原動機速率減少而頻率降低，其情況可以圖 6 – 33 討論。圖 6 – 33(a) 爲兩電機之接線圖，於電機間串接兩只燈泡，圖 6 – 33(b) 作出了發電機之端電壓，其中 E_2 之頻率小於 E_1，圖 6 – 33(c) 則爲兩端電壓合成波形，可知當 E_1 與 E_2 同相時，將有最大合成電壓的形成。接於兩發電機間的燈泡，由圖中位置可知，將各承受一半的合成電壓值，故於兩發電機之頻率不一致時，燈泡將週期性的明暗變化，而由燈泡之明滅可顯示兩電機頻率之不同。

圖6－33 兩不同頻率單相交流發電機之並聯

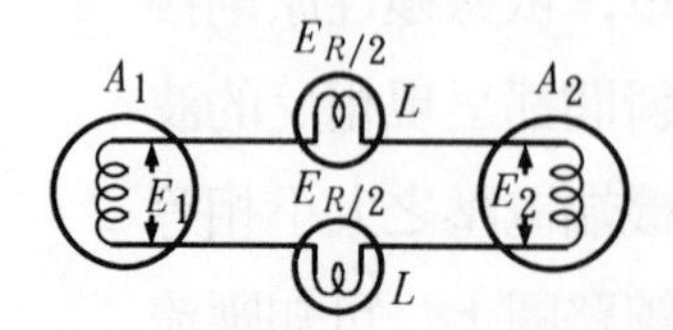

(a)發電機與燈炮之接線

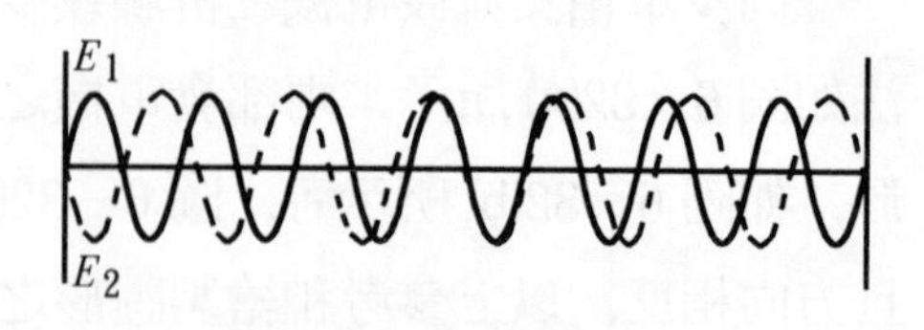

(b)發電機端電壓之波形

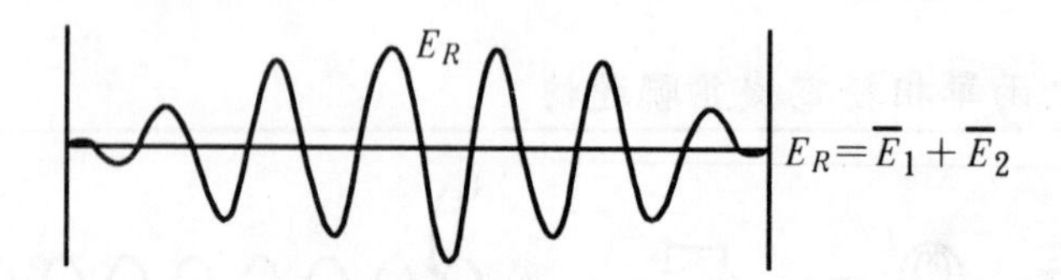

(c)兩端電壓波形之合成

由於兩交流發電機之頻率差可以燈泡來測定，圖 6－34(a)及(b) 圖表示了兩種可能的接線方法，(a)圖稱爲暗燈同步法，當 V_1 與 V_2 相等則燈全暗，即完成同步，(b)圖即明燈同步法，當燈保持明亮時表示兩電機同步，且波形爲大小相等、方向相反時燈泡最亮。

圖6－34 以燈泡檢驗單相交流發電機整步情形

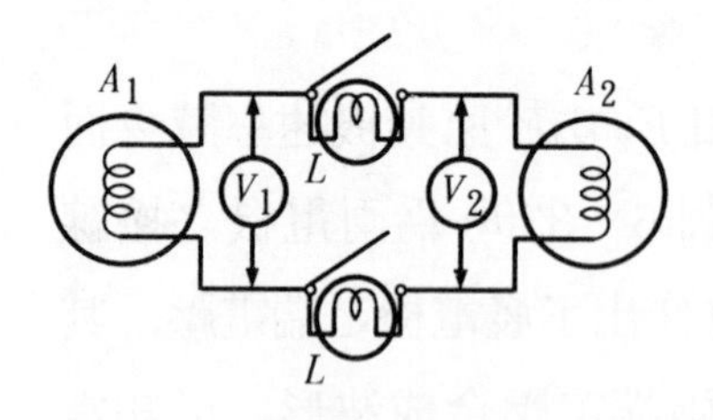

(a)暗燈同步法

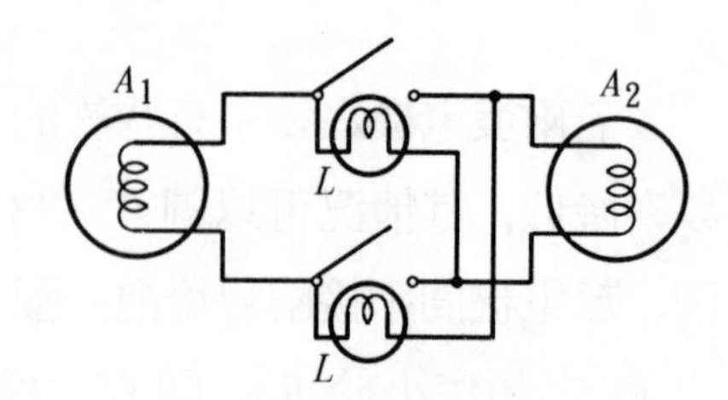

(b)明燈同步法

兩單相交流發電機並聯至匯流排，供給落後電流予負載，若兩電機之設計爲完全相同，即具有相同之電樞電阻與同步電抗，則此二交流發電機之相量關係圖示於圖6－35(a) 中，其所有之電壓、電流均互

圖 6－35　兩單相發電機並聯供電至落後功因負載

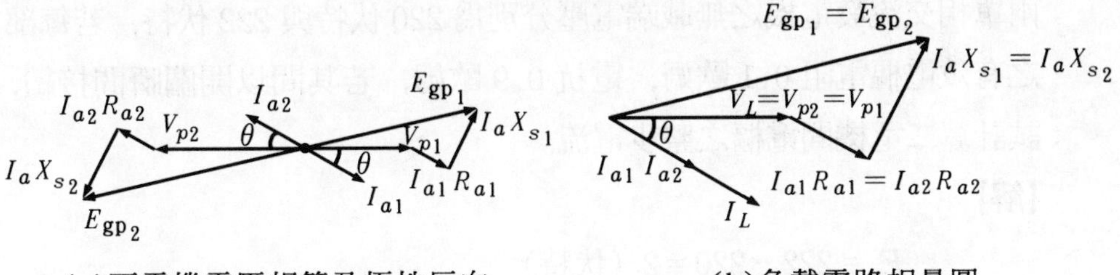

(a)兩電機電壓相等及極性反向　　　(b)負載電路相量圖

爲反向，各電壓降均相差 180°。若以圖 6－35(a) 之交流發電機 1 爲參考的負載電路，則其相量關係如圖 6－35(b)所示，負載電壓 V_L 等於發電機之每相端電壓 V_p，I_{a1} 及 I_{a2} 之和產生負載電流。由於此爲理想情況，兩交流發電機完全同步，其間無整步電流。

設單相或多相之兩發電機激磁電壓 E_{gp1} 和 E_{gp2} 並非相同，由於 Z_{p1} 與 Z_{p2} 代表各電機之每相阻抗，則將有 I_s 之電流通過兩電機電樞繞組，此即每相的整步電流（Synchronizing current）

$$\dot{I}_s=\frac{\dot{E}_{gp1}-\dot{E}_{gp2}}{\dot{Z}_{p1}+\dot{Z}_{p2}}=\frac{\dot{E}_r}{(R_{a1}+R_{a2})+j(X_{s1}+X_{s2})} \tag{6-35}$$

於上式中 E_r 爲兩發電機每相電壓差，R_a 及 X_s 分別爲電樞電阻和同步電抗，由於一般之交流發電機同步電抗遠大於電樞電阻，所以整步電流將滯後合成電壓近於 90°。

圖 6－36　兩並聯發電機之激磁電壓與整步電流

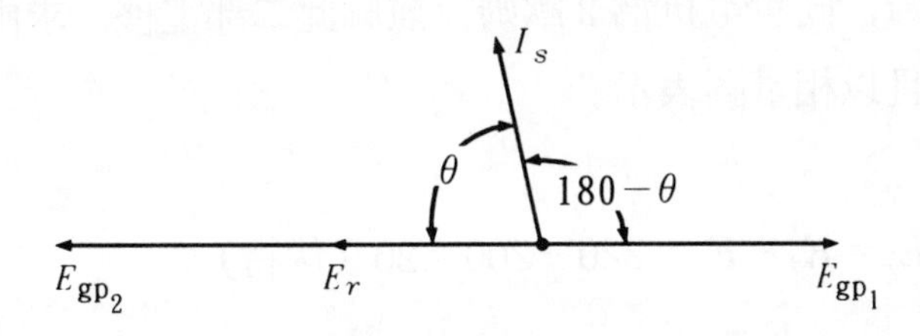

【例 6－17】

兩單相交流發電機之無載端電壓分別爲 220 伏特與 222 伏特，若每部之有效電樞電阻 0.1 歐姆，電抗 0.9 歐姆，若其間以開關瞬間接續，試計算二電機間電樞之整步電流。

【解】

$$E_r = 222 - 220 = 2 \text{（伏特）}$$

$$I_s = \frac{E_r}{Z_1 + Z_2} = \frac{2\angle 0^\circ}{0.2 + j1.8} = \frac{2\angle 0^\circ}{1.81\angle 83.65^\circ} = 1.105\angle -83.65^\circ \text{(安培)}$$

交流發電機 2 之同步功率可表示爲

$$P_2 = E_{gp2} I_s \cos\theta \qquad (6-36)$$

此處 θ 爲 E_r 或 E_{gp2} 與 I_s 間之角度，可由圖 6－36 觀察，同理，發電機 1 之同步功率爲

$$P_1 = E_{gp1} I_s \cos(180^\circ - \theta) = -E_{gp1} I_s \cos\theta \qquad (6-37)$$

此處（$180^\circ - \theta$）是 E_{gp1} 和 I_s 間之角度，如圖之所示 $E_{gp2} > E_{gp1}$ 時，（$180^\circ - \theta$）較大於 90°，因此整步功率 P_2 爲正而 P_1 爲負，即交流發電機 2 產生發電機作用，但交流發電機 1 卻產生電動機作用，由發電機 2 的原動機提供功率之損失，其大小爲

$$E_r I_s \cos\theta = P_2 - P_1 = I_s^2 (R_{a1} + R_{a2}) \qquad (6-38)$$

【例 6－18】

兩單相交流發電機已同步化，其電動勢反相呈 180°，電機 1 之激磁電壓爲 200 伏特，電機 2 之激磁電壓爲 220 伏特，若每部機之電樞電阻爲 0.2 歐姆，同步電抗爲 2 歐姆，並聯此二部電機，求兩機之功率及端電壓，且以相量圖表示。

【解】

$$E_r = E_2 - E_1 = 220 - 200 = 20 \text{（伏特）}$$

$$I_s = \frac{E_r}{Z_1 + Z_2} = \frac{20}{0.2 + 0.2 + j(2.0 + 2.0)}$$

$$=\frac{20\angle 0^\circ}{4.02\angle 84.3^\circ}$$

$=4.98\angle -84.3^\circ$（安培）

$P_2=E_2I_s\cos\theta=220\times 4.98\ \cos\ 84.3^\circ=108.9$（瓦）

$P_1=E_1I_s\cos(180^\circ-\theta)$

$=-200\times 4.98\ \cos\ 84.3^\circ$

$=-99$（瓦）

功率損失$=P_2+P_1=108.9-99=9.9$（瓦）

$V_{p2}=E_2-I_sZ_2=220-(4.98\times 2.01\angle 84.3^\circ)$

$=220-10$

$=210$（伏特）（發電機作用）

$V_{p1}=E_1+I_sZ_1=200+(4.98\times 2.01\angle 84.3^\circ)$

$=200+10$

$=210$（伏特）（電動機作用）

例6－18　之相量圖

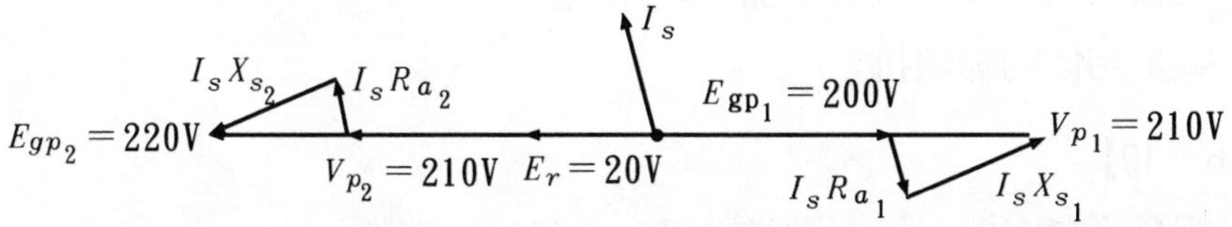

I_s

$I_sX_{s_2}$　I_sRa_2　$E_{gp_1}=200V$

$E_{gp_2}=220V$　$V_{p_1}=210V$

$V_{p_2}=210V$　$E_r=20V$　I_sRa_1　$I_sX_{s_1}$

由以上計算可知同步電流之主要影響，除產生小功率損失外亦產生同步功率，同步功率引起以下的作用：

(1)運轉爲發電機作用之電機，因電磁力矩爲反向於原動機，同步功率可使電機降爲同相。

(2)運轉爲電動機作用之電機，因電磁力矩爲正向於原動機，同步功率可使電機進爲同相。

因此可具有使兩電機保持同步之趨勢。我們假設交流發電機1之原動機速率增加，致使電動勢 E_{gp1} 相角產生 α 角度的改變，則兩發電機的合成電壓將大爲增加且相角亦不再與 E_{gp2} 相同（參考圖 6－36），其相量關係示於圖 6－37。I_s 因合成電動勢 E_R 而產生，相同於例 6－17之計算結果，電機 1 將如發電機運轉而電機 2 產生電動機作用，由於電機 1 之原動機因同步功率而有較重負載，而有助於降回同相與同速，另一方面，電機 2 接收同步功率有助於前進爲同相，整步電流對維持兩電機同步運轉的功效即由此可見。

圖 6－37　發電機 1 因轉速增加而相位改變

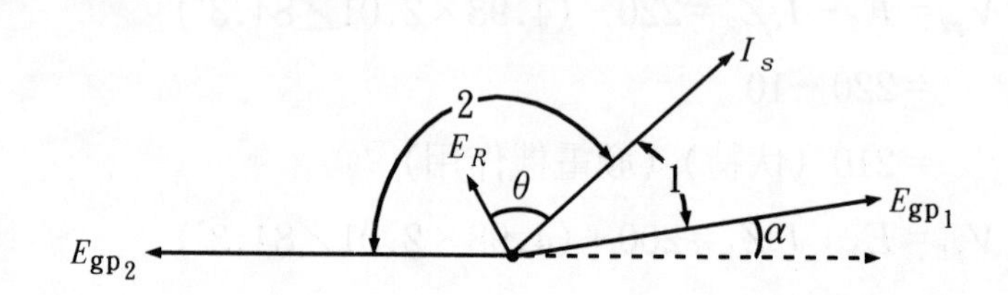

兩並聯之同步發電機，爲達成運轉之穩定性，亦即原動機速率改變或激磁變動時有較大的整步電流，交流發電機應該具備：

⑴較高的同步電抗對電樞電阻比值。

⑵足夠低的總阻抗。

【例 6－19】

兩單相交流發電機，每部激磁電壓 230 伏特，阻抗 $2.01\angle 84.3°$ 歐姆，電機 1 在原動機驅動下領先於正常位置 20°，試求電機並聯後之

⒜整步電流。

⒝兩電機之同步功率。

⒞電樞之功率損失。

【解】

$$\dot{E}_1 = 230\angle 20° = 216 + j78.6 \text{（伏特）}$$

$$\dot{E}_2 = 230\angle 180° = -230 \text{（伏特）}$$

$$\dot{E}_r = \dot{E}_1 + \dot{E}_2 = -14 + j78.6 = 79.8\angle 100.1° \text{（伏特）}$$

(a)整步電流

$$\dot{I}_s=\frac{\dot{E}_r}{\dot{Z}_1+\dot{Z}_2}=\frac{79.8\angle 100.1^\circ}{2(2.01\angle 84.3^\circ)}=19.85\angle 15.8^\circ(\text{安培})$$

(b)電機之同步功率

$$P_1=E_1I_s\cos\theta_1=230\times 19.85\ \cos(20^\circ-15.8^\circ)$$
$$=4558\ (\text{瓦})$$
$$P_2=E_2I_s\cos\theta_2=230\times 19.85\ \cos(180^\circ-15.8^\circ)$$
$$=-4400\ (\text{瓦})$$

故電機1將功率輸送至匯流排，爲發電機模式運轉，電機2由匯流排接收功率，爲電動機模式運轉。

(c)功率損失

$$P_1+P_2=4558-4400=158\ (\text{瓦})$$

或

$$E_rI_s\cos\theta=79.8\times 19.85\ \cos(100.1^\circ-15.8^\circ)=158(\text{瓦})$$

或

$$I_s^2(R_{a1}+R_{a2})=(19.85)^2\times 0.4=158\ (\text{瓦})$$

【例6－20】

例6－19之電機運轉情況，若所採用發電機之阻抗爲$2\angle 50^\circ$，重覆所求之計算。

【解】

(a) $$\dot{I}_s=\frac{\dot{E}_r}{\dot{Z}_1+\dot{Z}_2}=\frac{79.8\angle 100.1^\circ}{4\angle 50^\circ}=19.95\angle 50.1^\circ\ (\text{安培})$$

(b) $$P_1=E_1I_s\cos\theta_1=230\times 19.95\ \cos(50.1^\circ-20^\circ)$$
$$=3970\ (\text{瓦})$$
$$P_2=E_2I_s\cos\theta_2=230\times 19.95\ \cos(180^\circ-50.1^\circ)$$
$$=-2943\ (\text{瓦})$$

(c) $$P_1+P_2=3970-2943=1027\ (\text{瓦})$$

若使用較低的同步電抗對電樞電阻比，如例 6－19 之電機，則可發現其同步功率將會下降，且功率損失反而增加，亦即穩定情況較差且效率亦較差。

於上述的例題及敘述指出，當交流發電機的激磁電壓升高或原動機轉速增加，則有瞬間之整步電流產生，使電機形成同步功率，故並聯之電機將再回復原來之穩定同步情況。但由於原動機和發電機轉子的巨大慣性，這種機械動作會顯得過於遲緩，使得同步功率的形成超過所需，而轉子亦將改變超過所需之角度，如此一來反方向的同步功率又被形成，而電機淪入重覆週期性的振盪或追逐（Hunting）現象。

由往復式原動機所驅動之發電機，電機之追逐現象不僅不能漸趨減小，且可能繼續擴大而損毀電機，具有均勻動力衝程原動機之發電機，其運轉亦需要穩定的轉動，以下方法是一些減少追逐現象的技術。

(1)採用阻尼繞組（Damper winding）或稱 Amortisseur 繞組，繞組由鼠籠式導體組成按裝於轉子極表面。

(2)原動機軸上加裝大而重的飛輪（flywheel），或加大轉動慣量（Moment of inertia），使電機具有更穩定之轉速。

(3)使用緩衝筒（Dashpots）、黏滯流體阻尼器，或調節油門及蒸汽閥門。

(4)採用在一整圈轉動具有均勻動力輸出的原動機，例如水輪機、汽輪機。

本節所選用之例題，其發電機均為單相電機，但推導的公式和討論同樣可適用於多相發電機上，因為一部三相電機或多相電機的所有考慮和計算均是以每相為基礎來進行，兩者中唯一的差別是多相電機必須注意發電機電壓的相序，須與所要並聯的匯流排相序相同。

由於發電機僅能有兩種旋轉方向，相序亦僅可能有兩種，有多種方法可以檢驗發電機的相序，其中包含同步燈法、同步儀（Synchroscopes）及相序指示器（Phase-sequence indicator）等，以下介紹可簡易應用的同步燈法。

同步燈法之原理，多相與單相者相似，圖 6－38(a) 暗燈法，若兩發電機之端電壓相同、頻率相同、相序相同且相角互差 180°，則三燈均將完全熄滅，此法之缺點和單相者一樣，均是不易確知相角關係位置。若利用電燈亮度最大來指出同步時刻，此即接成明燈法，如圖 6－38(b)。若接成圖 6－38(c)，稱爲二明一暗法，或旋轉燈法，其使用法是在兩燈亮一燈暗及兩燈暗一燈亮的閃爍中，選擇外側兩燈最亮而中間燈暗的時刻將同步開關閉合。圖 6－38(b)及(c) 圖將兩燈泡串聯可耐受較高的電壓。

圖 6－38　三相發電機之同步燈法

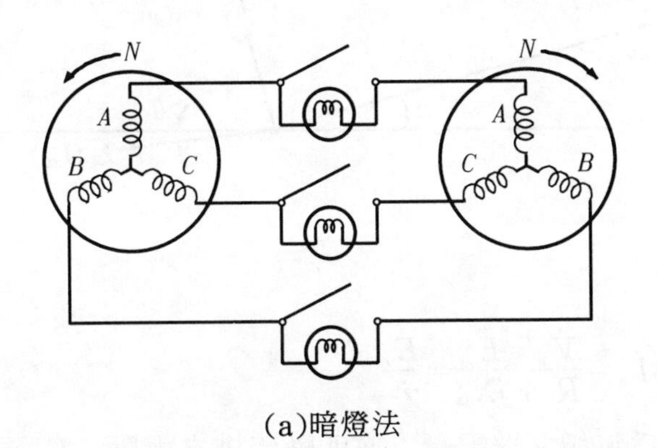

(a)暗燈法

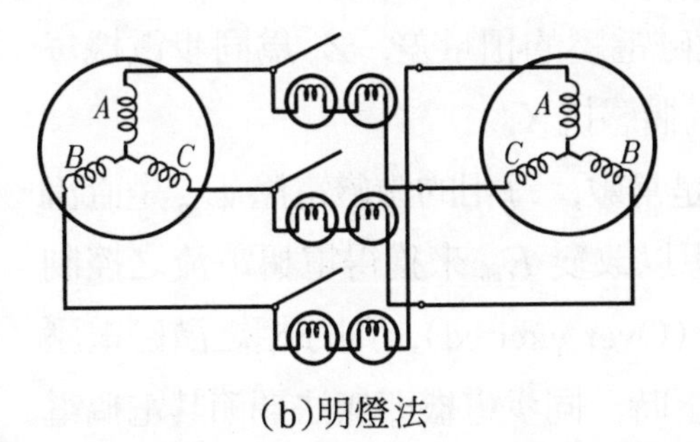

(b)明燈法

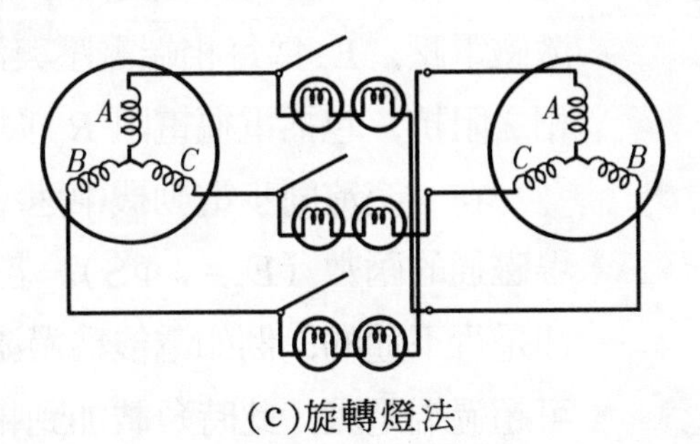

(c)旋轉燈法

6－11 同步電動機之特性曲線

當同步電機以電動機的模式運轉時，電機於匯流排取得電流以產生同步功率，此同步功率造成轉子得以與定子磁通的旋轉頻率保持同步。於前節中已討論過一交流同步發電機提供同步功率予另一電機，由於同步功率之結果，使得兩機的激磁電壓相位差小於 180°，若以匯流排替代發電機之功能，則可以圖 6－39 表示相量間的關係，此時之整步電流 I_s 亦可表為 I_a，即電樞同步電流。

圖 6－39　無載時同步電動機與匯流排之電壓關係

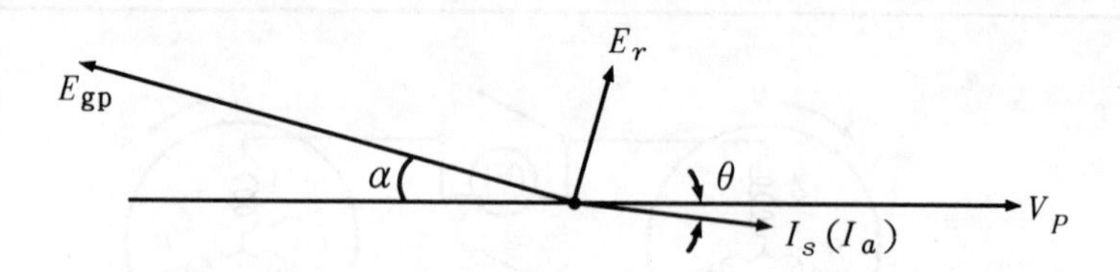

$$\dot{I}_a=\frac{\dot{V}_p-\dot{E}_{gp}}{R_a+jX_{sa}}=\frac{\dot{E}_r}{\dot{Z}_p} \tag{6-39}$$

式中 V_P 為每相之端電壓，亦即匯流排之電壓，E_{gp} 為電動機每相之激磁電壓，E_r 為每相端電壓與激磁電壓的相量差，Z_p 為同步電機每相之阻抗，包括電樞電阻 R_a 與電樞感抗 X_{sa}。

在一交流同步電動機中速率是常數，每相的激磁電壓 E_{gp} 是直流場磁通的函數（$E_g=k\Phi S$）。若想以改變 E_{gp} 來獲得電樞電流之控制卻是行不通的，例如電機為過激（Over excited），則每相之激磁電壓可超過端電壓，此時負載加到軸上時，同步電機即無法調節其電樞電流以提供轉矩。

由圖 6－39 可知，當轉子極在相位落後之後，則淨電壓差 E_r 增加，且電樞電流 I_a 亦增加，每相有大小爲 $V_p I_a \cos\theta$ 的正值同步功率被輸送到同步電動機，在無載時此正功率足以克服同步電動機因摩擦、風阻或其他旋轉損失的反向轉矩。因此，轉子若以同步速率旋轉但落後了相位角 α，此電工角度 α 稱爲轉矩角（Torque angle），可重組各電壓的關係如圖 6－40 所示。

圖 6－40　每相合成電樞電壓的決定

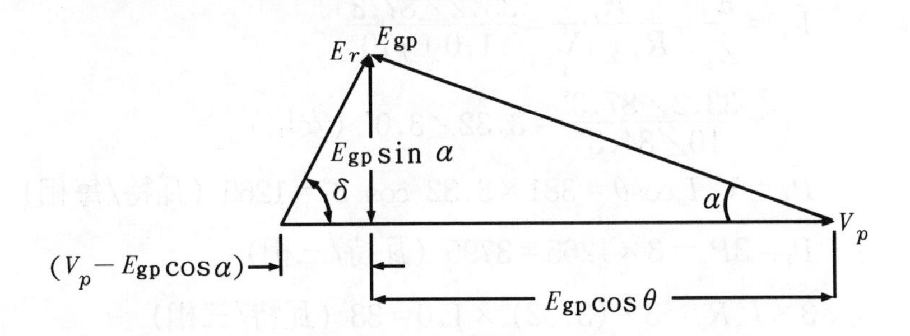

轉矩角 α 改以機械角度表示，則其值爲

$$\beta = \frac{2\alpha}{P} \qquad P \text{ 爲極數} \tag{6-40}$$

一同步電動機，若已知 α 角度、激磁電壓、外加相電壓，則 E_r 可由下式決定：

$$\dot{E}_r = (V_p - E_{gp}\cos\alpha) + j(E_{gp}\sin\alpha) \tag{6-41}$$

【例 6－21】

有一 20 極 40 馬力、660 伏特、60 Hz 三相 Y 連接之同步電動機，其每相之電樞感抗 10 歐姆，有效電樞電阻 1 歐姆，激磁電壓與端電壓相等，若無載時轉子落後於同步位置機械角 0.5 度，試求：

(a)轉矩角 α。

(b)每相之淨電壓及電樞電流。

(c)各相功率、損失及馬力。

【解】

(a) $$\alpha = P\left(\frac{\beta}{2}\right) = 20\left(\frac{0.5}{2}\right) = 5°$$

(b) $$V_p = E_{gp} = \frac{V_L}{\sqrt{3}} = \frac{660}{1.732} = 381 \text{（伏特/每相）}$$

$$\begin{aligned}\dot{E}_r &= (V_p - E_{gp}\cos\alpha) + j(E_{gp}\sin\alpha)\\ &= (381 - 381\cos 5°) + j(381\sin 5°)\\ &= 1.54 + j33.2 = 33.2\angle 87.3° \text{（伏特/每相）}\end{aligned}$$

$$\begin{aligned}\dot{I}_a &= \frac{\dot{E}_r}{\dot{Z}_p} = \frac{\dot{E}_r}{R_a + jX_s} = \frac{33.2\angle 87.3°}{1.0 + j10}\\ &= \frac{33.2\angle 87.3°}{10\angle 84.3°} = 3.32\angle 3.0° \text{（安培）}\end{aligned}$$

(c) $$P_p = V_p I_a \cos\theta = 381 \times 3.32 \cos 3° = 1265 \text{（瓦特/每相）}$$

$$P_t = 3P_p = 3 \times 1265 = 3795 \text{（瓦特/三相）}$$

$$3 \times I_a^2 R_a = 3 \times (3.32)^2 \times 1.0 = 33 \text{（瓦特/三相）}$$

$$\text{馬力} = \frac{3795 - 33}{746} = 5.3 \text{（馬力）}$$

例 6－21 所給之條件，激磁電壓與端電壓相等，此之謂正常激磁 (Normal excitation)，以下討論負載增加情形。

【例 6－22】

例 6－21，當機械位移增加為 5°時，再作。

【解】

(a) $$\alpha = P\left(\frac{\beta}{2}\right) = 20 \times \left(\frac{5}{2}\right) = 50°$$

(b) $$\begin{aligned}\dot{E}_r &= (V_p - E_{gp}\cos\alpha) + j(E_{gp}\sin\alpha)\\ &= 381 - 381\cos 50° + j381\sin 50°\\ &= 141 + j292 = 324\angle 64.2° \text{（伏特/每相）}\end{aligned}$$

$$\dot{I}_a = \frac{\dot{E}_r}{\dot{Z}_p} = \frac{324\angle 64.2°}{10\angle 84.3°} = 32.4\angle -20.1° \text{（安培）}$$

(c) $P_p = V_p I_a \cos\theta = 381 \times 32.4 \cos 20.1° = 11600$（瓦特/每相）

$P_t = 3P_p = 3 \times 11600 = 34800$（瓦特/三相）

$3I_a^2 R_a = 3 \times (32.4)^2 \times 1.0 = 3150$（瓦特/三相）

$$馬力 = \frac{34800 - 3150}{746} = 42.5 \text{（馬力）}$$

結果顯示，淨電壓、電樞電流均增加，功率增加、電樞之銅損亦增加。圖 6－41 可觀察當正常激磁時，負載增加導致功率因數落後的情形。

圖6－41　正常激磁（$E_{gp} = V_p$）下，增加負載之效應。

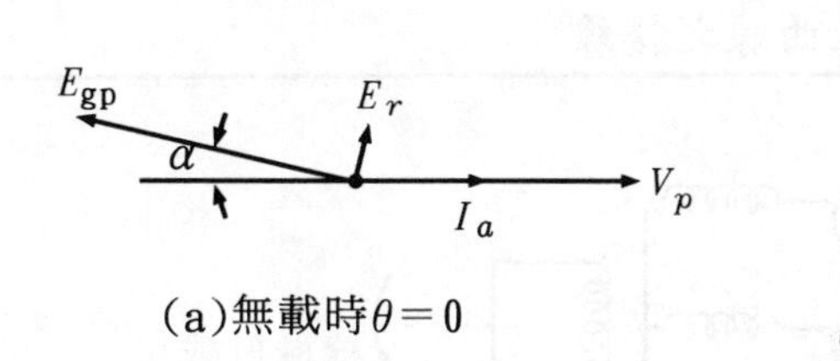

(a)無載時$\theta = 0$

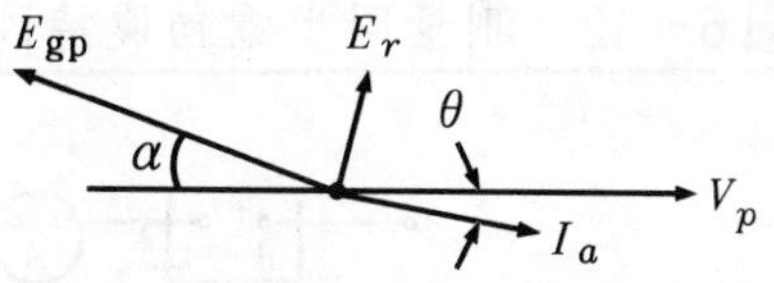

(b)增加負載，E_r及I_a增加，θ落後

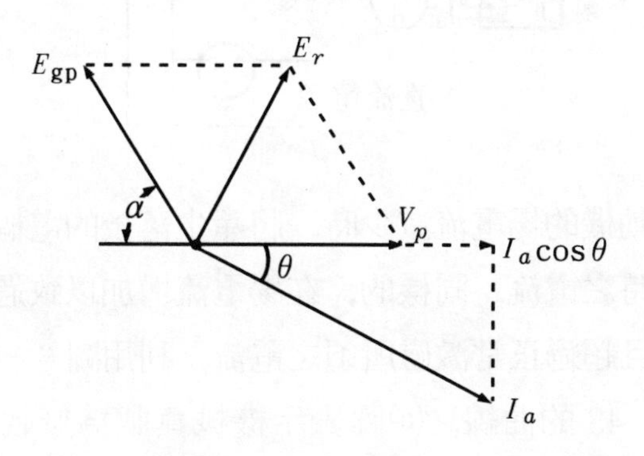

(c)過載時E_r及I_a再增加，θ更落後

同步電動機在欠激磁（Under excitation）時，即 $E_{gp} < V_p$，若負載很小，電樞電流幾乎滯後外加之相電壓 90°，造成低功率因數運轉，而負載漸增後功因將增加，唯重負載時又會形成低功因情況，且必需更多的電樞電流方能提供與正常激磁同樣的功率。

相反於欠激磁，同步電動機在過激磁（Over excitation）狀況，或 $E_{gp}>V_p$，小負載時電樞電流幾乎超前外加之相電壓 90°，亦造成低功因運轉，當負載增加後功因亦增加，過重的負載又造成較低的功率因數，必需較多的電樞電流。

上述的理論，在實驗室中可利用圖 6－42 之設備及接線證實，在任意負載下可藉由兩瓦特計法量取三相功率，及由電流表量取各相之交變電流與磁場之激磁直流。同步電動機的特性曲線，又稱 V－曲線（V-curve），即可經由測量及換算而畫出。

圖 6－42　測量同步電動機特性曲線之接線

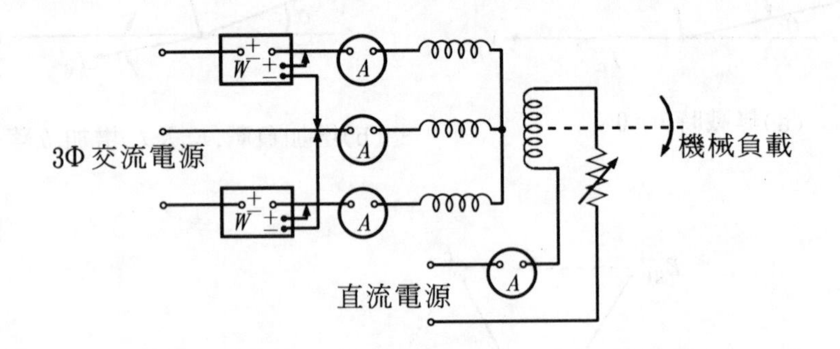

當同步電動機的場電流減少時，將產生落後的電樞電流，其大小超過正常激磁時之電流，同樣的，在場電流增加以致過激磁時，電樞電流亦增加，且超過正常激磁所須之電流，利用圖 6－42 之設備，可記錄得到圖 6－43 的曲線，(a)圖表示機械負載爲無載、半滿載及滿載，繪出電樞電流對直流場電流間之關係曲線，圖中之虛線是利用不同負載所量得的功率推算出功率因數，其 0.8 落後、單位功因、0.8 超前功因連線將如圖示。

圖 6－43(b)繪出三種負載情況，功率因數與磁場直流的相互關係。注意圖 6－43(a)與(b) 兩圖曲線均顯示，當負載增加時，場電流將稍微增加以產生正常激磁，即 1、2、3 各點。

圖6－43　同步電動機的V－（特性）曲線

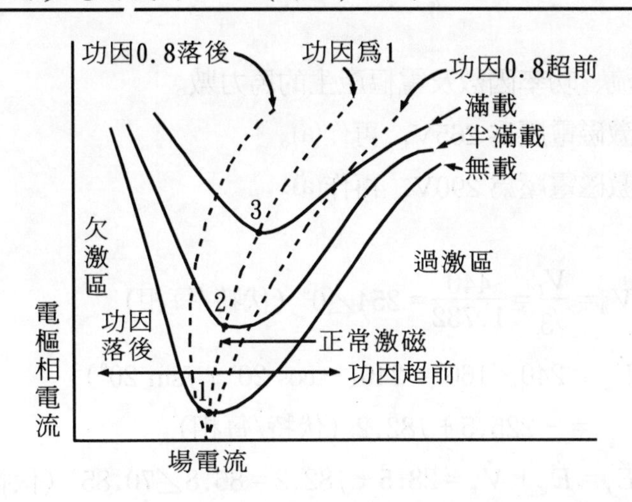

(a)不同負載狀況下，電樞電流和磁場電流之關係

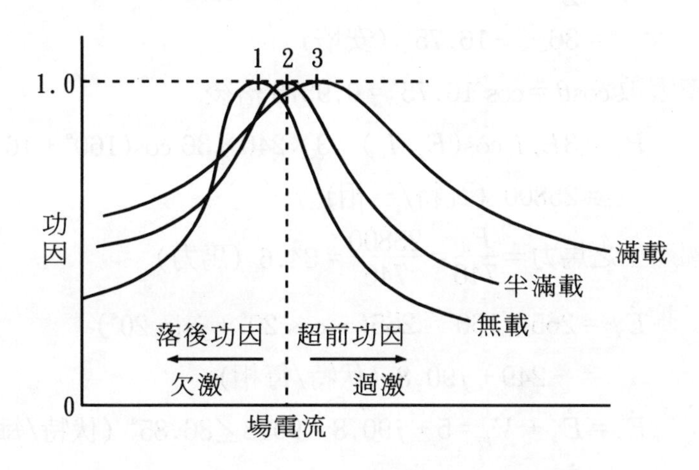

(b)不同負載狀況下，功率因數和磁場電流之關係

【例 6－23】

一部六極、50 馬力、440 伏特、60 Hz、三相 Y 連接同步電動機，其每相有效電樞電阻 0.1 歐姆，同步感抗 2.4 歐姆。電動機運轉於轉矩

角 $\alpha = 20°$電工角度，且為欠激磁，產生之激磁電壓每相為 240 伏特，試求：

(a)電樞電流、功率因數及電樞產生的馬力數。

(b)若每相激磁電壓為 265V，再作(a)。

(c)若每相激磁電壓為 290V，再作(a)。

【解】

$$V_p = \frac{V_l}{\sqrt{3}} = \frac{440}{1.732} = 254\angle 0°\text{（伏特/每相）}$$

(a)

$$\dot{E}_g = 240\angle 160° = 240(-\cos 20° + j\sin 20°)$$
$$= -225.5 + j82.2\text{（伏特/每相）}$$
$$\dot{E}_r = \dot{E}_g + \dot{V}_p = 28.5 + j82.2 = 86.8\angle 70.85°\text{（伏特/每相）}$$
$$\dot{I}_a = \frac{\dot{E}_r}{\dot{Z}_s} = \frac{86.8\angle 70.85°}{0.1 + j2.4} = \frac{86.8\angle 70.85°}{2.41\angle 87.6°}$$
$$= 36\angle -16.75°\text{（安培）}$$

功率因數 $\cos\theta = \cos 16.75° = 0.9575$ 落後

$$P_d = 3E_g I_a \cos(E_g, I_a) = 3 \times 240 \times 36 \cos(160° + 16.75°)$$
$$= 25800\text{（瓦特/三相）}$$

電樞產生之馬力 $= \frac{P_d}{746} = \frac{25800}{746} = 34.6$（馬力）

(b)

$$\dot{E}_g = 265\angle 160° = 265(-\cos 20° + j\sin 20°)$$
$$= -249 + j90.8\text{（伏特/每相）}$$
$$\dot{E}_r = \dot{E}_g + V_p = 5 + j90.8 = 90.8\angle 86.85°\text{（伏特/每相）}$$
$$\dot{I}_a = \frac{\dot{E}_r}{\dot{Z}_s} = \frac{90.8\angle 86.85°}{2.41\angle 87.6°} = 37.7\angle -0.75\text{（安培）}$$

功率因數 $= \cos\theta = \cos 0.75° = 1$ 即單位功因

$$P_d = 3E_g I_a \cos(E_g,\ I_a) = 3 \times 265 \times 37.7 \cos 160°$$
$$= 28200\text{（瓦特/三相）}$$

電樞產生之馬力 $= \frac{P_d}{746} = \frac{28200}{746} = 37.8$（馬力）

(c) $\dot{E}_g = 290\angle 160^\circ = -272 + j99.2$（伏特/每相）

$\dot{E}_r = \dot{E}_g + \dot{V}_p = -18 + j99.2 = 100.5\angle 100.3^\circ$（伏特/每相）

$\dot{I}_a = \dfrac{\dot{E}_r}{\dot{Z}_s} = \dfrac{100.5\angle 100.5^\circ}{2.41\angle 87.6^\circ} = 41.7\angle 12.7^\circ$（安培）

功率因數 $= \cos\theta = \cos 12.7^\circ = 0.9757$ 超前

$P_d = 3E_g I_a \cos(E_g, I_a) = 3\times 290\times 41.7\cos 147.3^\circ$

$= 30600$（瓦特/三相）

電樞產生之馬力 $= \dfrac{P_d}{746} = \dfrac{30600}{746} = 40.9$（馬力）

例 6－23 計算結果，激磁電壓 240V 時產生 34.6 馬力，激磁電壓 265V 時產生 37.8 馬力，激磁電壓 290V 時產生 40.9 馬力，均爲保持 20°轉矩角之情況。設若負載維持於 34.6 馬力則激磁增加後轉矩角將縮小，於超前功因情況轉矩角將更爲縮小。

在任何交流同步電機中，由定子直流電阻實驗、短路實驗及斷路實驗，可獲得每相之電樞電阻 R_a 與同步感抗 X_s，對於任一已知的電樞電流 I_a，其同步阻抗壓降 I_aZ_p 和相角均可得到。若各相端電壓 $V_p\angle 0^\circ$ 與 $E_r\angle\delta$ 已知，則對任何功因下的激磁電壓 E_{gp} 可由餘弦定律算出，E_r 即每相端電壓與激磁電壓之淨電壓。

$$\dot{E}_{gp} = \dot{V}_p - \dot{E}_r = \dot{V}_p - \dot{I}_a\dot{Z}_p \qquad (6-42)$$

利用餘弦定理，即

$$E_{gp}^2 = E_r^2 + V_p^2 - 2E_rV_p\cos\delta \qquad (6-43)$$

若 $\tan^{-1}\left(\dfrac{X_s}{R_a}\right) = \beta$，則角度差 δ 可由不同的功因角 θ 求得，θ 可由瓦特表測試換算，爲 V_p 與 I_a 間的夾角。

(1)在單位功因　$\delta = \beta$

(2)在超前功因　$\delta = \beta + \theta$

(3)在落後功因　$\delta = \beta - \theta$

圖 6－44 以相量表示出各項電壓間之關係，而以電樞電流作爲參考相量，同步電動機激磁電壓可表示爲：

⑴在單位功因時

$$\dot{E}_{gp}=(V_p-I_aR_a)+jI_aX_s \tag{6-44}$$

⑵在超前功因時

$$\dot{E}_{gp}=V_p\cos\theta-I_aR_a+j(V_p\sin\theta+I_aX_s) \tag{6-45}$$

⑶在落後功因時

$$\dot{E}_{gp}=V_p\cos\theta-I_aR_a+j(V_p\sin\theta-I_aX_s) \tag{6-46}$$

經由綜合以上三式，可獲得公式的一般型式，即

$$\dot{E}_{gp}=(V_p\cos\theta-I_aR_a)+j(V_p\sin\theta\pm I_aX_s) \tag{6-47}$$

上式中正號適用於超前功因，負號適用於落後功因。

對於任何電動機，其馬力、轉矩和速率之間的關係可表示爲

$$\mathrm{HP}=\frac{TS}{5252}\quad 或\quad T=\frac{5252\ \mathrm{HP}}{S} \tag{6-48}$$

轉矩 T 之單位爲磅－呎（lb－ft），$S=\dfrac{120f}{P}$ 即每分鐘旋轉之圈數（rpm），此公式適用於內在或外在之功率，同步電動機由匯流排取得的每相功率（外在功率）爲

$$P_p=V_pI_a\cos\theta\ (瓦特) \tag{6-49}$$

同步電動機電樞產生之每相功率（內在功率）爲

$$P_d=E_{gp}I_a\cos(E_{gp},I_a)(瓦特) \tag{6-50}$$

利用（6－48）式，可計算出內在功率每相所產生之轉矩

$$T=\frac{5252P_d}{S\times 746}=\frac{7.04P_d}{S}=\left(\frac{7.04}{S}\right)E_{gp}I_a\cos(E_{gp},I_a) \tag{6-51}$$

亦可將 S 改以 P 與 f 之關係，替代（6－51）式得

$$T=\left(\frac{7.04P}{120f}\right)E_{gp}I_a\cos(E_{gp},I_a) \tag{6-52}$$

式中 P 爲極數，f 爲頻率 Hz，E_{gp} 爲每相激磁電壓，I_a 爲電樞電流。

向量差 $\dot{E}_{gp}-\dot{V}_p$ 爲 $\dot{E}_r$，若忽略電樞電阻，則將同步電動機之每相功率

圖 6－44　同步電動機不同功因之相量圖

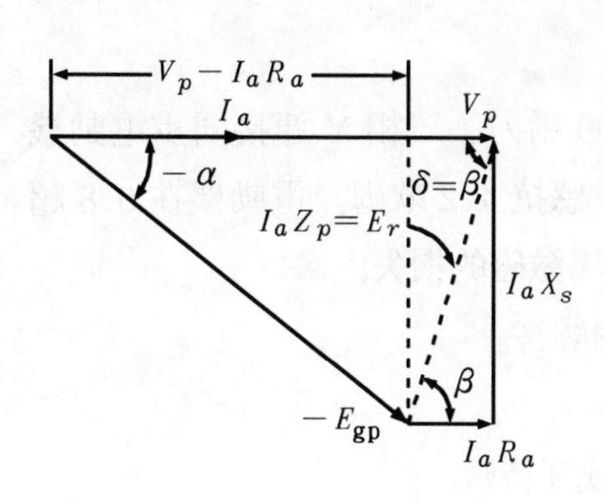

(a)單位功因

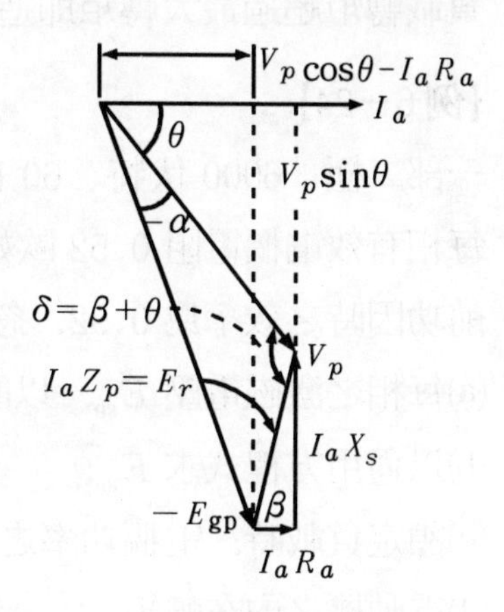

(b)超前功因

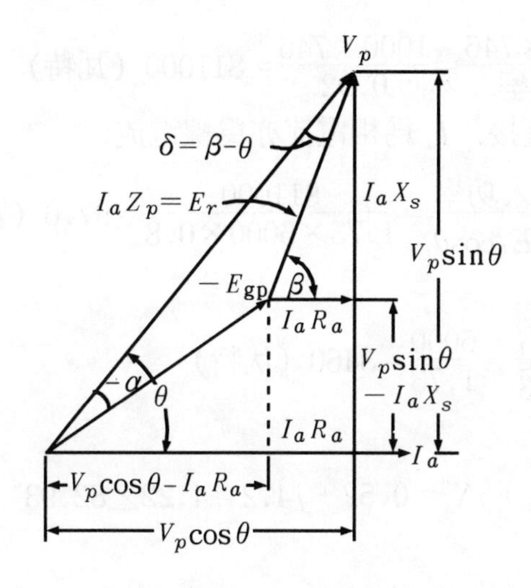

(c)落後功因

表示爲

$$P_p=\left(\frac{V_pE_{gp}}{X_s}\right)\sin\alpha \tag{6-53}$$

α 功率角即 $\dot{V}_p$ 與 $\dot{E}_{gp}$ 間的夾角，當 α 等於 90°電工角度時才會產生最大轉矩，此式僅能近似於圓柱形轉子之電機，若爲凸極式轉子，其最大轉矩較大但較早產生，因爲尙包含有磁阻轉矩（(6-30）式)，若負載轉矩超過最大轉矩即造成失步，同步電動機即停止運轉。

【例 6－24】

一部二極、6000 伏特、60 Hz、1000 馬力、三相 Y 連接同步電動機每相有效電樞電阻 0.52 歐姆、同步感抗 4.2 歐姆，電動機在 0.8 超前功因時之效率爲 0.92，忽略直流場激磁的損失，求：

(a)每相之激磁電壓 E_{gp}，以餘弦定理解答。

(b)以通用方程式求 E_{gp}。

(c)額定負載時，電樞功率之馬力數或瓦特數。

(d)電動機之內在轉矩。

【解】

$$\text{輸入功率} = \frac{\text{HP}\times 746}{\text{效率}} = \frac{1000\times 746}{0.92} = 811000 \text{（瓦特）}$$

電樞繞組爲 Y 連接，I_a 爲相電流亦爲線電流

$$I_a = \frac{\text{輸入功率}}{\sqrt{3}E_L\cos\theta} = \frac{811000}{1.73\times 6000\times 0.8} = 97.6 \text{（安培）}$$

相電壓

$$V_p = \frac{V_L}{\sqrt{3}} = \frac{6000}{1.73} = 3460 \text{（伏特）}$$

每相阻抗

$$Z_p = R_a + jX_s = 0.52 + j4.2 = 4.22\angle 82.93^\circ \text{（歐姆）}$$

即

$$\beta = 82.93^\circ$$

$$E_r = I_a Z_p = 97.6\times 4.22 = 412 \text{（伏特/每相）}$$

$$\cos\theta = 0.8$$

故

$$\theta = 36.8^\circ$$

(a)在 0.8 超前功因時，$\delta = \beta + \theta = 82.93^\circ + 36.8^\circ = 119.73^\circ$

利用（6－43）式，可得

$$E_{gp}=\sqrt{E_r^2+V_p^2-2E_rV_p\cos\delta}$$

$$=\sqrt{412^2+3460^2-2(412)(3460)(-\cos 60.27°)}$$

$$=3683 \text{（伏特/每相）}$$

(b)若利用（6－45）式，可得

$$\dot{E}_{gp}=(V_p\cos\theta-I_aR_a)+j(V_p\sin\theta+I_aX_s)$$

$$=[(3460\times0.8)-(97.6\times0.52)]+j[(3460\times0.6)+(97.6\times4.2)]$$

$$=2714.2+j2486=3683\angle42.4° \text{（伏特/每相）}$$

(c)

$$P_d=3E_{gp}I_a\cos(E_{gp},I_a)=3\times3683\times97.6\cos(42.4°)$$

$$=796000 \text{（瓦特/三相）}$$

$$\text{內在馬力數}=\frac{P_d}{746}=\frac{796000}{746}=1065 \text{（馬力）}$$

(d)內在轉矩

$$T=\frac{\text{HP}\times5252}{S}=\frac{\text{HP}\times P\times5252}{120f}=\frac{1065\times2\times5252}{120\times60}$$

$$=1553 \text{（磅－呎）}$$

6－12　同步電動機之起動與追逐作用

討論同步電機並聯運用時，曾敘述其作用：

(1)若電機之激磁電壓超過匯流排電壓，因而供應功率給匯流排，即爲發電機。

(2)若電機之激磁電壓低於匯流排電壓，因而自匯流排吸收功率，即爲電動機。

同步電動機電樞不僅需由匯流排供給交流電流，而且需由直流激磁來產生磁場。在大型同步電動機，其勵磁機（Exciter）常與該電動機按裝在同一軸上，一小部分的電動機轉矩用來產生場激磁所需的直流電源。由於場激磁電流可加以調整，交流同步電動機因而有第一種特性，即運轉時功率因數可任意變化，與感應電動機不同。

交流同步電動機之第二種特性是無法自行起動，必須以某種方法輔助帶動到接近於同步速率，方能激磁運轉。

第三種同步電動機的特性是對負載改變之敏感，常因此而造成追逐（Hunting）現象，因此對於突變負載或週期變動之負載，例如沖壓機、壓縮機等，必須解決此一問題。在轉子構造中使用阻尼繞組，即可解決追逐動作的問題，同時也使同步電動機可以自行開動。

多相交流同步電機的電樞導體置於定子，當多相電流流經後會產生一均勻之旋轉磁場，旋轉速率$S=\dfrac{120f}{P}$，轉子激磁後產生的N、S極若以同步速率轉動，則可被鎖在同步狀態，即一轉子之N極與一定子的S極以相同方向同步牽引轉動。若轉子並非以旋轉磁場速率轉動，則其磁極在一瞬間受異性之定子極吸引，另一瞬間則受同性的定子極排斥，其淨轉矩將爲零。

顯然地，爲使同步電動機能正常轉動，必需先將電動機帶動至近於同步之速率。其方法有以下數種：

(1)於同步電動機轉軸以機械耦合一部直流電動機。

(2)將勵磁發電機當作直流電動機。

(3)轉軸耦合至少比同步機少一對極的感應電動機。

(4)使用阻尼繞組，作用如同鼠籠式感應電動機。

第一種方法爲沒有阻尼繞組的同步電動機所常採用，一般而言，此處的同步電動機常擬作爲直流發電機的原動機使用，但在同步機起動階段直流機必需作爲電動機運轉，待同步機完成起動後則可增加直流機激磁電流量，那麼直流電動機就可變成直流發電機了。

第二種方法實際上和第一種相同，除了把勵磁機（一直流並激發電機）作爲電動機運轉外，原理均相同。

第三種方法，利用一較少極數的輔助感應電動機，由於感應電動機具有轉差率，必需至少比同步電動機少一對極，才能將同步機帶動至同步速率。

上述的三種起動方法，通常使用之條件爲

⑴同步電動機僅在極少，甚或沒有負載之狀態下起動，其負載需在起動完成後才加入。

⑵起動用之直流或交流電動機，基於經濟的考量，一般容量約爲同步電動機額定的5%至10%。

於應用上最普遍的方法是第四種，即在轉子的磁極表面裝上終端被短路的導體，稱爲阻尼繞組，則同步電動機就可以應用如同感應電動機的原理起動，這種方法最簡單而不需特別的輔助機器。

前節同步電動機特性討論時曾指出，電動機之運轉具有一確定之平均速率，而此速率（即同步速率）乃由外加頻率及極數決定。唯轉子有轉動慣量，其與定子旋轉磁場間以磁力線連鎖著，具有伸縮性，若負載增加或減少時，其轉速將暫時小於或大於其同步速率，以使轉子磁極對於定子之無形磁極間夾角（即功率角）得以加大或縮小，這個過程因慣量的影響而呈擺動現象。

運轉中之同步電動機受慣量和負載變動影響，速率常隨平均值之上下作週期性變化，這現象和同步發電機類似情況相同，稱爲追逐，如轉子擺動激烈，將使電動機停止工作。

同步電動機追逐現象的抑制方法，一般可採用者爲：

⑴極面加裝鼠籠式銅棒或阻尼線圈，此係在轉子上除了裝置用以激磁之磁場線圈外，又多加一阻尼線圈。當轉子之凸極與電樞磁場作同步旋轉時，阻尼線圈與電樞磁場間無相對運動，故阻尼線圈中無任何電流流通，換言之，在穩定狀態下，阻尼線圈對電機之運轉並無任何影響。但是當追逐現象產生，阻尼線圈將切割電樞之磁通，依據楞次定律，阻尼線圈會因感應作用而

產生電流，此電流可產生磁場以阻止阻尼線圈和電樞磁場的相對運動。由於此方法應用普遍而有效，在下節中將作更詳細的說明。

⑵設計適當的慣性係數（Moment of inertia）或加大飛輪效應（Fly-wheel effect）。

⑶設計高電樞反應之電機，因為高電樞反應使得因相位變動所產生之循環電流減少，故可降低自然振盪的現象。

基於多項優點，今日同步電動機已被廣泛地應用，而且尚有增無減，尤其在大型、高速之電動機，及中型 50 馬力至約 500 馬力之低轉速電動機，大多使用此種電動機。其較感應電動機為優的特點如下：

⑴同步電動機除了提供轉矩以驅動負載外，還可以改善功率因數。

⑵在相同馬力數和額定電壓下，如使用負載之功率因數為 1 時，同步電動機的效率較高。

⑶同步電動機的轉子較鼠籠式感應電動機可以有較寬的氣隙，對軸承的要求較不嚴格，也允許有較大的軸承磨損。

⑷在同樣輸出馬力、轉速及額定電壓下，同步電動機之製造成本較低廉，惟另須備有直流電源。

6－13 阻尼繞組

於轉子磁極表面加裝阻尼繞組，其結構如前之圖 3－7 所示，注意作為將銅棒短路用的兩端弧形導體，兩邊的螺孔可以和下一極的阻尼繞組栓緊，以此方法可形成一完整的鼠籠式繞組。同步電動機極面導體棒的電流容量，不足以提供電動機額定的負載，卻能使輕負載下的同步電動機應用感應電動機的原理起動。在以感應電動機方式開動大型的同步電動機時，有多種方法可以減少匯流排供給的起動電流，這些方法和起動大型感應電動機一樣，包含有 Y－Δ 起動、串聯電阻或電抗、自耦變壓器起動等。

在應用上，將轉子磁極激磁後起動同步電動機是不可行的，即使是將激磁線路開路，定子之快速旋轉磁場將在各匝的場繞線圈上感應極高的電壓，因此一般均在啓動期間把直流場繞線短路，如此可使線圈中感應之電壓及電流也如同阻尼繞組般提供起動轉矩。在非常大的同步電動機，個別的場繞組常以場分段開關或場隔離開關加以短路，避免極與極間由於個別場繞組感應電壓相加而造成危險，由於此種高壓可能破壞場繞組的絕緣。

同步電動機可容許較寬的氣隙，這是較感應電動機優良點之一，也因而在起動期間轉子場繞組線圈產生較高的電抗與電阻比例，對較小的轉矩會產生較高的起動電流和低值的功率因數，但可作爲無載時電動機轉差率之改進。所以當場線圈短路開關打開後，在轉子場繞組加入直流電流，則在同步速率或附近速率，轉子可較容易之進入與旋轉定子場同步。這原理和磁滯電動機和同步感應電動機相似，轉子受定子磁通所磁化，轉子進入同步可依靠磁阻轉矩，而不需要靠直流場激磁，下節中將進一步闡明。

於場電流加入當中，同步電動機常會發生一響聲音，這是由於轉子之磁極處於定子旋轉磁場的相同磁極之下，如圖 6－45 所示，因而發生「滑極」的情形，引起氣隙磁通突降，也降低了轉矩，電動機轉子即落後一極（180°電工角度），再進入同步速率轉動。

如上述之討論，以阻尼繞組起動同步電動機步驟爲：

(1)將轉子的直流場繞組短路，交流加於定子線圈以產生旋轉磁場，同步電動機利用鼠籠式感應電動機的原理，起動並加速到無載速率。

圖 6－45　磁極之激磁瞬間造成「滑極」

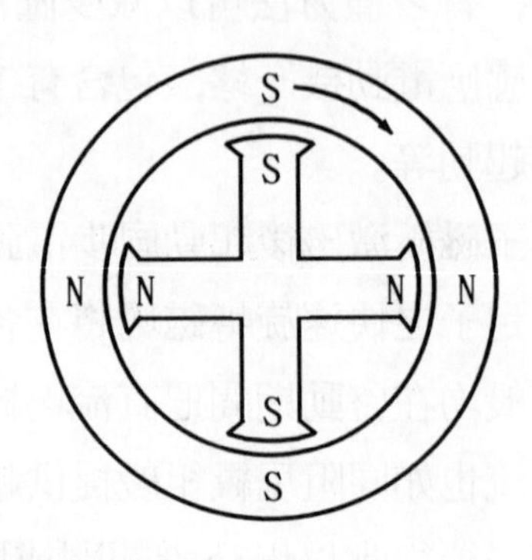

(2)將直流加進場繞組線圈中，且調整場電流以使交流之線電流降至最小。

因此，同步電動機使用阻尼繞組起動的先決條件爲：

(1)電動機在輕載或無載狀態。

(2)爲產生一近於同步之速率，鼠籠式繞組必須是低電阻及高電抗者。

在感應電動機中，低電阻、高電抗之鼠籠式電機具有較小起動轉矩的特性，通常其起動轉矩約爲滿載轉矩的 30～50%。對於某些型式的負載，諸如電扇或空氣壓縮機，其負載特性容許比較小的起動轉矩，上述的低値外加轉矩可被接受。若期待同步電動機在起動時能帶動重的負載，其轉矩可由滿載至滿載的 300%，可使用以下之方法。

使用較高電阻係數的合金作成阻尼繞組的導體棒，可以增加鼠籠式感應電動機的起動轉矩，但同時也增加了轉差率，其速率將不能接近同步速率。較好的方法是在極面上使用繞線式線圈而不是鼠籠式導體棒，此稱爲相繞阻尼繞組（Phase - wound damper winding），如圖 6 - 46 所示。

相繞阻尼同步電動機的轉子很容易辨認，因爲它有五個滑環，其中兩個給直流場繞阻，三個給 Y 接之繞線轉子繞組。相繞阻尼繞組

圖 6－46　相繞阻尼同步電動機之構成

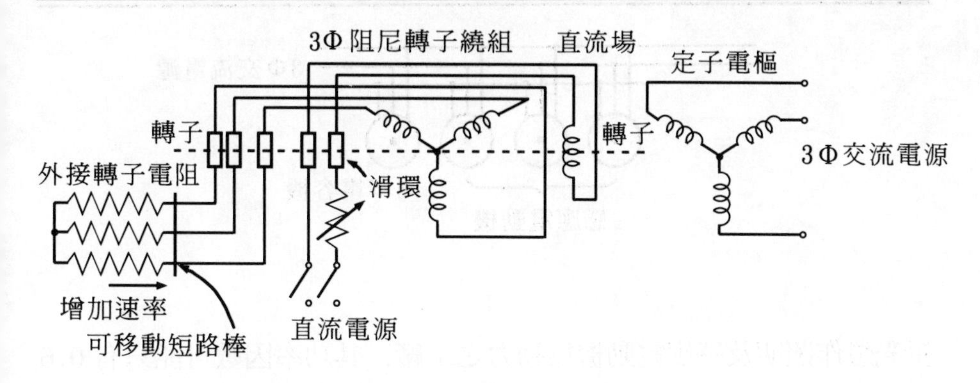

的起動性能類似繞線式轉子感應電動機，亦可利用外加的起動電阻來改善起動轉矩。起動時電動機外加之電阻調至最大值，並將直流場線路短路。當電動機加速時，漸次減少外加電阻值，即可趨近同步速率，之後再將直流場電壓加上，電動機即被推爲同步。

將繞線式轉子感應電動機的高起動轉矩（可達三倍的正常滿載轉矩)，及同步電動機所具有的定速與可改變功率因數之特性合併起來，則形成相繞阻尼同步電動機，顯然的，在許多場所都大有用途。

6－14　同步電機之應用

同步電動機最主要的用途之一是改進用電系統的功率因數，由前述的原理可知，轉子磁極在過激情況下自匯流排獲取之電流爲超前電壓的；因此許多工廠都安裝同步電動機和感應電動機並聯，用來使整體之功率因數提高。其接法如圖 6－47 所示。

如以同步電動機專門作爲用電系統中功率因數的改善，而不擔負任何機械驅動，則此電機稱爲同步電容機（Synchronous condenser)。由於供電給系統的發電機或變壓器，其額定之載流容量爲定值，於採

圖 6－47 改善功率因數所作的電機並聯

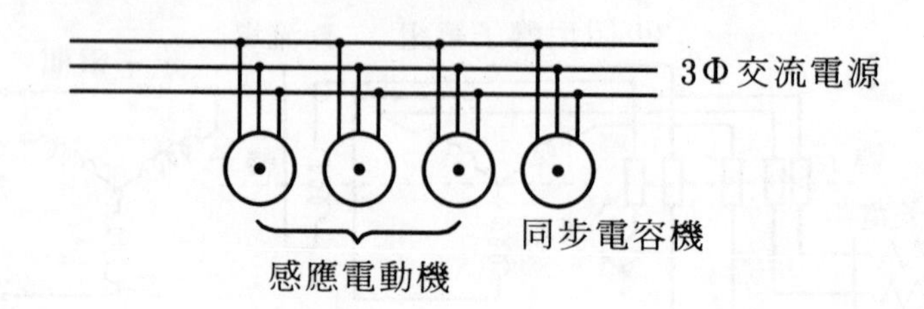

螢光燈作照明及感應電動機為動力之工廠，其功率因數可能只有 0.6 落後，不僅造成傳輸線電壓降增加及功率損失，也使發電和系統設備效率減少。並聯同步電容機，可以過激而運轉於 0.8 超前功因且同時提供功率來驅動負載，也可施予更大的激磁電流而以同步電容機工作。

圖 6－48 以過激同步電動機改善功因

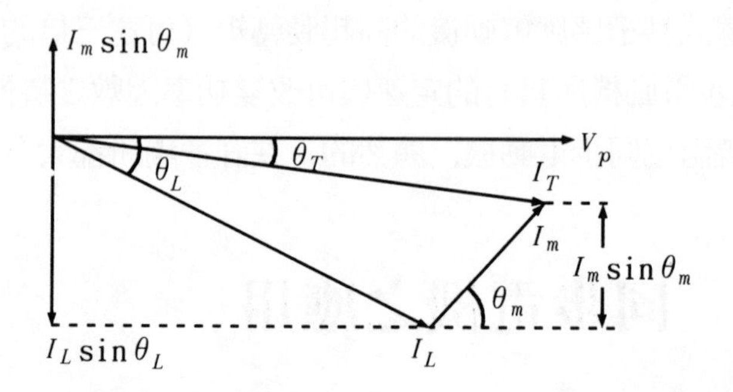

圖 6－48 顯示使用同步電動機以改善原本為落後負載之用電系統功率因數。假設用電系統負載電流 I_L 以相角 θ_L 落後於匯流排電壓 V_p，若以一同步電動機工作於過激磁狀況下，則電動機所取的電流 I_m 將超前匯流排電壓 θ_m 相角，由圖示的相量關係，匯流排流出的淨電流 I_T 為 I_L 與 I_m 之向量和，其與 V_p 之相角即縮減為 θ_T。

原先的負載電流落後於 V_p 成分 $I_L\sin\theta_L$，被同步電動機超前為 V_p 成分 $I_m \sin\theta_m$ 所抑制，造成功因角由 θ_L 減少為 θ_T，電動機所消耗

的每相功率爲 $V_p I_m \cos\theta_m$，除了少部分之損耗外，均是驅動負載的有用機械功率。以例 6－25 說明改善功因之利益。

【例 6－25】

假設一工廠之原有負載爲 2000 仟瓦，0.6 功因落後，電力系統供給 6000 伏特之線電壓。由於設備增加，擬增設一臺 1000 馬力、6000 伏特的電動機，若效率均爲 0.92，同步電動機功因爲 0.8 超前，感應電動機功因爲 0.8 落後，試計算：

(a)採用感應電動機時的總負載電流和功因。

(b)採用同步電動機時的總負載電流和功因。

(c)比較(a)(b)兩情況之電流量及功率因數。

【解】

(a)感應電動機負載 $= \dfrac{\text{馬力} \times 746}{\text{效率}} = \dfrac{1000 \times 746}{0.92} = 810000$（瓦特）

感應電動機吸收之落後電流

$$I_L = \frac{\text{功率}}{\sqrt{3} \times E_L \cos\theta} = \frac{810000}{1.73 \times 6000 \times 0.8} = 97.6\angle -36.9°\text{（安培）}$$

工廠負載之落後電流

$$I_L{}' = \frac{\text{功率}}{\sqrt{3} \times E_L \cos\theta} = \frac{2000000}{1.73 \times 6000 \times 0.6} = 321\angle -53.1°\text{（安培）}$$

以複數表示

$$I_L = 97.6\angle -36.9° = 78.0 - j58.5\text{（安培）}$$

$$I_L{}' = 321\angle -53.1° = 192.5 - j256.5\text{（安培）}$$

總負載電流 $= I_L + I_L{}' = 270.5 - j315.0$

$= 416\angle -49.3°$（安培）

功率因數爲　$\cos(-49.3°) = 0.651$ 落後

(b)同步電動機吸收之超前電流

$$I_L = 97.6\angle 36.9° = 78.0 + j58.5\text{（安培）}$$

工廠負載

$$I_L' = 321\angle -53.1° = 192.5 - j256.5 \text{（安培）}$$

總負載電流 $= I_L + I_L' = 270.5 - j204.0$

$= 340\angle -36.9°$（安培）

功率因數爲　$\cos(-36.9°) = 0.8$ 落後

(c)以採用感應電動機爲基準，負載電流之減少爲

$$\frac{416-340}{416} \times 100 = 18.25\%$$

使用同步電動機，可將感應電動機系統之功因由 0.651 落後，改善成 0.8 落後。

同步電動機不將轉軸延伸，設計上僅作功因校正及無載運轉，其相量關係如圖 6－49 所示，由於過激，E_{gp} 超過 V_p 許多，E_r 相當高，除了很小的轉矩角 α 外，產生了相當大的超前電流 I_a，I_a 與匯流排電壓 V_p 相角差約成 90°，因而被稱作同步電容機。

圖 6－49　同步電容機之相量圖

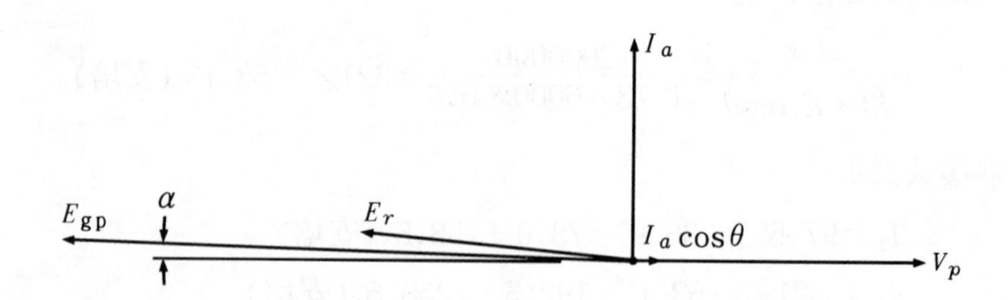

【例 6－26】

一工廠由幹線供應 2000 仟瓦負載，功因爲 0.6 落後，購得一同步電容機將功因改善爲 1.0，若同步電容機損失 275 仟瓦，試求：

(a)爲使功因校正爲 1.0，所需之仟乏數。

(b)同步電容機的 kVA 額定及功率因數。

【解】

負載之額定仟伏安 $=\dfrac{\text{kW}}{\cos\theta}=\dfrac{2000}{0.6}=3333$

落後之無效功率　$\text{kVAR}=3333\sin\theta=3333\times0.8=2667$

(a)需要超前的　$\text{kVAR}=2667$

(b)　$\tan\theta=\dfrac{2667}{275}=9.68$

$\theta=\tan^{-1}9.68=84.09^\circ$ 超前

$\cos\theta=0.103$ 超前

$\text{kVA}=\dfrac{\text{kW}}{\cos\theta}=\dfrac{275}{0.103}=2755$（伏仟安）

所裝設之同步電容機爲 0.103 超前功因，2755 仟伏安。

例 6－26 中之工廠，將整個系統功率因數改善爲 1，通常在考慮經濟之理由後，會取消如此的設計。以表 6－4 作說明，此爲 10000 仟伏安系統，用同步電容機或電容器來改善功因至不同數值，所作之統計。

表 6－4　在不同功因下，改善功因所需之仟乏數

系統功因	輸出（仟瓦）	有效的仟乏 (kVAR)	由次低功因來校正的仟乏	校正所需累積的總仟乏
0.60	6000	8000	－	－
0.65	6500	7600	400	400
0.70	7000	7140	460	860
0.75	7500	6610	530	1390
0.80	8000	6000	610	2000
0.85	8500	5270	730	2730
0.90	9000	4360	910	3640
0.95	9500	3120	1240	4880
1.00	10000	0	3120	8000

表 6－4 之使用舉例如下，功因由 0.65 增至 0.7，輸出可增加 500 仟瓦，需裝設 460 仟乏，虛功率之設備；另如功因由 0.85 增至 0.9，輸出亦增加 500 仟瓦，裝設之設備容量爲 910 仟乏。可看出當

功因接近於1時，要再改善，則代價將極昂貴，例如0.95增爲1時，500仟瓦的輸出增加需裝3120仟乏設備。

【例6－27】

一1000仟伏安系統運轉於0.65落後功因，若同步電容機之裝設費用每仟乏爲600元。試計算將功率因數提高至以下數值，所需經費。

(a)單位功因。

(b)0.85落後功因。

【解】

(a)系統之負載仟瓦＝1000仟伏安$\times\cos\theta=650$

$\cos\theta=0.65$ 即 $\theta=49.5°$，$\sin\theta=0.76$

仟乏＝1000仟伏安$\times\sin\theta=760$

提昇至1.0功因，則同步電容機需裝760仟乏。

同步電容機價格$=600\times760=456000$（元）

(b)$\cos\theta=0.85$ 即 $\theta=31.8°$，$\sin\theta=0.527$

總功率650仟瓦不變

系統仟伏安減爲 $\dfrac{650}{0.85}=765$（仟伏安）

仟乏$=765\times\sin\theta=765\times0.527=403$

所需裝設同步電容機仟乏$=760-403=357$

同步電容機價格$=600\times357=214200$（元）

小於(a)價格的一半。

當系統在落後功因角θ經由傳輸線傳送功率，若受電端電壓爲V_r，負載電流I_L，則電感性的傳輸線可使V_r小於送電端電壓V_s，可在圖6－50中觀察得知。

若負載去除，由於傳輸線上之電容分佈，將有充電電流爲線路所吸收，則電感性之傳輸線將使受電端V_r遠大於送電端E_s，其原理亦可由圖6－51觀察獲得。

圖6－50　重負載下之送電與受電端電壓

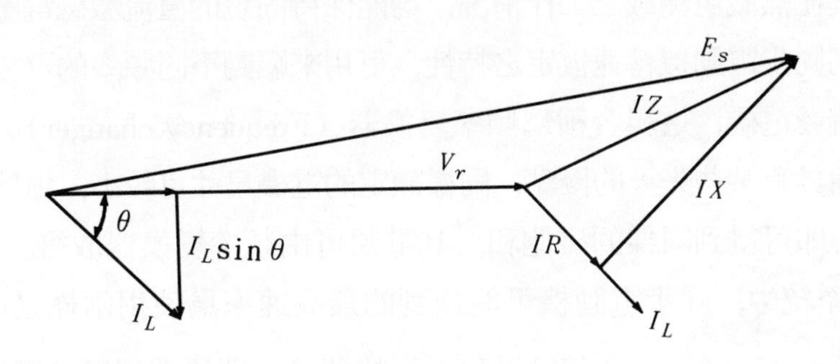

圖6－51　無負載下之送、受電端電壓

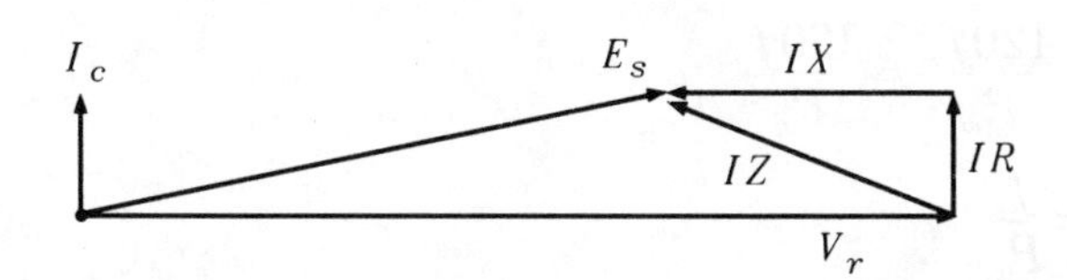

若不將同步電容機的激磁電流保持固定，而以一回授系統之電壓調整器來控制直流激磁，當負載減少以致受電端電壓上升時，使激磁之直流電流減少，則可保持受電端之電壓 V_r 爲定值。當負載下降至極小甚或無載時，如圖 6－51 情況，系統將成電容性者，可以欠激磁使同步電容機作爲同步電抗機用，圖 6－52 顯示同步電動機之調整，可使電壓得以穩定。

圖6－52　作電壓調整的同步電容機

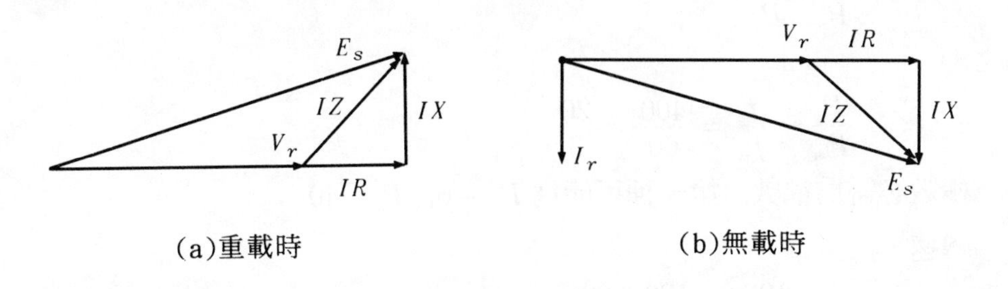

(a)重載時　　(b)無載時

由於速率爲恆定值，同步電動機可用來驅動一直流並激發電機，以便其從無載至滿載之工作情況，均能保持固定的直流激磁電壓。同樣利用同步電動機轉速恆定之特性，可用來驅動不同頻率的單相或多相交流發電機，這組合稱爲頻率變換器（Frequency changer）。高頻率設備具有某些先天的優點，同樣額定的電機尺寸可較小，由於較小的鐵心即可得到同樣的磁飽和，其電源可由頻率變換器取得。在 60 Hz 的系統中，同步電動機可能達到的最高速率爲使用兩極之電機，$S=\dfrac{120f}{P}=3600$ rpm，若爲得到更高的速率，則須採用頻率變換器。由於同步電動機耦合至發電機，兩者運轉於相同速率，因此

$$S=\frac{120f_m}{P_m}=\frac{120f_g}{P_g}$$

$$\frac{f_m}{P_m}=\frac{f_g}{P_g} \qquad (6-54)$$

式中 f_m 與 f_g 爲電動機和發電機的頻率，以 Hz 爲單位，P_m 與 P_g 爲電動機及發電機之極數。

【例 6－28】

設計三種頻率變換器的同步發電機與同步電動機，其頻率由 60 Hz 變爲 400 Hz，則速率與極數分別爲若干？

【解】

由於

$$\frac{f_m}{P_m}=\frac{f_g}{P_g}$$

即

$$\frac{P_g}{P_m}=\frac{f_g}{f_m}=\frac{400}{60}=\frac{20}{3}$$

極數必需爲耦數，第一種可能爲 $P_m=6$，$P_g=40$

轉速

$$S=\frac{120f}{P}=\frac{120\times 60}{6}=1200\ \text{(rpm)}$$

以極數爲較少作考慮，第二種組合 $P_m=12,\ P_g=80$

轉速

$$S=\frac{120f}{P}=\frac{120\times 60}{12}=600\ \text{(rpm)}$$

第三種可能的組合是 $P_m=18,\ P_g=120$

轉速

$$S=\frac{120f}{P}=\frac{120\times 60}{18}=400\ \text{(rpm)}$$

由於直流電源的佈設並不普遍，多數工廠使用同步電動機時，常於轉軸上裝設激磁機（一直流並激發電機），近年來大電流固態矽整流器之發展極爲成功，致使電機廠能製造出不用激磁機的同步電動機，及無電刷的同步電動機，且已廣爲各界所接受。

圖 6－53 表示了一種無激磁機的同步電動機，一個 Δ－Y 變壓器提供適當之交流電壓以供整流，六個矽整流器用作全波整流，且以四個突波電壓抑制器來消除暫態電壓對矽整流器的損害。輸出端之電容器 C 係作爲濾波的功用，以使供給同步電動機之激磁直流保持平穩；直流電流則由可變電阻調節，經電刷及滑環流入轉子磁極。

圖 6－53　具固態直流激磁之三相同步電動機

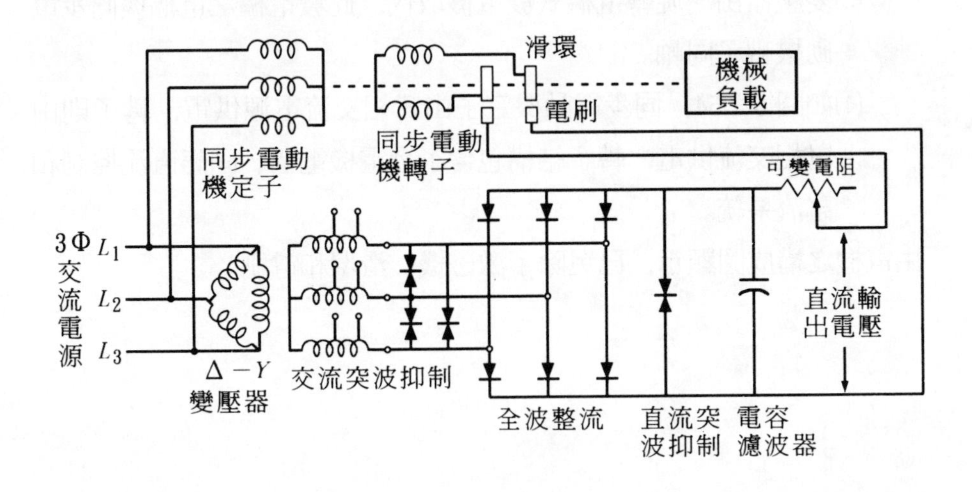

不使用激磁機，可以免除有關直流發電機換向片與電刷間火花的困擾，但同步電動機轉子磁極的激磁電流仍要經由滑環和電刷供應，要完全去除火花耗損造成之維修困難，必需發展出無電刷的同步電動機。

圖6－54　無電刷三相同步電動機之構成

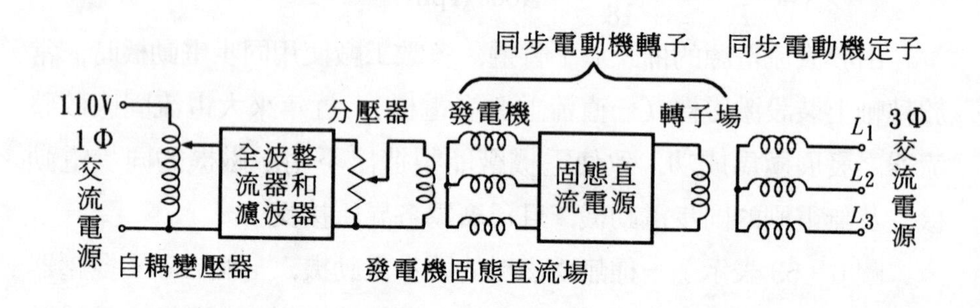

圖 6－54 爲一類型之無電刷同步電動機，此型電機比較圖 6－53 更作了以下的改良：

(1)矽整流器以閘流體或 SCR 取代。

(2)SCR 由電晶體提供並控制激磁電流。

(3)變壓器由一旋轉電樞式發電機取代，此發電樞之電樞與同步電動機轉子同軸。

(4)如圖 6－54，同步電動機定子由三相交流電源供電，轉子則由單相交流供電，轉子結構包含了發電機電樞、固態直流控制和整流系統。

由電機之構成圖顯示，已免除了激磁機、滑環和電刷。

習　題

6－1　交流同步發電機有幾種基本構造型式？並簡要說明。

6－2　何以交流同步發電機基本構造多採旋轉磁場式？

6－3　交流同步發電機轉子型式有那些？與原動機種類有何關聯？

6－4　如何在外觀上分辨同步電機轉子種類？

6－5　一交流發電機由轉速 720 rpm 之原動機帶動，若使用於 60 Hz 之電力系統，則其極數應爲若干？

6－6　極數爲 2 極至 10 極，若欲發出 25 Hz 的交變電流，則原動機之轉速需若干？

6－7　一部 10 極、三相、220 V 之同步電動機欲運轉於 1200 rpm，求應加於定子線圈的交流電壓頻率若干？

6－8　試解釋三相交流發電機之電樞磁勢何以會隨時間而移動位置？磁勢之峰值公式爲何？且說明係數及參數含意。

6－9　何謂交流發電機之「電樞反應」？

6－10　繪圖表示交流發電機在功率因數爲單位功因、零功因落後、零功因超前，三種負載情況下電樞電流與磁極相對位置。

6－11　以相量圖表示單位功因、零功因落後、零功因超前，三種負載情況下主磁場磁通 Φ_f 、電樞電流 I_a、激磁電壓 E_g 與電樞反應電壓 E_{ar} 之相互關係。

6－12　解釋爲何在落後功因時及超前功因時電樞反應對主磁場影響不同？分別造成何種影響？

6－13　繪圖說明單相同步發電機之等效電路。

6－14　繪圖說明三相 Y 連接同步發電機之等效電路。

6－15　一 1000 kVA、440 V，Y 連接交流發電機被改接為 Δ 連接，計算以下各項之新的額定值。

(a)端電壓。

(b)線電流。

(c)額定功率 kVA 值。

6－16　一 5 kVA、220 V，Y 連接之三相同步發電機，每相之有效電阻 $R_a=0.8\ \Omega$，電樞電抗 $X_a=6\ \Omega$，試求於額定負載下運轉，功率因數為

(a)單位功因。

(b)功因 0.75 落後。

(c)功因 0.8 超前。其激磁電壓分別為若干？

6－17　交流發電機損失之分類如何？並作說明。

6－18　密封式的冷卻系統，採用氫氣作媒介之優劣點為何？

6－19　電機絕緣材料之絕緣等級分成幾級？若周圍溫度為 40℃ 時，各等級絕緣材料製造的電機所允許之工作溫度為若干℃？請列出。

6－20　影響電機額定容量之因素主要有那些？電機是否可超載使用？

6－21　一部 10 kVA，250 V，Y 連接的交流發電機，使用開路與短路試驗後得知：電樞每相的有效電阻為 0.3 Ω；同步電機在輕載時維持額定電壓及轉速，其驅動總功率 532 W，電流為 7.75 A；開路測試時保持無載額定電壓，其直流激磁為 2.0 A，及 120 V。當電機運轉於單位功因，求：

(a)旋轉損失。

(b)磁場銅損。

(c)在 $\frac{1}{4}$、$\frac{1}{2}$、$\frac{3}{4}$ 及 $1\frac{1}{4}$ 額定負載時的電樞銅損。

(d)如(c)的負載情況，效率若干？

6－22　試說明交流發電機運轉時之功率因數與電壓調整率有何關係？

6－23 一部 2500 kVA，2300 V，三相 Δ 連接交流發電機，每相電樞電阻 0.1 Ω，電抗 1.5 Ω，電機於無載時調至額定電壓，試求供給額定電流，功因為 0.6 落後時的電壓調整率。

6－24 一部 2000 kVA，11000 V，三相 Y 連接的交流發電機，每相電樞電阻為 0.3 Ω，同步電抗為 4.0 Ω，在下列幾種情況下調整激磁，以得到額定電壓及額定負載。若負載突被移走，則每相無載電壓若干？此機電壓調整率為若干？若

(a)單位功因。

(b)功因為 0.8 落後。

(c)功因為 0.8 超前。

6－25 一部 25 kVA，220 V，三相 Y 連接之同步發電機，直流電阻試驗時加 25 V_{dc}，電流為 75 A_{dc}；開路試驗時線電壓 200 V_{rms}，場電流為 5 A_{dc}，短路試驗時同樣之場電流可得到額定之線電流，若有效電阻是直流電阻的 1.3 倍，試求以下負載功率因數之電壓調整率。

(a)功因為 1。

(b)功因為 0.8 落後。

(c)功因為 0.8 超前。

6－26 一部 500 kVA，2300 V，三相 Y 連接之交流發電機，其直流電阻測試為 20 V_{dc}，40 A_{dc} 之線電壓及電流；開路實驗當場電流 10 A_{dc} 時，線電壓為 800 V_{rms}，而短路實驗時同樣之場電流可獲得額定之線電流。試求：

(a)每相有效電阻、同步阻抗及電抗。

(b)功因為 0.8 落後及 0.8 超前時的電壓調整率。

6－27 繪出同步發電機作同步阻抗測試時之電路連接方法，並寫出計算公式。

6－28 如何進行同步發電機之開路實驗及短路實驗？

6－29 何謂同步發電機之「複合曲線」?

6－30 何以分析凸極式轉子同步電機須使用雙電抗理論?

6－31 凸極式轉子與隱極式轉子（圓柱形轉子）對電樞磁通之影響有何不同? 何者磁阻較均勻?

6－32 何謂「直軸同步電抗」? 何謂「象限軸同步電抗」? 何者之數值較大? 爲何有這樣的差別?

6－33 如 $X_d = 0.8$ pu 而 $X_q = 0.6$ pu，當加予此部凸極式同步電動機之端電壓爲額定值，且場激磁爲零，電機維持於同步運轉時最大輸出功率爲額定值的百分之幾? 其 pu 樞流於此時爲若干?

6－34 一凸極同步電動機之 $X_d = 0.8$ pu 及 $X_q = 0.5$ pu，忽略所有之損耗，且在滿載轉矩下保持同步速率，已知端電壓爲 1.0 pu，則其激磁電壓最少應若干 pu?

6－35 何以發電系統多採數個以上發電機組並聯，而不使用單一個大的發電機?

6－36 直流發電機並聯運轉之基本要求爲何?

6－37 交流發電機並聯運轉之基本要求爲何?

6－38 何謂「整步電流」? 其主要影響爲何?

6－39 什麼是同步電機之「追逐現象」?

6－40 如何使同步發電機的追逐現象減少?

6－41 解釋如何使用燈泡檢驗同步發電機之同步與相序?

6－42 兩單相交流發電機並聯運轉，電機之激磁電壓 220 V，電樞阻抗 $2\angle 80°$ 歐姆，電機 1 在原動機驅動下領先於正常位置 25°，試求:

(a)整步電流。

(b)兩電機之同步功率。

6－43 一部 32 極，40 馬力，440 伏特，60 Hz 三相 Y 連接之同步電動機，其每相之電樞感抗 15 歐姆，有效電樞電阻 2 歐姆，激磁電壓與端電壓相等，若無載時轉子落後於同步位置機械角 0.4 度，試求：

(a)轉矩角 α。

(b)每相之淨電壓及電樞電流。

(c)各相功率、損失及馬力。

6－44 兩三相 Y 連接交流發電機並聯運用，其每相之電樞電阻及電抗均為 0.1 Ω 和 1.0 Ω，並聯前電機 A 之線電壓調至 2500 V，電機 B 之線電壓調至 2300 V，並聯瞬間之相位反向，試求並聯至匯流排後：

(a)交流發電機每相之合成電壓。

(b)發電機 A 之功因角與運用模式。

(c)發電機 B 之功因角與運用模式。

(d)每相之功率損失，(e)匯流排之線電壓。

6－45 何謂同步電動機之「轉矩角」?

6－46 畫出同步電動機在無載、半載與滿載運轉的 V－曲線族，以表示

(a)電樞電流與場電流間之關係。

(b)功率因數與場電流間的關係。

6－47 在正常激磁下，描述同步電動機負載增加時的各效應：

(a)轉矩角 α 或 β。

(b)功因角 θ。

(c)電樞電流 I_a。

6－48 重覆上題，在下列條件下負載增加之功率因數效應：

(a)欠激磁。

(b)過激磁。

6－49 一同步電動機運轉於一固定負載，正常激磁下若

(a)激磁減小。

(b)激磁增加。

對於轉矩角 α，功因角 θ 及電樞電流 I_a 分別將產生何種影響?

6−50 一部 50 馬力、60 Hz、220 V、Y 連接之同步電動機，額定電樞電流爲 108 A，運轉於單位功因及 400 rpm，電動機之場激磁調整在無負載時激磁電壓等於外加電壓，產生轉矩角爲 1 機械角度，且知每相阻抗爲 $5.0\angle 84.3°\Omega$，求：

(a)極數。

(b)轉子落後定子場的電工角度（α）。

(c)淨相電壓（E_r）。

(d)轉子所取的相電流。

(e)功因角（θ）。

(f)電動機由匯流排所取之功率及電樞供給的功率。

(g)損失及馬力。

6−51 重覆上題，惟無載激磁電壓爲 150 V，運轉於轉矩角爲 3 機械角度之負載情況。

6−52 一部 100 馬力、2300 V、8 極、60 Hz、Y 連接同步電動機在 0.9 超前功因運轉，滿載效率爲 88%，電樞每相之電阻與電抗爲 1 Ω 和 15 Ω，試求：

(a)每相電樞電流。

(b)轉矩角（α）。

(c)每相所生之電壓。

6−53 重覆上題，若運轉於單位功因及 90% 效率。

6−54 (a)寫出開動同步電動機之四種方法。

(b)上述方法中何者最常用？爲什麼？

6−55 同步電動機較於感應電動機的優點有那些？缺點有那些？

6−56 以阻尼繞組起動同步電動機的步驟爲何？

6－57　繪圖說明相繞阻尼同步電動機何以能在高轉矩時起動。

6－58　為何同步電動機可以改善功率因數?

6－59　試述同步電動機對電壓調整之應用。

6－60　何謂「同步電容機」? 如何與同步電動機區別?

6－61　列出無刷同步電動機優於傳統同步電動機之點。

6－62　一工廠負載為 4000 kVA, 功率因數為 0.6 落後, 若利用一部 800 馬力, 效率 88% 之同步電動機, 使功率因數提高到 0.9 落後, 試求:

(a)同步電動機之功率因數。

(b)同步電動機的 kVA 額定。

(c)若此同步電動機在單位功因下運轉, 其馬力為何?

6－63　一部三相同步電動機並聯運轉後, 系統的功因由 0.6 落後改善為 0.75 落後。若此電動機工作於 500 kVA, 0.8 功因超前, 則電動機加入前, 系統原來的 kVA 負載為何?

6－64　若一系統原有 2000 kW、0.65 落後功因之負載, 擬加裝 0.1 超前功因的同步電容機以改善功因成

(a)0.8 落後功因。

(b)單位功因。

試計算所需裝設同步電容機的 kVA 數。

第七章 直流電機

7－1　直流電機之分類

直流電機爲一典型的旋轉電機，如前第三章對旋轉電機及第一章對工作原理以及電功率、機械功率轉換型式的分類，直流電機可分爲發電機及電動機兩種基本類型。但不管是直流發電機或電動機，其內部構造有兩種基本繞組，一爲流過轉子導體，包括電刷及中間極激磁繞組等串聯的電路的電樞繞組；另一爲使位爲定子之主磁極產生磁通的激磁繞組（Exciting winding），又稱場繞組（Field winding）。

電機中磁通量的大小，一般決定於環繞磁極上線圈匝數的多寡及通過線圈電流的大小，故磁通量或磁動勢常以場繞組的安培匝數（Ampere-turns）爲單位；亦即，匝數較多而電流較小，或匝數較少而電流較大者，均可獲致磁極所需的磁通量。激磁繞組可由匝數較多之較細導體繞製（分激場），或以匝數較少但較粗的導線繞成（串激場）。電機因激磁繞組安培匝數之組合方式（並聯或串聯）及其與電樞電路連接情形的不同，而有不同的運轉特性，大致可分爲外激式（Separately excited）以及自激式（Self-excited）兩種基本型式。

1.外激式直流電機

外激式又名他激式，其激磁繞組所用之直流電源與電樞繞組所連接之直流電源的迴路完全分開，故電樞電壓與磁場強度可個別控制而互不相干。此種外激式之缺點是需另外一套專用之直流激磁電源。製造上凡是需高電壓、小電流，或是需特別低電壓、大電流的電機皆適用此種外激型式；例如電鍍用的發電機。圖 7－1 以二極式之發電機爲例，分別繪出其接線及電路圖；圖中輸出端爲發電機輸出之端電壓，圓圈內有A符號者表電樞，引出線與圓圈相接處之黑色小正方

圖7－1 二極外激式發電機

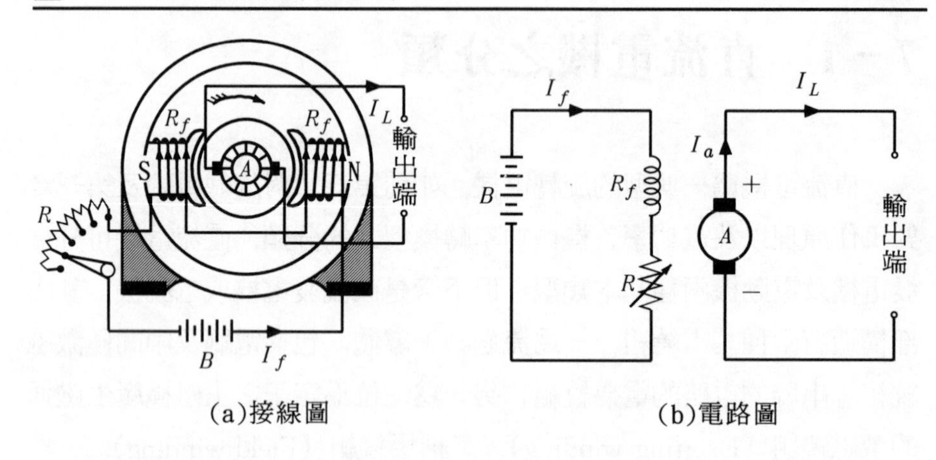

(a)接線圖 (b)電路圖

塊表電刷，中間極之激磁繞組在圖中並無標出。

電動機之構造基本上與發電機相同，不同的是圖 7－1 線路中發電機之輸出端；若爲電動機的線路圖 7－1 中的輸出端應改爲輸入端，此乃因發電機可對外界輸出（提供）電功率，而電動機需由外界輸入（供應）電功率，其間的不同點於第一章已有討論，詳細線路之特性在後面 7－5 及 7－6 節中會另有敘述。

2.自激式直流電機

自激電機之命名主要是由於激磁繞組所連接的電路與電樞繞組連接電路呈並聯或串聯，所以激磁所須的電流可由電樞繞組產生，或由供應電樞的電源提供，不須另外準備一套專用的直流激磁電源，故名之爲自激以便與前述的外激互相區別。依照激磁繞組與電樞繞組連接方式的不同，自激式直流電機又可再分爲並激（Shunt）型式、串激（Series）型式以及複激（Compound）型式；其中複激型式可再細分爲和複激（Cumulative compound）型式及差複激（Differential compound）型式。以下針對上述不同型式之電機線路及特性分述如下。

⑴分激式直流電機

分激又名並激，其激磁繞組與電樞繞組呈並聯連接型式，以二極式之分激發電機爲例，其接線及電路圖如圖 7－2 所示。此類電機之激磁繞組因直接跨接電源，故常採用匝數多而線徑較細之導線繞成，以形成較大的電阻值使激磁電流不致太大，一般而言，分激式之直流電機的激磁電流大約爲電樞電流之 1 至 4%。激磁電路中可串聯一場變阻器（Field rheostat）調整激磁電流的大小。

圖 7－2 二極分激式發電機

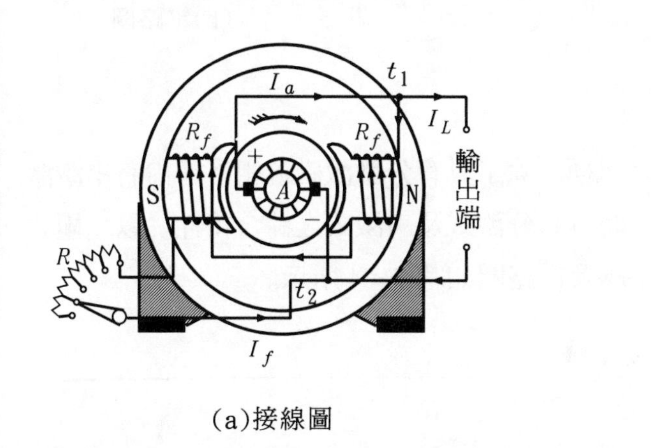

(a)接線圖

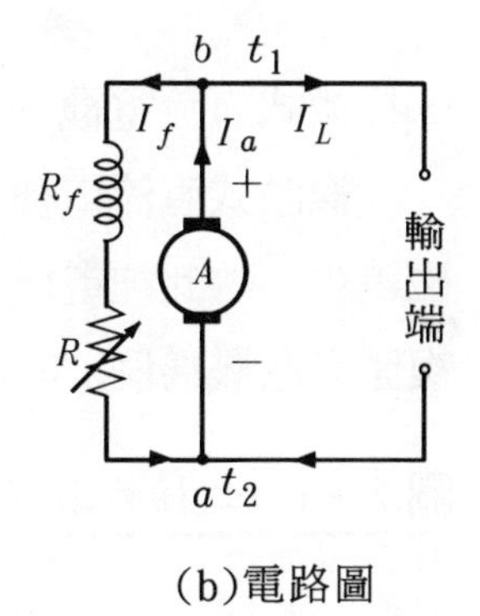

(b)電路圖

⑵串激式直流電機

當激磁繞組與電樞繞組彼此呈串聯型式連接時，此類型的電機稱爲串激式直流電機，二極式發電機的接線及電路圖如圖 7－3 所示。因兩繞組串聯在一起，故流過電樞線圈與激磁線圈的電流完全相同，而電樞電流與負載成正比，使激磁繞組必須能允許大電流的流通，因此串激式直流電機之串激繞組係使用匝數少而線徑較粗的導線繞成，以線圈的電阻值降低。此激磁繞組可並聯一分流器（Diverter）以便調整電壓。

圖7－3 二極串激式發電機

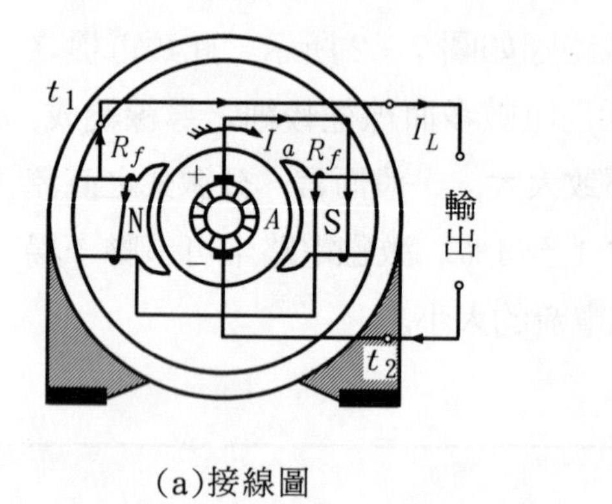

(a)接線圖

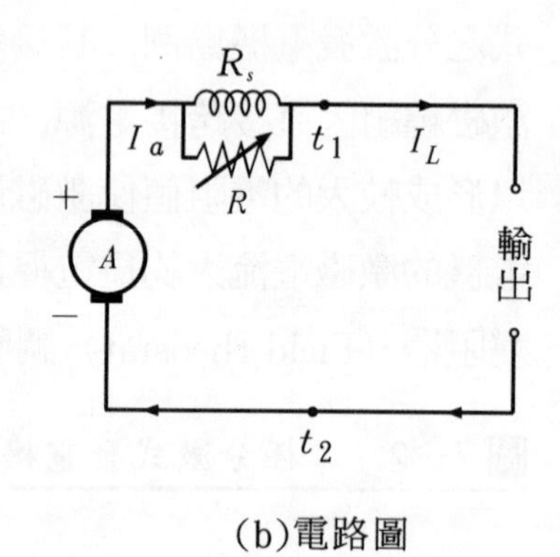

(b)電路圖

(3)複激式直流電機

複激式直流電機之磁極，除了具有分激激磁繞組外，尙有串激激磁繞組，故此種電機同時具有分激式及串激式之綜合特性。以二極式複激發電機爲例，其接線及電路圖如圖 7－4 所示。

圖7－4 二極複激式發電機

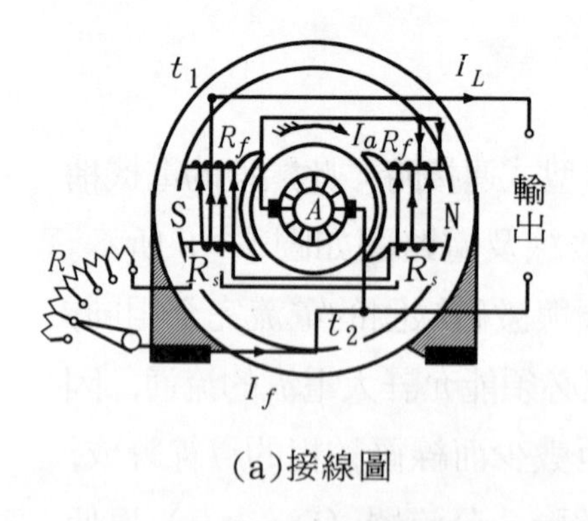

(a)接線圖

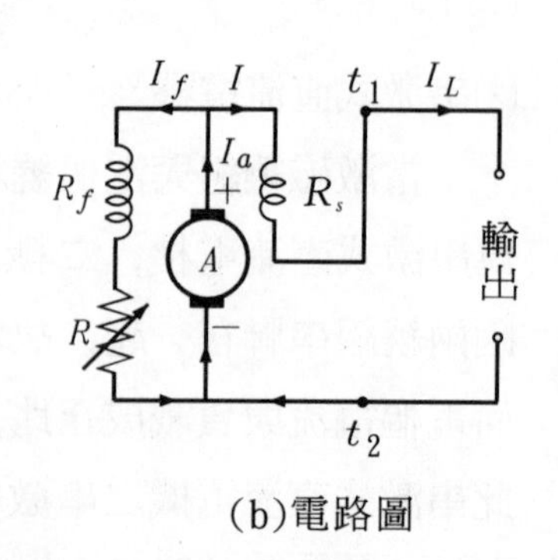

(b)電路圖

依分激電路接線位置的不同，複激電機可分爲短分路複激式(Short shunt compound)，如圖 7－5(a)所示者；與長分路複激式(Longshuntcompound)，如圖7－5(b) 所示者兩種，圖7－5亦是以二

圖7－5　接線不同的兩複激發電機

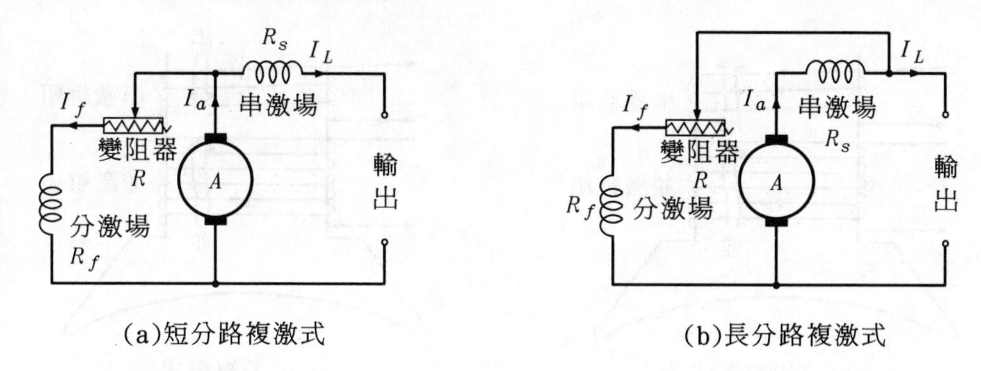

(a)短分路複激式　　(b)長分路複激式

極式之發電機爲例。由圖中所示之接線，短分路複激式之串激繞組電流與負載電流 I_L 相同，而長分路複激式之串激繞組電流則與電樞電流 I_a 相同。對同一電機而言，接成短分路或長分路，其特性稍有差異，此差異係依並激繞組之激磁電流及串激繞組之壓降大小而變。就運轉特性而言，此二種接法並無太大不同，爲了簡單起見，一般較常採用短分路複激式。

複激式直流電機的另一種分類法是依串激繞組與並激繞組產生的磁勢方向，而分成和複激式（Cumulative compound）以及差複激式(Differential compound）兩種；其激磁繞組在磁極上繞線方向的不同可參見圖 7－6。圖中很容易看出，和複激式電機中由並激繞組與串激繞組所產生之磁勢方向相同，總磁勢等於二磁勢之和，如圖 7－6(a)所示；而差複激式電機中兩激磁繞組產生之磁勢方向相反，總磁勢等於二磁勢之差，如圖 7－6(b) 所示。

一和複激式電機在額定轉速下，若滿載時之輸出端電壓與無載時之輸出端電壓相等，則又可稱爲平複激式（Flat compound）電機；若串激磁場中之磁勢較多，導致滿載時輸出端電壓較無載時高者，稱爲過複激式(Over compound)電機；反之，則稱之爲欠複激式(Under compound）電機。

圖7－6 磁勢方向不同的兩複激式電機之激磁繞線方式

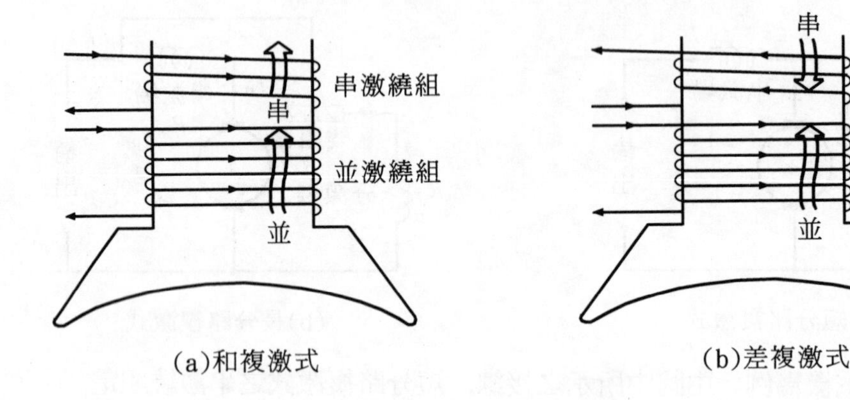

(a)和複激式　　(b)差複激式

7－2 平均感應電壓與轉矩

7－2－1 發電機之平均感應電壓

發電機係一種將機械能改變成電能之機械裝置，若一導體對磁場產生相對的運動，使導體切割磁通，即可感應生成感應電動勢；若導體之外電路形成封閉迴路，即可產生電流。其感應電動勢的大小，可由（1－11）式之法拉第定律得知，而於發電機中因導體切割磁通而產生的有效感應電動勢亦於第一章之內容中有所推導，其對應之公式如（1－16）式及（1－17）式。現將上述之導體改爲發電機內部實際電樞繞組中之一單匝線圈，看其在發電機內以一定速度於均勻磁場內轉動生成之交流感應電動勢波形。

如圖7－7(a) 所示之一簡單發電機，當線圈位置改變時，其感應

圖 7－7　發電機之基本構造及電動勢波形

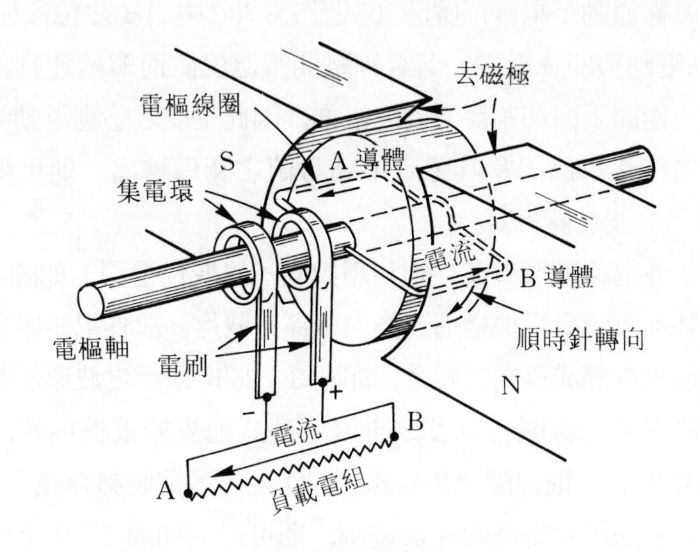

(a)簡單交流發電機

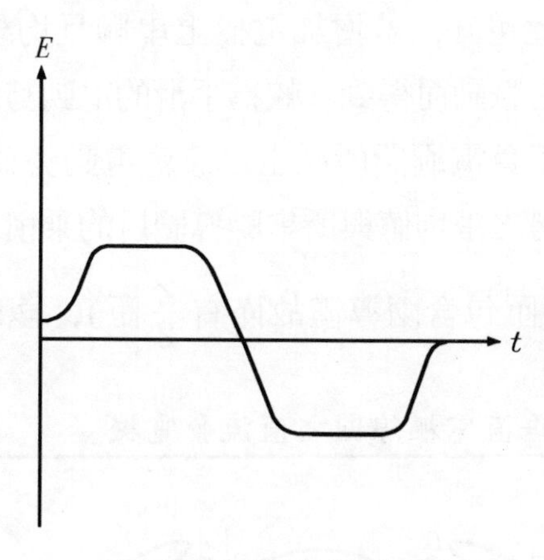

(b)感應電動勢波形

電動勢亦隨之而變化，由第一章（1－11）式知其値決定於切割磁通量之變化率。一典型之直流電機在其極中心位置處，電樞鐵心與磁極間之空氣隙頗爲平均；而接近極尖位置處則空氣隙增大，以致極面下大部分空間之磁通量分佈均勻；於極尖處，則磁通量減少，故一單匝

線圈中兩側之 AB 二導體於極面中運動時，可獲取均勻之感應電動勢，而當導線運動至垂直位置時（與圖 7－7(a) 中 AB 之位置相差 90 度），感應電動勢即降為零。若導線離開垂直位置而繼續運轉，由於將進入另一極面下而切割反方向之磁通，因此生成之感應電動勢方向亦將反向；將其各位置及其感應電動勢值之關係繪出，則可得如圖 7－7(b) 所示之波形關係。

若欲使外電路獲取直流，須利用換向子以取代滑環，如圖 3－26(a)所示之基本直流發電機構造，換向子係二截片，故外電路中之感應電動勢或電流可變成單向之脈動，如圖 3－26(b) 所示之波形。若將一單匝線圈擴充至二線圈且以互成垂直之型式配置於電機內部，如圖 7－8 所示之配置，則線圈 AB 與線圈 CD 之感應電動勢存在一個 90° 的相位差。當採用兩組換向片及電刷，則可得到如圖 7－9 所示之電動勢波形；若串聯此二線圈之換向片，則可得圖 7－10 所示之外電路的電動勢波形。由此可知，若增加電樞上串聯且均勻分佈之線圈數量，即可減低波形之脈動而得到一較為平滑的電動勢或電流波形。

設直流發電機正負電刷間所產生之感應電動勢為 E_g，其值等於各導體所產生電動勢之平均值與所串聯導體目的乘積。假設電樞中所有之導體數為Z(每匝包含兩導體故僅有 $\frac{Z}{2}$ 匝)，極數為P，正負電

圖7－8　有二互相垂直電樞線圈之直流發電機

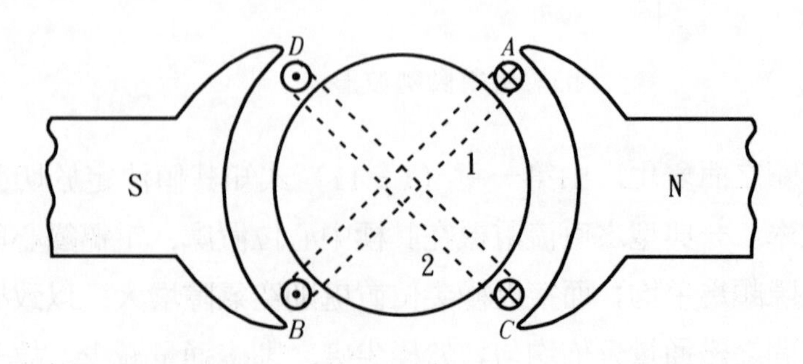

圖7-9　二線圈發電機外電路之電動勢波形

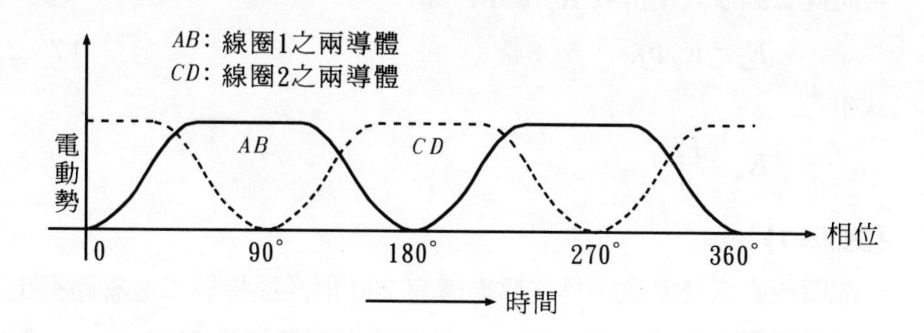

圖7-10　二線圈串聯時之合成電動勢波形

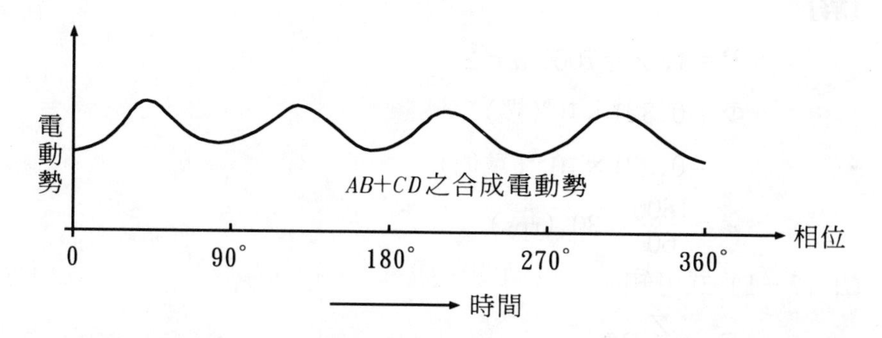

刷間之並聯電路數爲 a，電樞每秒之轉速爲 n，每極之磁通量爲 Φ 韋伯，則每根導體通過每極所需之時間爲

$$t=\frac{1}{n}\times\frac{1}{P}\ （秒）$$

每根導體感應之平均電壓爲

$$E=\frac{\Phi}{t}=Pn\Phi$$

正負電刷間每一路徑串聯之導體數爲

$$Z_s=\frac{Z}{a}$$

因此，輸出至外部電路之總電動勢爲

$$E_g=Z_sE=\frac{Z}{a}P\Phi n\ （伏特） \qquad (7-1)$$

(7－1) 式中的 Z，P 及 a 在一構造固定之發電機中皆為一定值，故可將此三個參數用常數 K_g 表示，即

$$E_g = K_g \Phi n \tag{7-2}$$

式中

$$K_g = \frac{PZ}{a}$$

【例 7－1】

一部四極直流發電機，其電樞導體有 700 根，連接於二並聯路徑上。若每磁極產生之磁通為 0.321×10^6 線，電樞轉速為 1800 rpm，試求所產生之平均電壓。

【解】

$P = 4$，$Z = 700$，$a = 2$

$$\Phi = 0.321 \times 10^6 (\text{根})$$
$$= 0.321 \times 10^{-2} (\text{韋伯})$$
$$n = \frac{1800}{60} = 30 \ (\text{rps})$$

由 (7－1) 式可知

$$E_g = \frac{Z}{a} P \Phi n$$
$$= \frac{700}{2} \times 4 \times 0.321 \times 10^{-2} \times 30$$
$$= 134.82 \ (\text{伏特})$$

【例 7－2】

一部 90 仟瓦之六極直流發電機，其電樞有 66 槽，每槽可放置 12 根導體，且此電樞繞組連接成 6 條並聯路徑。若每磁極產生之磁通為 2×10^6 線，電樞轉速 1200 rpm，試求所產生之感應電動勢。

【解】

$$Z = 66 \times 12 = 792 \ (\text{根})$$

$P = 6$，$a = 6$，

$$\Phi = 2\times 10^{6}\ (根)$$

$$= 2\times 10^{-2}\ (韋伯)$$

$$n = \frac{1200}{60} = 20\ (\text{rps})$$

由（7－1）式

$$E_g = \frac{792}{6}\times 6\times 2\times 10^{-2}\times 20 = 316.8\ (伏特)$$

7－2－2　電動機之轉矩

電動機係一將電能轉成機械能之機械裝置，若有電流通過磁場中之導線，則因電流之感應磁場與原有磁場之相互作用，致使導線受力而運動。其所受電磁力的大小已於第一章之（1－18）式有所定義，即

$$F = BIl$$

即電磁力與磁通密度 B，流過之電流 I 與垂直於磁場導線長度爲 l 之三者乘積有關，其各別之單位參見（1－18）式。

如圖 7－11 所示爲一裝有二換向片之電機，單匝線圈中二導體電

圖 7－11　裝有二換向片之電機

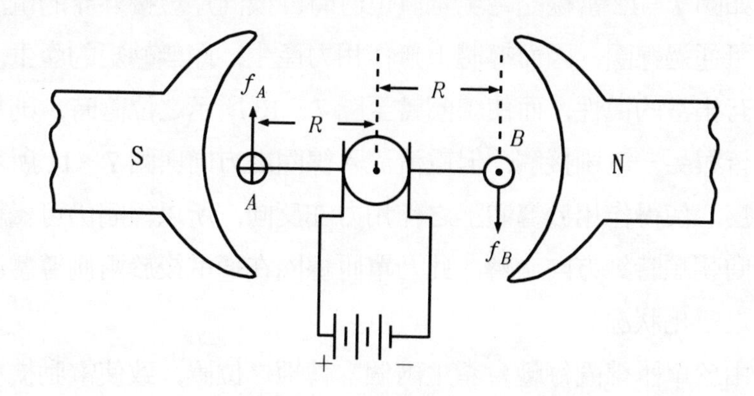

流方向爲⊕者表 A 導體，電流方向爲⊙者表 B 導體；依據第一章所述之佛萊明左手定則可知，在 A 導體所產生之電磁力 f_A 向上，B 者所產生之電磁力 f_B 係向下，而因此兩力可形成一力偶而使線圈朝順時針方向旋轉。假設導體 A 及 B 至軸心之距離爲 R，則形成的轉矩爲

$$T = f_A R + f_B R \tag{7-3}$$

若令 $f_A = f_B = f$ 則 $T = 2fR$

圖 7－12 線圈轉至垂直位置之二換向片電機

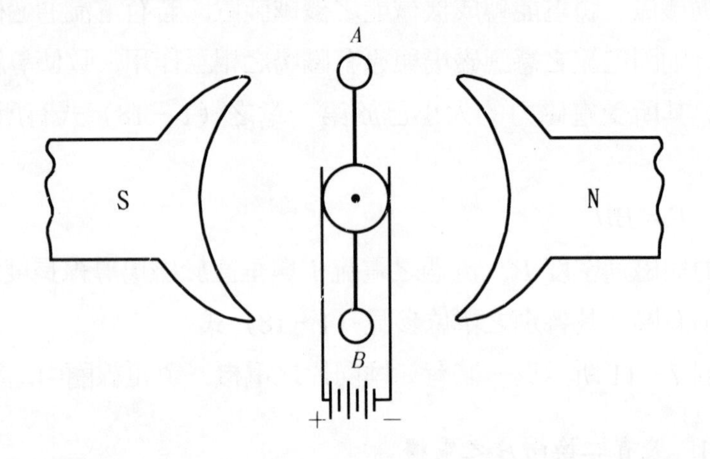

如圖 7－12 當線圈轉至垂直位置時，換向片短接外界的電源，無電流可通過線圈，因而導體上無作用力產生，即無轉矩的產生。若設線圈有相當的慣性，而使線圈轉至圖 7－13 所示之位置時，則每一換向片皆與另一電刷接觸，但電流流入線圈之方向與圖 7－11 所示之方向相反，使得作用於導體上之作用力亦反向，所以線圈仍可繼續慣性之方向朝順時針方向旋轉，此乃單匝線圈在通電後於兩側導體產生作用力之變化狀況。

由於單匝線圈每轉會產生兩個零轉矩之位置，致使電動機發出噪音；若採用串聯數個線圈取代單匝線圈，且將線圈均勻分佈在360度

圖 7－13　線圈沿圖 7－12 慣性方向旋轉之二換向片電機

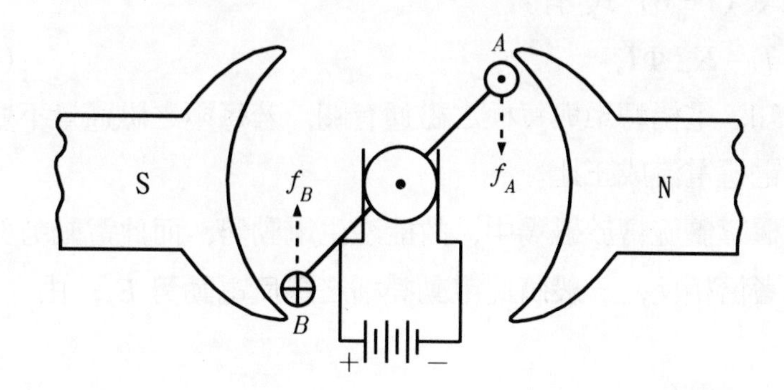

的範圍之內，即可降低此種噪音。線圈增加須有更多的換向片，產生的轉矩因而更近於連續與均勻；此外因直接經過換向片而造成短路的危險，亦可得到消除。

設直流電動機之總導體數爲 Z，每根導體流過之電流爲 I_c，電樞導體與軸之平均距離爲 R，導線長 l，則所產生之總電磁轉矩爲

$$T = ZFR = ZBI_c lR \tag{7-4}$$

由於

$$B = \frac{\Phi}{A} = \frac{\Phi}{\dfrac{2\pi Rl}{P}} = \frac{\Phi P}{2\pi Rl} \tag{7-5}$$

將（7－5）式代入（7－4）式中，可得

$$T = \frac{Z\Phi P}{2\pi Rl} I_c lR = \frac{ZP}{2\pi}\Phi I_c = \frac{ZP}{2\pi a}\Phi I_a \text{（牛頓－公尺）} \tag{7-6}$$

式中

Φ = 每極磁通（韋伯/極）

I_a = 電樞電流（安培）

a = 電樞之並聯路徑

對一構造固定之電動機，Z、P、a 等參數可視爲定值，因此可利用常數 K_m 表示爲

$$K_m = \frac{PZ}{2\pi a}$$

將 K_m 代入（7－6）式可得

$$T = K_m \Phi I_a \tag{7-7}$$

由上式可知，電樞轉矩與每極之磁通有關，若每極之磁通量不變，則總轉矩與電樞電流成正比。

因電樞導體旋轉於磁場中，故能產生電動勢，而此電動勢與外電路所供給者恰相反，一般將此電動勢稱之爲反電動勢 E_b，由（7－1）式可得

$$E_b = \frac{PZ}{a} \Phi n \tag{7-8}$$

代入（7－6）式中可得

$$T = \frac{1}{2\pi} \times \frac{E_b I_a}{n} = \frac{E_b I_a}{\omega} \text{（牛頓－公尺）} \tag{7-9}$$

式中

E_b = 反電動勢（伏特）

I_a = 電樞電流（安培）

ω = 電樞轉動之角速度（弳度/秒）

由（7－9）式可知，電樞所產生之總功率爲

$$P = E_b I_a = \omega T \tag{7-10}$$

【例 7－3】

一部直流電動機的電樞有 700 根導體，70％置於極面之下，磁極下之磁通密度爲每平方吋 48000 線，設電樞心直徑爲 7 吋，電樞長 4 吋，每一導體流過之電流爲 20 安培，試求：

(a)轉動電樞之總作用力。

(b)電樞之生成轉矩。

【解】

(a)由（1－18）式中所列各參數若以公制爲單位

則

$$B = 48000\text{ 線/吋}^2 = 48000 \times \left(\frac{10^{-8}}{6.4516 \times 10^{-4}}\right)$$
$$= 0.744\text{ 韋伯/公尺}^2$$

（註：1 線 $= 10^{-8}$ 韋伯；1 吋$^2 = 6.4516 \times 10^{-4}$ 公尺^2）

$I = 20$ 安培，$l = 4$ 吋 $= 0.1016$ 公尺

故

$$F = BIl = 700 \times (0.744 \times 0.7) \times 20 \times 0.1016$$
$$= 740.79\ (\text{牛頓}) = 166.65\ (\text{磅})$$

（註：1 牛頓 $= 2.2046/9.8 = 0.225$ 磅）

(b)
$$T = 740.79 \times \frac{7}{2} \times 0.0254 = 65.86\ (\text{牛頓－公尺})$$

【例 7－4】

一部直流電動機之電樞有 200 根導體，任何時刻皆有 70% 置於極面下，而磁極下之磁通密度爲 1 韋伯/米^2，電樞直徑 20 公分，長度 10 公分，若欲使電樞獲得 2500 牛頓－公尺之轉矩，試求電樞上每根導體所需之電流。

【解】

$$T = F \times R\ \text{ 故 }\ F = \frac{T}{R} = \frac{2500}{\frac{20}{2}} = 250\ (\text{牛頓})$$

由（1－18）式

$$250 = (200 \times 0.7) \times 1 \times I \times 0.1$$
$$I = 17.86\ (\text{安培})$$

【例 7－5】

一部四極之直流電動機，電樞導體總數爲 700 根，每磁極產生之磁通量爲 5×10^{-2} 韋伯，電樞繞法爲單式疊繞，若電樞電流爲 100 安培時，電機轉速爲 1200 rpm，試求：

(a)轉矩。

(b)電樞產生之功率。

【解】

(a)利用（7－6）式，式中之

$$P=4,\ Z=700,\ \Phi=5\times10^{-2},\ I_a=100$$

並聯路徑數 a 在單式疊繞之電機中等於極數，

故

$$a=4$$

由（7－6）式

$$T=\frac{PZ}{2\pi a}\Phi I_a$$

$$=\frac{4\times700}{2\pi\times4}\times5\times10^{-2}\times100$$

$$=557\ （牛頓－公尺）$$

(b)（7－10）式中參數 $T=557$（牛頓－公尺）

角速度

$$\omega=\frac{2\pi n}{60}=\frac{2\pi\times1200}{60}=125.664\ （弳度/秒）$$

$$P=\omega T=557\times125.664=70\ （仟瓦）$$

【例 7－6】

一部電動機之轉矩爲 200 牛頓－公尺，若將場磁通減少 20%，電樞電流增加 10%，試求新的轉矩。

【解】

由（7－7）式知

$$T=K\Phi I_a$$

$$\frac{T_2}{T_1}=\frac{K\Phi_2 I_{a2}}{K\Phi_1 I_{a1}}\ （同一部電機其\ K\ 值相同）$$

$$\therefore T_2=T_1\times\frac{\Phi_2}{\Phi_1}\times\frac{I_{a2}}{I_{a1}}$$

$$=200\times\frac{0.8\Phi_1}{\Phi_1}\times\frac{1.1I_{a1}}{I_{a1}}$$

$$=176\ （牛頓－公尺）$$

7－3　直流電機之電樞反應與改善方法

電機內若有電流流過電樞導體，則導體四周將產生磁場，爲了與主磁極生成之磁場有所區別，特稱此磁場爲電樞磁場（Armature magnetic field)。電樞磁場若與主磁極磁場合併，將導致電機內部之磁場分佈發生變化，此電樞電流生成之電樞磁場對主磁場所造成之影響，即稱之爲電樞反應。6－3 節中已對交流電機中電樞反應在電樞電流於不同功因狀況下，對電動勢造成的不同影響有所討論，本節將針對直流電機部分討論電樞反應造成的問題，及於電機內採取之改善方法。

任何直流電機，不論電樞繞組採用何種方式，若其電刷裝置於中性位置時，則電樞繞組線圈邊之電流方向，於某一主磁極下者必爲某一特定方向，而於相鄰之另一主磁極下者，則爲其反方向，此於圖 6－9(a)中功因爲 1 之情況時可明顯看出此趨勢。爲分析簡便起見，在討論電樞反應及下一節的換向問題時，均採用圖 7－14 所示之二極電機截面圖;所用之繞組亦簡化爲只於電樞心之周圍畫出線圈邊之截面。

如圖 7－14(a)所示爲電樞繞組無電流而僅有主磁極有激磁時，磁力線之分佈情形；圖 7－14(b)所示者則爲主磁極無激磁，而僅有電樞繞組電流時，磁力線之分佈情形；圖 7－14(c)所示者爲(a)、(b)二圖合併而成之磁力線分佈情形，亦即因電樞反應，而導致主磁極之磁場產生扭曲變化時之磁力線分佈情形。

由圖 7－14 可知，由於電樞反應所引起之直接影響將改變主磁極所產生之磁場。由此而產生兩種後果：(1)主磁極之實際磁通分佈受到干擾並被扭斜，甚或因而使在氣隙中分佈之磁通量減少；(2)電機之換向情形將因而受到影響。

圖 7－14 電樞磁通對主磁極磁通之影響

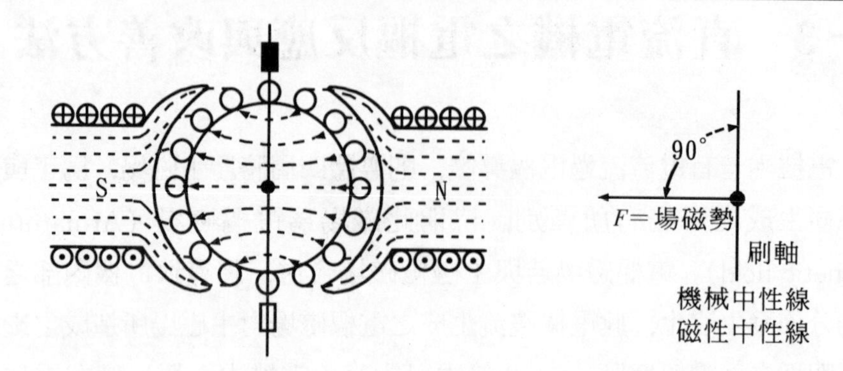

(a)僅場繞組有電流

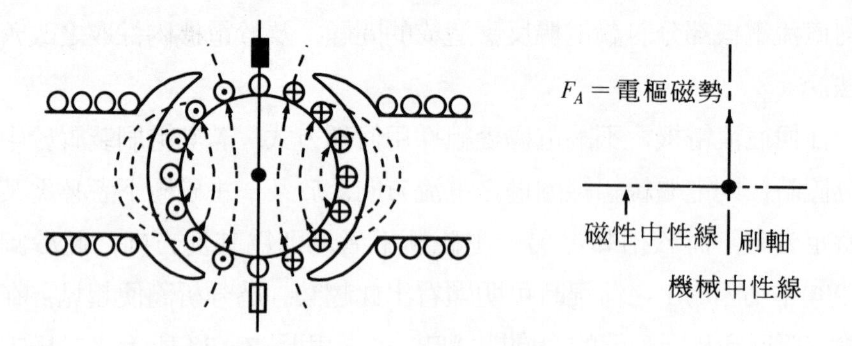

(b)僅電樞繞組有電流

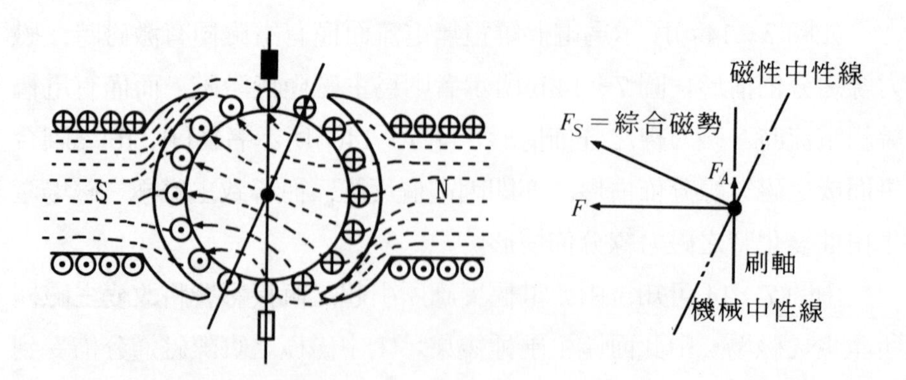

(c)場繞組及電樞繞組均有電流

圖 7－14 中右邊之圖形標示了電機內部兩種不同的中性線，一爲機械中性位置（Mechanical neutral）或稱幾何中性位置（Geometric neutral），表示一主磁極與相鄰主磁極之正中間位置；另一爲磁性中性位置（Magnetic neutral），此位置爲直流電機中電刷放置處，在此處磁場之磁力線並未割切電樞線圈，亦即電樞線圈兩側導體於此位置運動的方向與磁力線平行，因而不感應電動勢，電刷置於此處不會因換向而產生火花。

圖 7－14 中各中性位置與轉軸中心點（圖中以大黑點標示者）之連接線，稱爲中性線，此中性線與轉軸之中心線可形成一平面，亦稱之爲中性面。而電刷與換向器接觸面之圓弧中點與轉軸中心點之連接線，則稱爲刷軸（Brush axis）。在於圖 7－14(a)中，磁性中性線與機械中性線重合；但在圖 7－14(c)考慮了電樞反應後，磁性中性線向右產生位移，而此時刷軸仍在機械中性線，於換向時便會因電樞反應造成的位移而產生火花，此部分問題將於下節中探討。

圖 7－15 所示爲電樞磁通對主磁通所產生之正交磁效應及其磁通分佈情況。圖 7－15(a)中所示者表僅有主磁極磁通之分佈狀況，而圖 7－15(b)所示者則僅有電樞磁通之分佈。虛線爲磁動勢之分佈，實線則爲磁通之分佈。於兩極之中間位置，電樞磁通勢最大，然而因磁阻甚大，此處之磁通密度卻較低。圖 7－15(c)所示者，爲電樞磁通與主磁極磁通之合成磁通，圖中可看出其磁性中性面往右移動。

比較圖 7－14(a)與(b)之磁場分佈可發現，由電樞電流所產生之磁場恰與主磁場產生之磁場互相正交，一般稱此電樞磁場爲交磁電樞反應（Cross-magnetizing reaction）。合併此兩磁場之效應在圖 7－14(c)中可看出，電樞反應使右下方及左上方極尖位置之磁通密度增加，而右上方及左下方極尖位置之磁通密度則減少；但由極尖及鐵心之磁飽和效應影響，使磁通增加的量少於磁通減少之量，亦即因電樞反應產生少量之去磁效應（Demagnetizing effect of armature reaction）。在

圖 7－15 主磁極磁通與電樞磁通之分佈

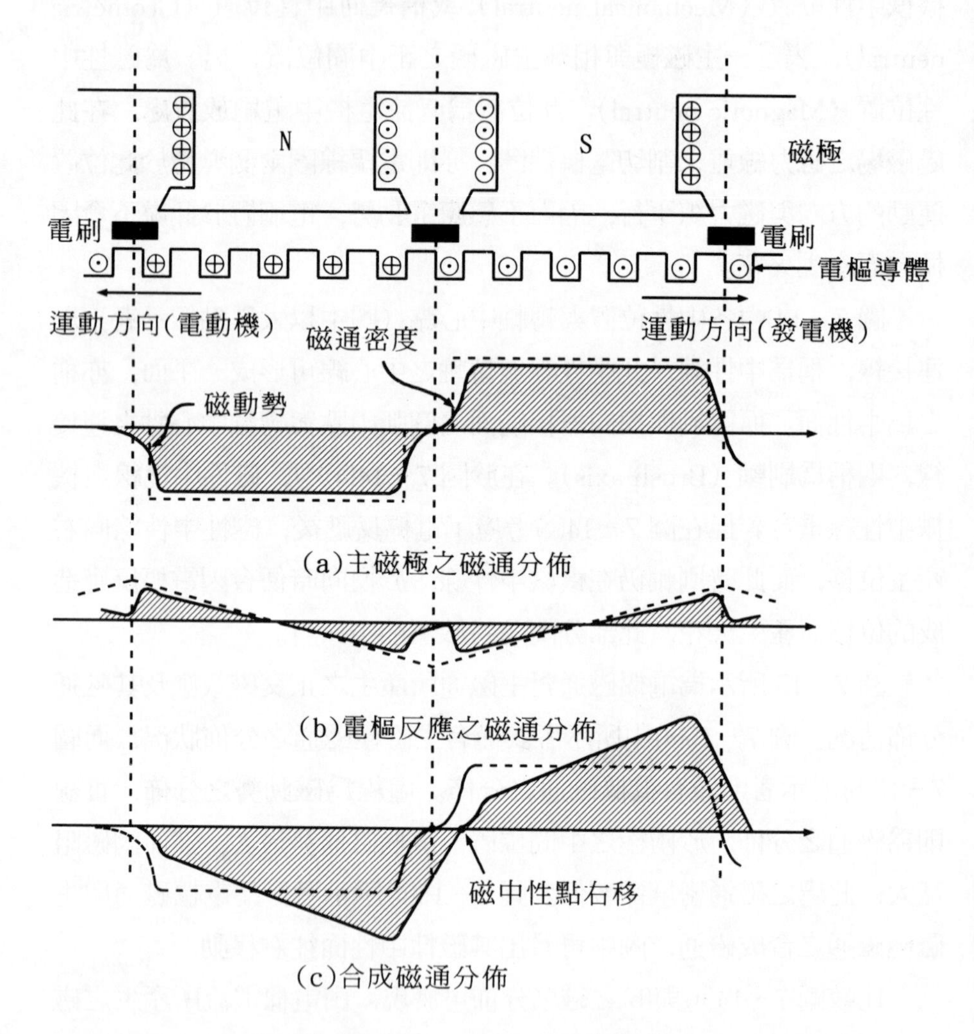

(a)主磁極之磁通分佈

(b)電樞反應之磁通分佈

(c)合成磁通分佈

一般情況中，此磁通之減少量在無載及滿載時減少的量約爲百分之一至百分之四。

由於磁路中磁滯飽和的現象，故主磁極之激磁安匝數（或磁場強度）與磁路之磁通密度可形成一飽和曲線（Saturation curve）dfh，如圖 7－16 所示；直流電機之激磁安匝數，通常取飽和曲線之最大曲率點，即曲線膝(Kneeofthecurve)。如上述由於電樞反應，每一主

圖7－16　電樞反應改變磁極之磁通密度分佈曲線

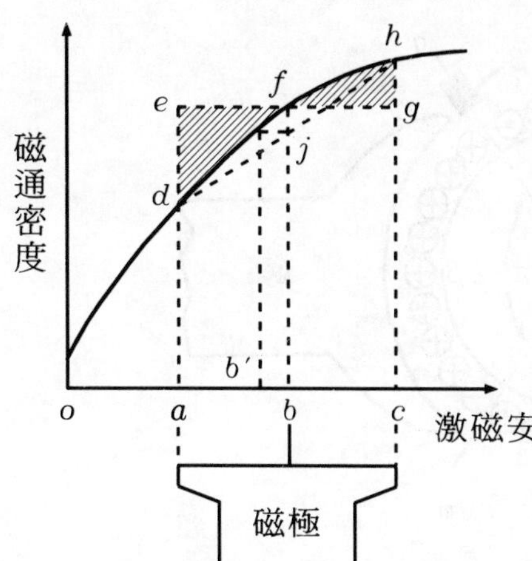

磁極所產生之磁場，某一半極面之激磁力增加，而另一半極面之激磁力則減少。由圖 7－16 中可看出，磁通最大之增加量僅有 *hg*，而最大的減少量卻有 *ed*，*ed* 長度大於 *hg* 長度；若以斜線包圍面積 *fhg* 表磁通增加部分，面積 *def* 表磁通減少部分，面積 *fhg* 應小於面積 *def*，此皆由於磁極鐵心之磁飽和現象所造成。因此，每一磁極雖具有相當於 *ob* 之實際激磁（Actual excitation），然而作用之實際激磁（又稱爲淨激磁（Net excitation））卻減少至只有 *ob′*，致使每一主磁極之磁通量因而減少，此即前述之去磁效應。

7－3－1　電刷移位後的電樞反應

直流電機在加入負載後因電樞反應導致磁性中性線的移動，爲了改善換向可將電刷自原來與機械中性線重合之磁性中性線移至新的磁性中性線。由於電刷移轉，電樞電流所生之磁場亦會隨之轉移，如圖 7－17所示，在磁性中性線 *nn′* 右邊之導體其電流向外，中性線左邊

圖 7－17　電刷移轉後之電樞反應

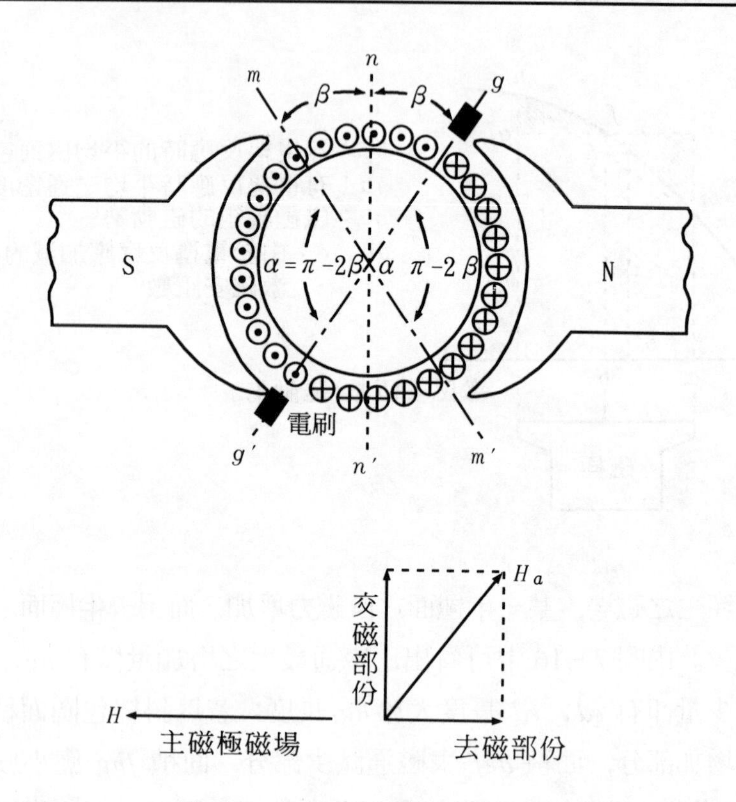

之導體電流向內。電樞電流生成之電樞磁場以 H_a 表示，此時 H_a 可分解爲二個向量，一爲與主磁極磁場正交的交磁部分，其會使合成磁場發生扭轉；另一爲與主磁極磁場平行但方向相反之去磁部分，其有減弱主磁極磁場之作用。

於圖 7－17 中若 β 表示電刷由正中央向右移轉的角度，則在圖中電樞上部與下部所包含之 4β 角度範圍內之導體，當電樞有電流流過時，其產生之磁場方向會與主磁極磁場方向相反，此時生成之磁動勢 F_d 爲其去磁部分，可稱 F_d 爲去磁安匝；而在主磁場包含範圍內之 2（$\pi-2\beta$）角度的導體，當電樞電流流過時，產生之磁場方向則會與主磁極磁場方向相互垂直，此時生成之磁動勢 F_c 爲其交磁部分，可

稱 F_c 爲交磁安匝。F_d 與 F_c 之推導如下。

設 Z 爲總導體數，I_a 爲電樞電流，I_c 爲導體電流，電樞並聯路徑數爲 a，電機有 2 極，則每極生成之總去磁安匝數 F_d 爲

$$\begin{aligned} F_d &= \frac{4\beta}{360^\circ} \times \frac{Z}{2} \times I_c \times \frac{1}{2} \\ &= \frac{2\beta}{360^\circ} \times Z \times \frac{I_a}{a} \times \frac{1}{2} \\ &= \frac{\beta}{360^\circ} \times \frac{ZI_a}{a} \text{（安匝/每極）} \end{aligned} \qquad (7-11)$$

式中導體數 Z 除 2 是因爲每匝線圈是由兩導體構成。

每極產生之交磁安匝數 F_c 可由每極之總安匝數減去每極之去磁安匝數 F_d 得到，因此

$$\begin{aligned} F_c &= \frac{Z}{2} \times \frac{I_a}{a} \times \frac{1}{2} - \frac{\beta}{360^\circ} \times \frac{ZI_a}{a} \\ &= \frac{ZI_a}{a}\left(\frac{1}{4} - \frac{\beta}{360^\circ}\right) \\ &= \frac{ZI_a}{a}\left(\frac{\pi}{720^\circ} - \frac{2\beta}{720^\circ}\right) \\ &= \frac{Z \cdot I_a}{a} \times \frac{\alpha}{720^\circ} \end{aligned} \qquad (7-12)$$

式中 $\alpha = \pi - 2\beta$ 恰爲每極含括電樞導體之角度，如圖 7－17 所示。上面之推導雖然以二極電機爲例，但（7－11）式及（7－12）式推廣至 P 極仍然適用；因爲極數增加，式中分子分母皆會乘以極數，故所得結果相同。我們對 P 極電機重新推導（7－11）式，可得

$$\begin{aligned} F_d &= \frac{2\beta}{\frac{360^\circ}{P}} \times \frac{Z}{2} \times I_c \times \frac{1}{P} \\ &= \frac{2\beta}{360^\circ} \times P \times \frac{Z}{2} \times \frac{I_a}{a} \times \frac{1}{P} \\ &= \frac{\beta}{360^\circ} \times \frac{Z \cdot I_a}{a} \text{（安匝/每極）} \end{aligned} \qquad (7-13)$$

推 導 過 程 中 與(7－11)式 對 照 的 是，(7－11)式 中 利 用 4β 除 以

360°乃表示 2 極電機中有 4 個 β 角，即每極對應的電工角內有 2 個 β 角。此結論我們可用下例驗證結果的正確性。

【例 7－7】

一部 10 極發電機，其電樞繞組爲單重波繞型式，其中有 500 根導體及 120 個換向片，額定電流爲 100 安培，試求：

(a)電刷位於機械中性面時，每極之交磁安匝數。

(b)若電刷往前移一個換向片時，每極之去磁及交磁安匝數。

【解】

(a)電刷位於機械中性面，電樞生成之電樞磁場全爲交磁效應。單重波繞之並聯路徑數爲 2，即 $a=2$，故每極之交磁安匝數爲

$$\frac{500}{2}\times\frac{100}{2}\times\frac{1}{10}=1250\ (\text{安匝/每極})$$

(b)電刷前移一換向片，其 β 角爲

$$\beta=\frac{1}{120}\times 360^\circ=3^\circ$$

由（7－11）式可得去磁安匝數爲

$$F_d=\frac{3^\circ}{360^\circ}\times\frac{500\times 100}{2}=208.33\ (\text{安匝/每極})$$

每極之交磁安匝數爲

$$1250-208.33=1041.67\ (\text{安匝/每極})$$

或可利用（7－12）式直接求解，其中 10 極電機中共有 20 個 β 角及 10 個 α 角，故

$$\alpha=\frac{360^\circ}{10}-2\beta=36^\circ-2\times 3^\circ=30^\circ$$

$$F_c=\frac{Z\cdot I_a}{a}\cdot\frac{\alpha}{720^\circ}=\frac{500\times 100}{2}\times\frac{30^\circ}{720^\circ}=1041.67\ (\text{安匝/每極})$$

7－3－2 電樞反應之改善方法

電樞效應，導致電機內部磁場不均勻的分佈，而感應電動勢過高

之線圈將破壞換向片間的空氣絕緣而產生電弧絡（Arc），若情況惡化更可產生閃絡（Flashover）現象，使正負電刷間完全短路。若電樞反應之效應不太嚴重，如前述內容，則交磁電樞反應因極尖的飽和作用，而產生微量的去磁效應，致使總磁通量減少降低所生成的感應電動勢或轉矩，此外因磁性中性面的位移，使換向發生困難。對於上述因電樞反應所造成的不良效果，可以利用下列幾種方式予以改善：

⑴增加磁極數：若主磁極增加，則可減少電樞的導體數目，使得電樞反應之每極平均安匝數降低。

⑵提高磁極尖端部分之磁通密度：使磁極應用於高度飽和的狀況，可減少因電樞反應之去磁效應而引起的平均磁通密度變化。

圖7－18　增加電樞磁路磁阻之方法

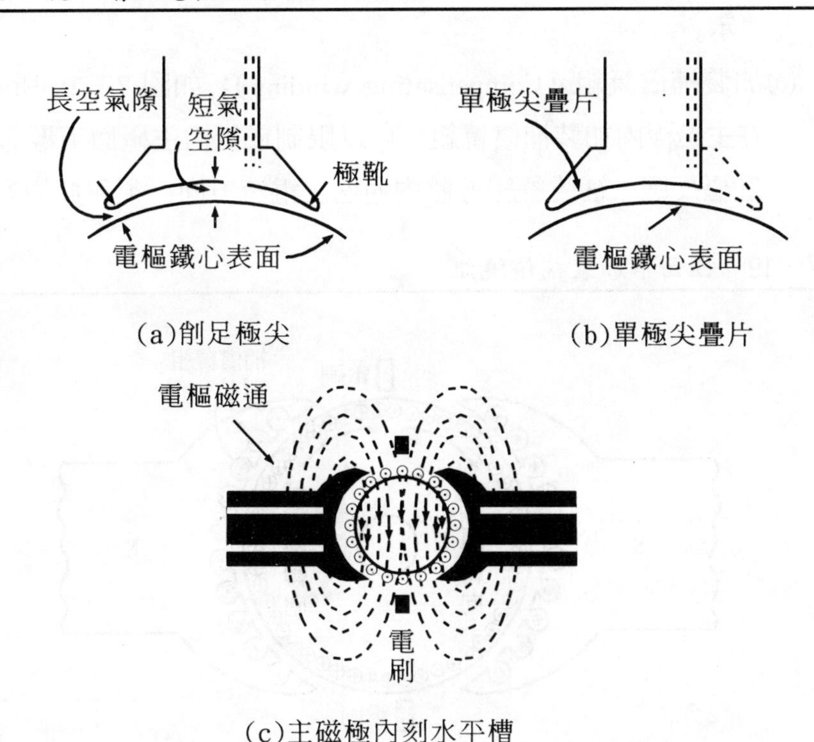

(a)削足極尖　(b)單極尖疊片

(c)主磁極內刻水平槽

⑶加裝中間極（Inter-pole）：於兩主磁極中間加裝中間極，以抵消其附近的局部電樞磁動勢，詳細之內部及作法將於 7－4 節中討論。

⑷增加電樞磁路的磁阻：若採用高磁阻極尖，使極尖部分之磁阻大於磁極中心部分的磁阻；因爲磁阻增加，可有效地減少正交磁化效應。常用以下三種方式：

①利用削足極尖，使極面與電樞面呈現不同的同心圓，且極尖的氣隙較極中心部分爲大，其構造如圖 7－18(a) 所示。

②利用單極尖疊片相互交錯相疊，而極尖處之磁路面積僅爲極面中心部分之半，其構造如圖 7－18(b) 所示。

③在主磁極內刻水平槽以增加電樞磁通的磁阻，但對主磁通之影響甚微，可使電樞磁通大幅減少，構造如圖 7－18(c) 所示。

⑸加裝補償繞組（Compensating winding）：如圖 7－19 所示，在主磁極內加裝補償繞組，可以限制或抵消主極面下導體之電樞反應。補償繞組導體內通過之電流方向，須與此極對應

圖 7－19　極面下加裝補償繞組

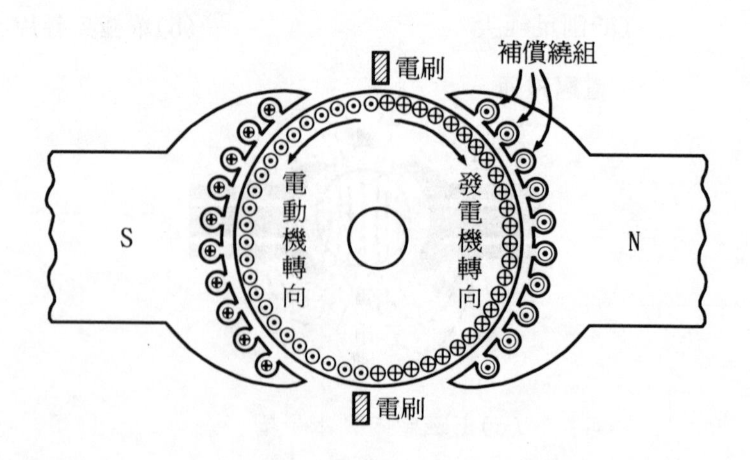

電樞導體內流過之電流方向相反，以抵消電樞電流產生的磁動勢。圖 7－20 利用磁極與電樞鐵心的配置，說明補償繞組「補償」電樞電流所生磁通的情況。

圖7－20　(a)補償繞組之配置，(b)電樞繞組所生之磁通密度，(c)補償繞組所生之磁通密度，(d)兩繞組合成後之磁通密度。

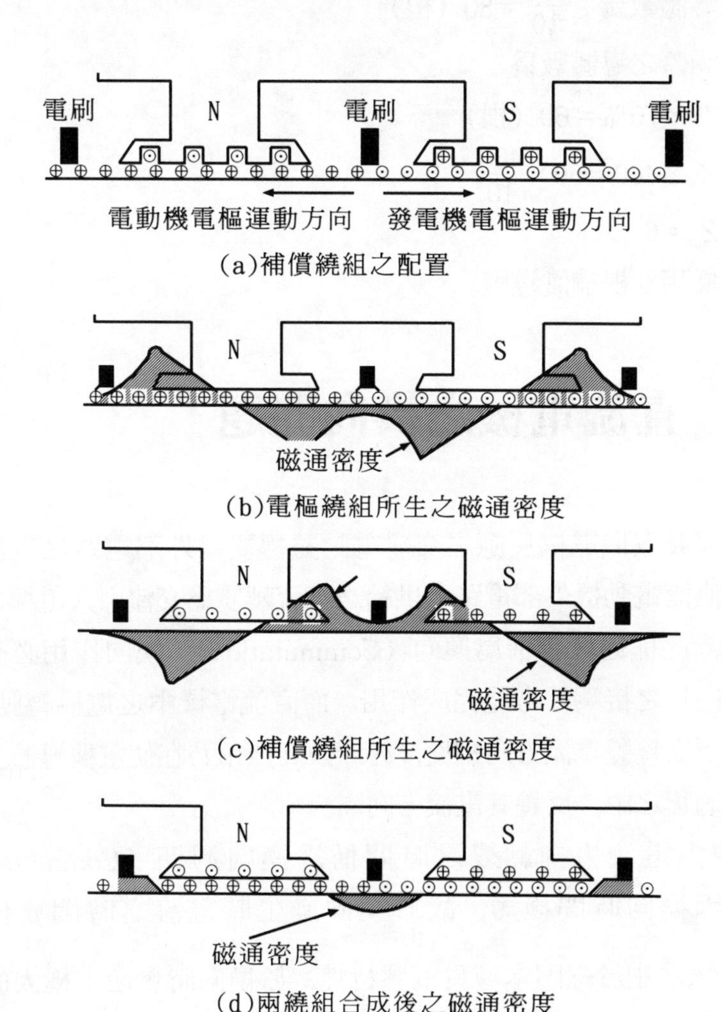

【例 7－8】

一部 10 極電機，電樞導體有 800 根且爲疊繞，滿載電樞電流 400 安培，極面涵蓋 75% 極距，試求欲消除正交電樞反應，每極面之補償導體數。

【解】

每極距之導體數爲 $\frac{800}{10}=80$（根）

每極面下涵蓋之導體數爲

$$70\times75\%=60\text{（根）}$$

$$Z_p\times400=60\times\frac{400}{10}$$

$$Z_p=6$$

故每極面採用 6 根補償導體。

7－4 直流電機之換向問題

將直流發電機電樞反應之交變電動勢轉變爲外部電路之直流電流，或將直流電動機外部電路所供給之直流轉變爲交流引入電樞內以產生轉矩，此種過程皆稱爲換向（Commutation）。換向作用必須有電刷及換向片之接觸，方能完成作用。而直流電機中之電樞轉動時，於異極面下之導體電流方向相反，亦即換向作用乃在使電樞導體於通過電刷的過程之中，反轉其電流方向。

導體內電流方向轉變之時間稱爲換向週期（Commutating period）。因換向時間極短，故於換向發生時電流之時間變化率 $\left(\frac{\Delta I}{\Delta t}\right)$ 十分大。由於線圈本身具電感特性，於換向時會產生極大的自感電動勢，此自感電動勢與互感電動勢合稱爲電抗電壓（Reactance voltage）；由於此電壓係反對電流方向的轉變，會於電刷與換向片間產生火花，而損壞換向片，並使電刷加速消耗。因而在直流電機中必須採取相關措施以防患火花的發生，此將於下面內容中詳細介紹，但在此之前，首先討論換向之過程及其種類。

圖 7－21　換向過程之圖示說明

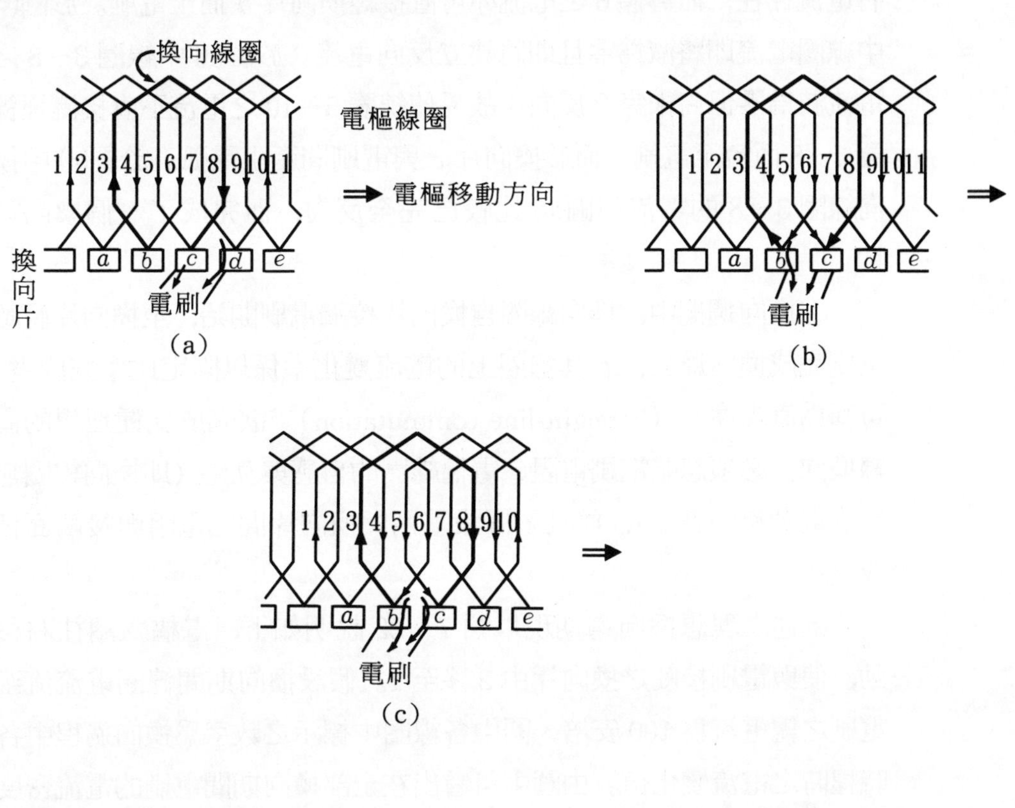

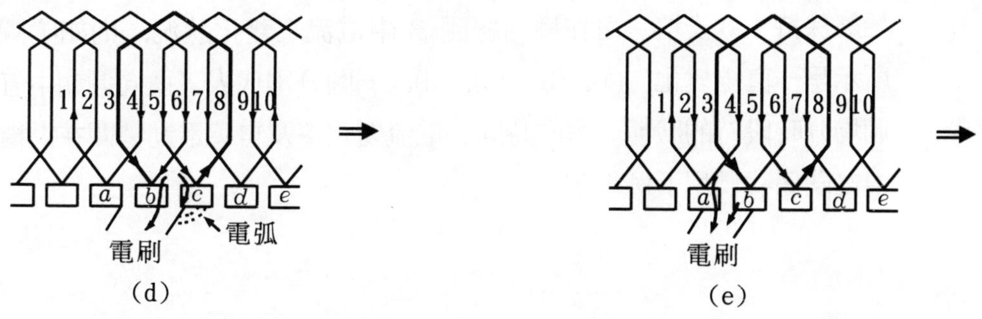

如圖 7－21 所示，爲線圈中電流之換向過程。現於各圖中皆以換向線圈 3～8 進行說明，線圈中之數字爲導體的編號。於圖(a) 中，導體 3,8 構成之線圈 3～8 位於即將被電刷短路之位置。圖(b)及(c)中，此線圈係位於電刷與換向片短路的位置，因爲自感的作用故線圈中仍有電流存在，而導體 6 之電流亦可直接經換向片 b 而至電刷。於圖(c) 中線圈電流即將減爲零且即將建立反向電流。於圖(d) 中線圈 3～8 之電流減爲零但尚未完全反向，故易使線圈 5～10 之電流不直接流經線圈 3～8 而流至電刷，而於換向片 c 與電刷間產生電弧。於圖(e) 中換向線圈 3～8 的電流與圖(a) 比較已完全反向，而完成了一個換向週期。

在換向週期中，換向線圈自換向片接觸電刷開始，至換向片脫離電刷完成換向爲止，若其線圈上的電流變化率係以固定比率完成者，可稱爲直線換向（Straight-line commutation）。欲完成此種理想的直線換向，必須忽略電刷電阻、電樞線圈的自感與互感（即換向線圈無感應電動勢的發生），並且須假設電刷與換向片間之電阻與接觸面積成反比。

上述之理想換向週期現以圖 7－22 說明如下，電樞線圈往右移動，使與電刷接觸之換向片由 2 移至 1。假設換向期間線圈電流流至電刷之總電流爲 100 安培，圖中各線圈中標示之數字爲換向過程中各時程時之電流變化值。由圖中可看出在全部換向期間電刷的電流密度始終保持 100 安培，而在換向線圈 B 中電流之變化狀況，則如(f)圖所示呈一直線變化，(a)，(b)，(c)，(d)，(e)圖分別代表了換向週期中五個均分時段時的狀態。換向時間、電流變化率及自感電動勢間在電機中之關係我們用下例說明。

圖7－22　直流換向過程

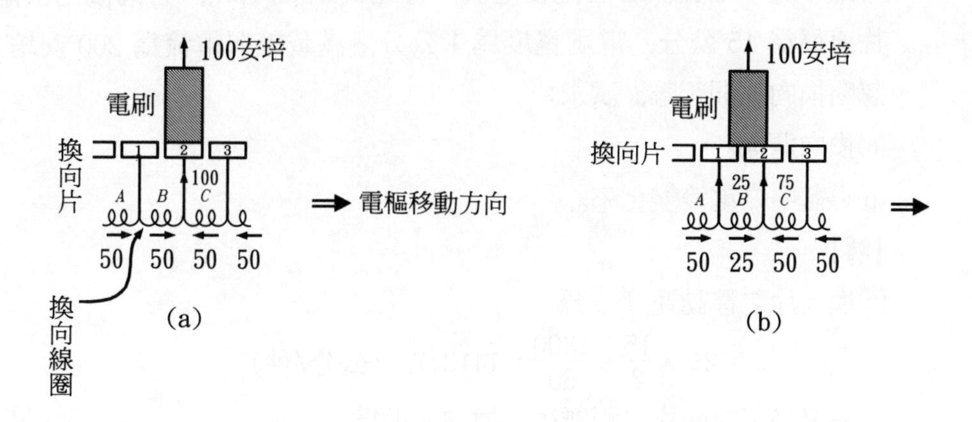
100安培
電刷
換向片
1
2
3
100
A
B
C
電樞移動方向
50 50 50 50
換向線圈
(a)
100安培
電刷
換向片
25
75
50 25 50 50
(b)

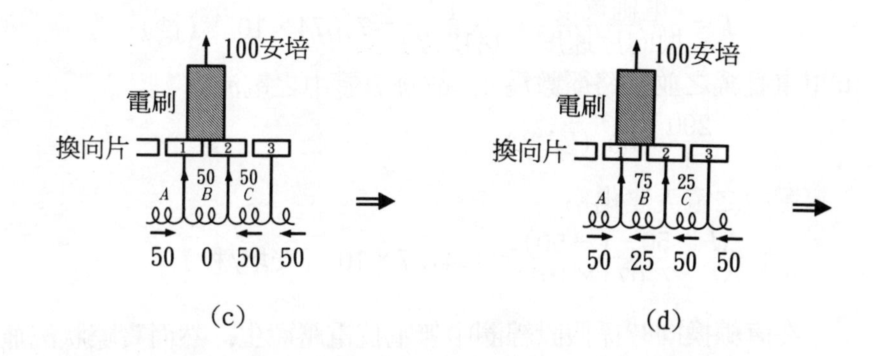
100安培
電刷
換向片
50
50
50 0 50 50
(c)
100安培
電刷
換向片
75
25
50 25 50 50
(d)

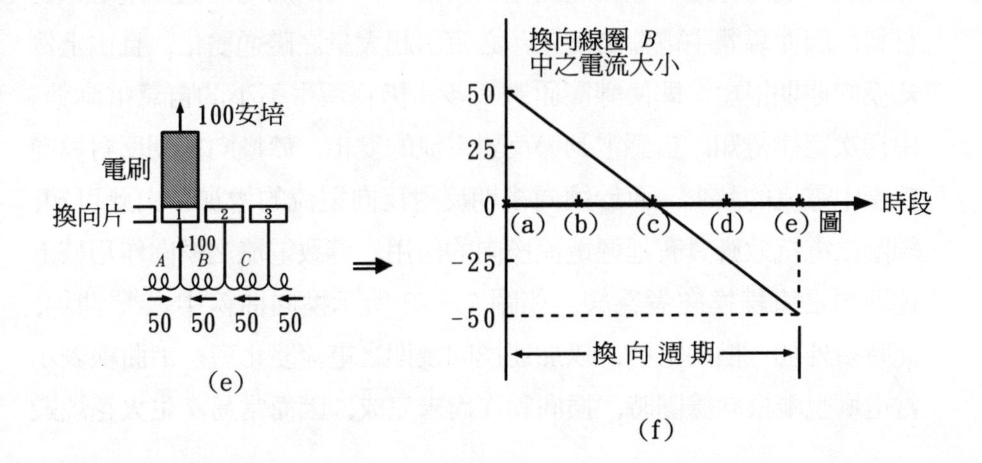
100安培
電刷
換向片
100
50 50 50 50
(e)
換向線圈 B
中之電流大小
50
25
0
-25
-50
(a) (b) (c) (d) (e) 圖
時段
換 向 週 期
(f)

【例 7－9】

一部 4 極單重疊繞之直流發電機，轉速爲 1800 rpm，若電機內換向片直徑爲 15 公分，電刷寬度爲 1 公分，滿載電樞電流爲 200 安培，忽略換向片間距離，試求：

(a)換向週期。

(b)導體中之電流變化率。

【解】

(a)換向片之移動速度 v 爲

$$v = 2\pi \times \frac{15}{2} \times \frac{1800}{60} = 1413.72 \text{（公分/秒）}$$

在忽略了換向片之距離後，換向週期爲

$$T = \frac{\text{電刷寬度}}{\text{換向片速度}} = \frac{1}{1413.72} = 7.074 \times 10^{-4} \text{（秒）}$$

(b)單重疊繞之並聯路徑數爲 4，故每導體中之電流爲

$$\frac{200}{4} = 50 \text{（安培）}$$

導體中之電流變化率

$$\frac{\Delta I}{\Delta t} = \frac{50-(-50)}{7.074 \times 10^{-4}} = 1.4137 \times 10^{5} \text{（安培/秒）}$$

在直線換向時係假設線圈中無電抗電壓產生，然而實際狀況並非如此。一般的線圈導體皆埋入電樞齒槽中，其四周均爲低磁阻之鐵質材料，因而導體中電流之變化，必定引起大量之磁通變化，且由上例知換向週期很短，即使線圈匝數不多，仍將產生不小的自感電動勢。由楞次定律得知，自感電動勢反對電流的變化，於換向初期反對換向線圈中電流的減少，而於換向後期反對反向電流的增加；由此可知，線圈之電抗效應具有延遲電流換向的作用，導致電流之換向作用較上述理想之直線換向者爲緩，如圖 7－23 所示換向曲線中之 a 曲線，此時須外加一換向電勢，以加速換向後期之電流變化率。a 曲線表示當電刷脫離換向線圈時，換向動作尙未完成，因而常易產生火花燒毀

圖 7-23 不同類型之換向型式

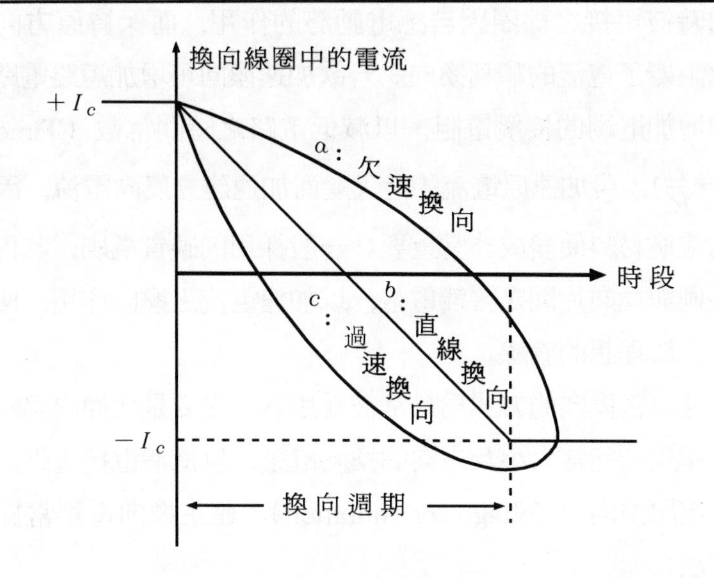

電刷邊緣及換向片，此種情況即稱爲欠速換向（Under commutation）。

與 a 曲線對應的爲圖 7-23 中之 c 曲線，於換向過程中的換向電動勢太大，以致換向週期尚未結束，而電流卻已超過反向電流值 $-I_c$，此種狀況稱爲過速換向（Over commutation）；而圖中之 b 曲線則爲前述之直線換向。無論欠速換向或過速換向，當線圈於電刷脫離時，均強迫換向線圈的電流於極短時間內變成 $-I_c$ 值，因此皆會產生火花；這是因爲換向後期，電流變化率較正常者大，使得電刷前緣（欠速換向）及後緣（過速換向）的電流密度過大而產生過多的熱量。

換向問題之改善方法

欲改善電機內的換向作用可從三方面著手，第一可延長換向的週期，因爲換向週期較長所引起的電抗電壓及電流變化率皆較小，可減少換向時發生火花的情況。第二爲增加電刷的接觸電阻，第三種方式則是考慮減少換向時之自感電動勢，後兩種方式詳述如下。

換向時被短接之線圈因自感電動勢的作用，而保持原方向的電流，因此阻礙了電流的順利換向。若欲加速換向可增加短路電路內的電阻，如增加電刷的接觸電阻，以減低電路之時間常數（Time constant，$\tau = \frac{L}{R}$），可加速原電流的消失進而加速建立反向電流，因此選用良好的電刷材料便變成非常重要；一般採用的碳質電刷，其目的便在增加電刷與換向片間之接觸電阻，以加速電流之換向作用，使換向曲線更近似於理想的直線。

第三種改善換向的方式爲最常被採用者，主要是使換向線圈於換向期間內產生一適當大小及方向的換向電壓，以抵消電抗電壓，此種方式稱爲電壓換向（Voltage commutation）。產生換向電壓常採用下列兩種方法：

(1)移動電刷

於無換向極之小型電機中，可前後移動電刷以改善換向狀況。使用此種方法通常是將電刷移至磁性中性線，但這將導致電樞反應之去磁效應加大，且磁性中性線之移動與電樞電流的大小有關，因而並不能將電刷移至某一固定位置，必須依負載之大小而適當移動其位置；即無載時，電刷可置於兩主磁極之正中央，若負載增加時則電刷之移動角度亦隨之增大。一般而言，因爲電刷很難正好位於完善換向之位置，是以通常將電刷固定於 $\frac{2}{3}$ 額定負載時能完全換向之位置。

電刷移動的方向與電機旋轉方向間的關係，於發電機或電動機中有所不同。參見圖 7－17，若爲發電機時可由佛萊明右手定則，得出轉子應朝順時針方向旋轉；若爲電動機則利用佛萊明左手定則，得出轉子應朝逆時針方向旋轉。欲經由移動電刷來改善換向情況，在發電機中，隨電樞電流增加時，電刷應順轉子之順時針方向移位，如圖 7－17 中由 $n-n'$ 軸移至 $g-g'$ 軸，當電樞電流減少時，電刷應退回原磁性中性線的位置，即由 $g-g'$軸返回 $n-n'$軸；若爲電動機時，電刷亦須隨電樞電流之增加而朝逆時針之方向移位，即由 $n-n'$軸移至 $m-m'$軸，反之當電樞電流減少時，須由 $m-m'$軸退回 $n-n'$軸。

⑵加裝中間極

於二主磁極間被短路線圈（即電刷）上方加裝一小的磁極，稱爲中間極或換向磁極（Commutation pole）。當電樞轉動時，線圈可割切此換向磁極之磁通而產生一反電動勢，來抵消換向線圈中之電抗電壓，使換向線圈中的電流於換向期間內能順利完成換向作用。於圖 7－24 爲一加裝中間極之發電機截面，中間磁之激磁繞組與電樞電路呈串接接法，主要是使中間極產生的磁場能隨負載電流而變，以使換向線圈內生成的電動勢與電抗電壓同時抵消以完成換向作用。

圖 7－24　發電機中之中間極及其激磁方式

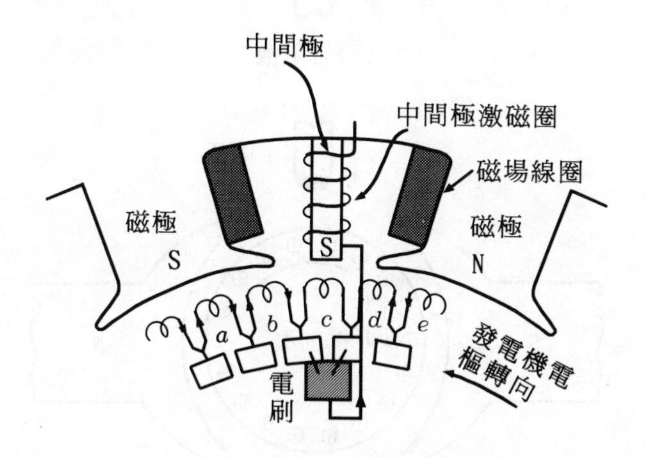

中間極的極性與主磁極極性的配置順序分敘如下。就發電機而言，如圖 7－25(a)所示，由於換向線圈上方的導體於換向後會轉至右邊 G 的位置，故應使該導體產生與 G 位置線圈邊同方向的電動勢，以抵消換向線圈內之電抗電壓；故其中間極的極性，應與 G 位置所

屬側的主磁極同極性，或者說中間磁極之磁性須與導體轉至中間極前之主磁極的極性相反。至於電動機中加裝之中間極極性則爲圖 7－25 (b)所示之排列順序。此時轉向爲逆時針，故換向線圈上方的導體於換向後會轉至左邊 M 的位置，中間極應使該導體感應生成與 M 位置

圖 7－25 中間極之極性

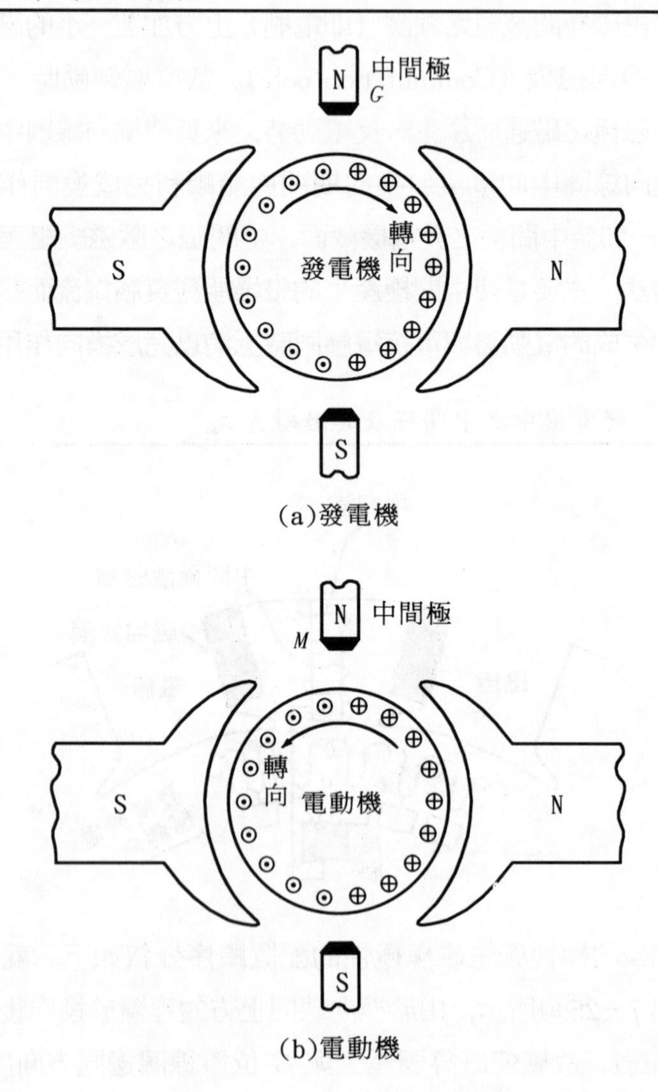

線圈邊同方向的電勢，利用佛萊明右手定則可知，中間極的極性應與 M 位置所屬側的主磁極極性相異，換句話說其極性須與換向導體轉至中間極前之主磁極極性相同。當發電機改爲電動機使用時，因中間極與電樞線圈串聯，故電樞電流及激磁方向雖已改變，然而中間極之極性亦隨之改變，因此，中間極上之激磁線圈並不需重繞。中間極的加入可影響正在換向的電樞導體，對於主磁極下之電樞反應仍需靠前述之補償繞組消除。圖7－26所示爲裝置中間極之前及之後對電樞磁

圖7－26 裝置中間極與否之電樞磁場分佈

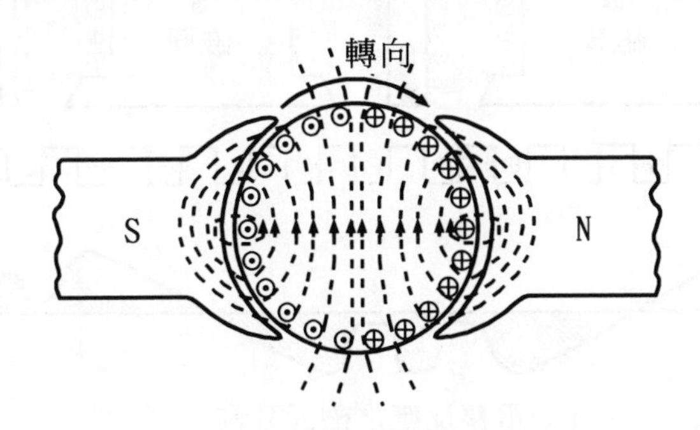

(a)未裝中間極前之電樞磁場

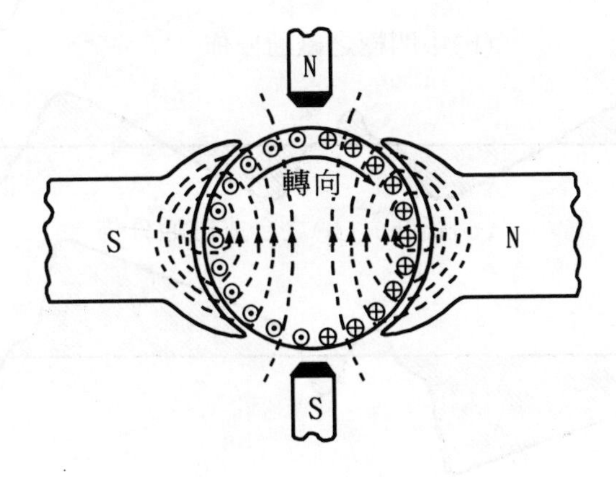

(b)加裝中間極後之電樞磁場

場造成之影響，由圖 7－26(b)中可看出位在中間極下之電樞磁場已被抵消。

位於機械中性線上之中間極，其激磁匝數除須產生足以抵消電抗電壓之換向磁場外，亦須克服換向線圈四周產生的正交磁電樞反應，以及氣隙及電樞鐵心磁路中的磁阻；因此中間極須具有足夠的鐵量，

圖 7－27 直流電機中加入中間極後之磁通分佈

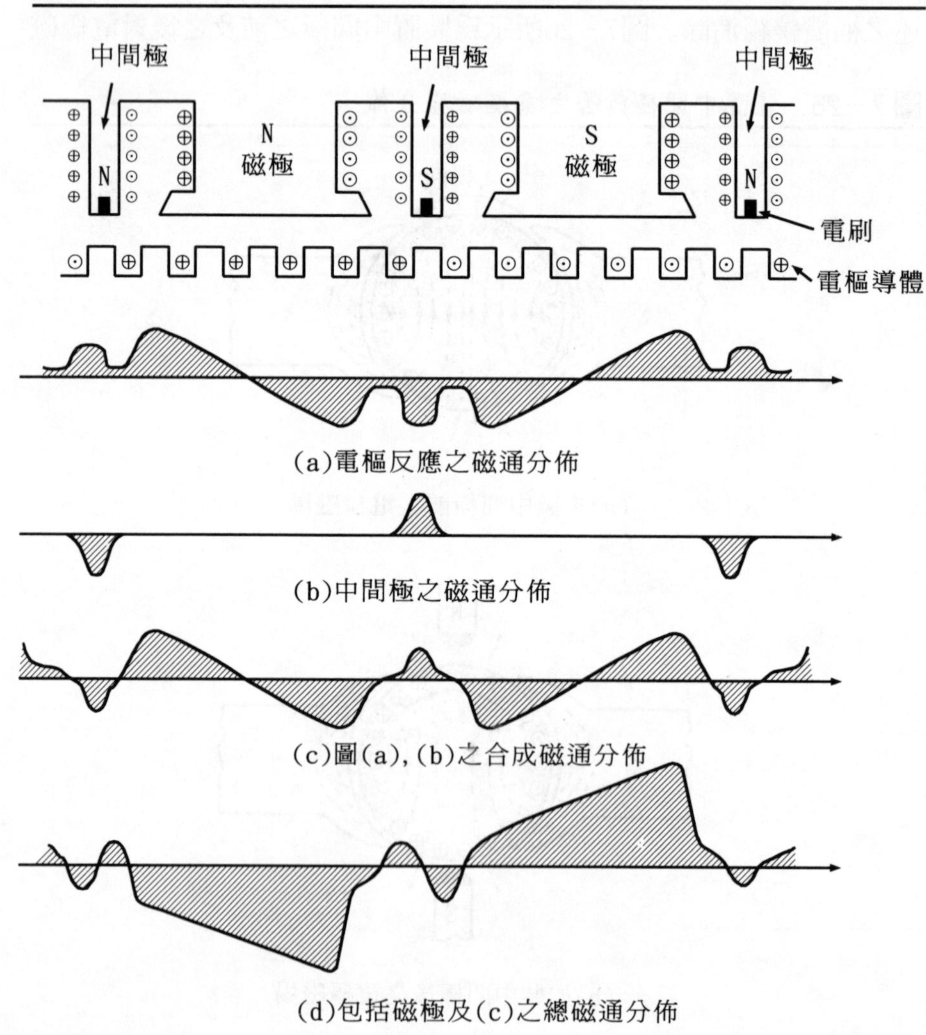

(a)電樞反應之磁通分佈

(b)中間極之磁通分佈

(c)圖(a), (b)之合成磁通分佈

(d)包括磁極及(c)之總磁通分佈

使於滿載時仍不致飽和，且產生的磁場強度能保持與電樞電流成比例的關係。如圖 7－27 所示爲加入中間極後的磁通分佈情況。圖 7－27 (a)中爲電樞電流所產生的磁通分佈情形，與前面圖 7－15(b)中之磁通分佈比較，中間極所在部份之空隙中亦存有磁通。圖 7－27(b)則爲僅中間極通有電流時之磁通分佈狀況。圖 7－27 (c)爲(a)與(b)二圖中磁通之合成圖。圖(d)則爲考慮了主磁極磁通後，全部合成之磁通分佈情形。換向線圈因割切存在於中間極下方之磁通，產生之感應電動勢應可抵消電抗電壓，而使換向作用能依直線換向的方式進行。

由上面之討論可知具有中間極的電機，將電刷置於中間極下方後，可不須移動電刷而進行換向作用；另外對於電樞反應，因電樞位於機械中性線上，不致引起去磁磁化效應之減磁作用。然而，除非於磁極中加入補償繞組，否則仍有正交磁化效應之存在，而使磁極飽和導致磁通及感應電動勢之減少。

7－5　直流發電機之特性與應用

直流發電機中，最重要之兩種特性分別爲其無載特性（No-load characteristics）以及外部特性（External characteristics）。以下將針對此兩種特性分別討論。

7－5－1　無載特性

發電機之無載特性乃指發電機在無載額定轉速下運轉，其磁場電流與電樞感應電動勢間之關係。由（7－2）式可知，發電機內之感應電動勢 E_g 與磁通 Φ 及旋轉速度 n 成正比。若在轉速不變之情況下，發電機無載時改變磁場電流 I_f 而對應生成之感應電動勢 E_g 之曲線，稱爲無載飽和曲線（No-load saturation curve），又稱磁化曲線（Magnetization curve）。

然而磁通乃由磁極上之激磁安匝所產生，在場繞組的匝數固定時，磁通隨磁場電流而變化，但因磁路之導磁係數並非爲一定值，故磁通 Φ 與磁場電流 I_f 不成正比例，因此感應電動勢 E_g 與磁場電流 I_f 之關係並不是直線變化。如圖 7－28 所示爲典型無載飽和曲線，因磁路內有剩磁（Residual magnetism），故其感應電動勢 E_g 不由零開始，其最初值稍大於零。圖中曲線之前段爲一近似直線，主要因此段磁路中大部分的磁阻均由空氣隙所組成，到 S 點時鐵心開始飽和，曲線逐漸呈彎曲狀而逐漸與直線成一距離。圖中之座標爲磁場電流與感應電動勢間之關係；當座標改爲磁動勢(安匝)與每極磁通量(韋伯/極)間之關係時，亦可得到相似之曲線，此乃因若發電機轉速不變時，感應電動勢與磁通量成正比。轉速改變時，對應之無載飽和曲線會不相同；如圖 7－29 之兩條不同轉速時的無載飽和曲線。

圖 7－28　直流電機之無載飽和曲線

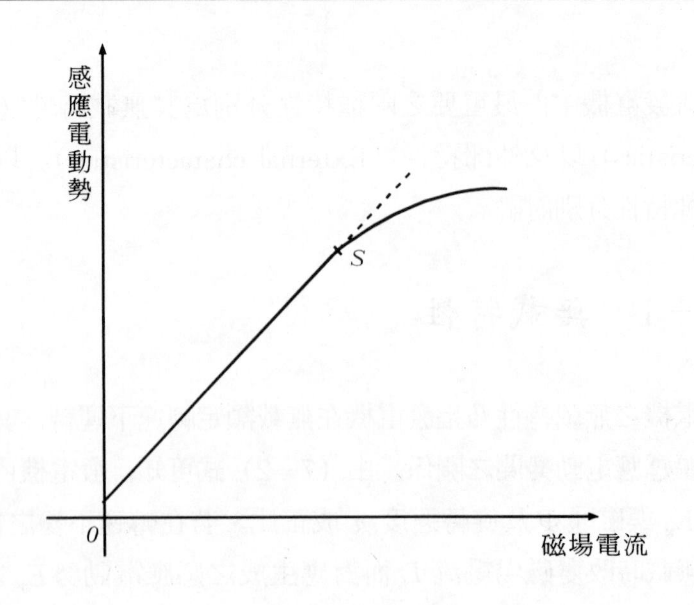

圖 7－29　不同轉速時之無載飽和曲線

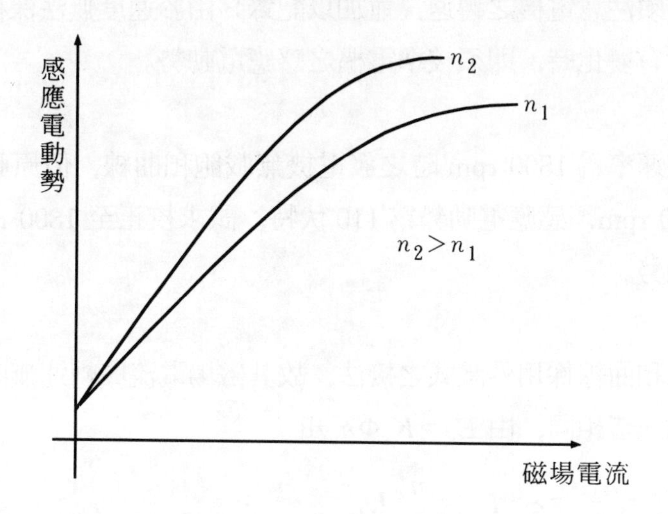

圖 7－30　測無載飽和曲線之接線圖

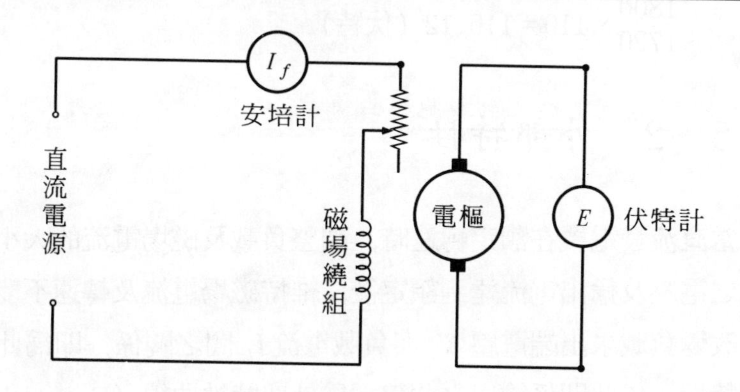

無載飽和曲線對於發電機及電動機之運用特性，佔有重要的地位。當實際測定此曲線時，係將直流電源經由一安培計及變阻器，而連接至磁場繞組，再以一高電阻的伏特計跨接電樞二端，接線如圖 7－30 所示，此即爲外激式之接法。安培計主要在測出磁場電流，所得數據作爲橫座標；而伏特計則在測電樞之感應電動勢，所得數據作爲縱座標。由於伏特計之內阻很大，其取自電端之電流極小，故電流爲電樞內造成之壓降可忽略不計，將電樞端電壓與感應電動勢視爲相等。測定時須注意電機之轉速，並加以記錄；由於速度無法保持絕對不變，故當有變化時，即須校準電樞之感應電動勢。

【例 7－10】

欲繪一額定速率爲 1800 rpm 時之發電機無載飽和曲線，但原動機之轉速爲 1720 rpm，感應電動勢爲 110 伏特，試求校正至 1800 rpm 時之感應電動勢。

【解】

因測無載飽和曲線採用外激式之接法，故其磁場電流與轉速無關，各速度下之磁通皆相同，由 $E_g = K_g \Phi n$ 知

$$\frac{E_{1g}}{E_{2g}} = \frac{n_1}{n_2} \quad \Rightarrow \quad E_{2g} = \frac{n_2}{n_1} E_{1g}$$

故校正後之感應電動勢爲

$$\frac{1800}{1720} \times 110 = 115.12 \text{（伏特）}$$

7－5－2　外部特性

當直流發電機在額定轉速時，調整負載及磁場電流的大小，使輸出端之電壓及輸出電流達到額定後，維持磁場電流及轉速不變的狀況下，改變負載求出端電壓 V_t 與負載電流 I_L 間之關係，即爲此電機之外部特性，依此關係繪出之曲線稱爲外部特性曲線（External characteristic curve）；因此曲線依負載變化而求得，又可稱之爲負載特性曲線（Load characteristic curve）。以下將依不同的發電機型式討論其外部特性及其可能的應用。

1. 外激式直流發電機

外激式直流發電機的等效電路參見前述之圖 7－1(b)，由圖中可

看出其電樞電流 I_a 等於負載電流 I_L，故輸出端電壓 V_t 為

$$V_t = E_g - I_a R_a = E_g - I_L R_a \tag{7-14}$$

式中之 R_a 為電樞電阻，包括了電刷接觸電阻、換向極線圈以及補償繞組之電阻，圖 7－1(b)中並無此電阻之標示，但其可視為存在於圓圈 A（電樞）及黑色小正方塊（電刷）之間的阻抗值；而 E_g 為電樞內部生成之感應電動勢。R_a 及 E_g 代表之意義在下述其他類型之直流發電機亦同。

【例 7－11】

一部額定 5 仟瓦，120 伏特，轉速為 1800 rpm 之外激式直流發電機。若電樞電阻為 0.05 歐姆，於額定轉速時由無載飽和曲線得到其感應電動勢為 125 伏特，試求原動機轉速為 1500 rpm 時，發電機在額定負載時之端電壓。

【解】

由例 7－10 知，轉速為 1500 rpm 時之感應電動勢為

$$E_g = 125 \times \frac{1500}{1800} = 104.167 \text{（伏特）}$$

額定電流為

$$I_L = \frac{5 \times 10^3}{120} = 41.667 \text{（安培）}$$

由（7－14）式

$$V_t = E_g - I_L R_a = 104.167 - 41.667 \times 0.05$$
$$= 102.1 \text{（伏特）}$$

(1)外部特性曲線

由（7－14）式知當外激式所接之負載增加時，其電樞造成之壓降 $I_a R_a$ 亦隨之變大，因而其 V_t，I_L 間之關係曲線如圖 7－31(a)所示。當負載電流愈來愈大時，由於電樞反應造成之去磁效應造成感應電動勢 E_g 之減少，進而使端電壓亦隨之減少，因此在考慮了電樞效應後，其外部特性曲線之下垂特性更加明顯，如圖 7－31(b)所示之曲線。

圖 7－31 外激式直流發電機之外部特性曲線

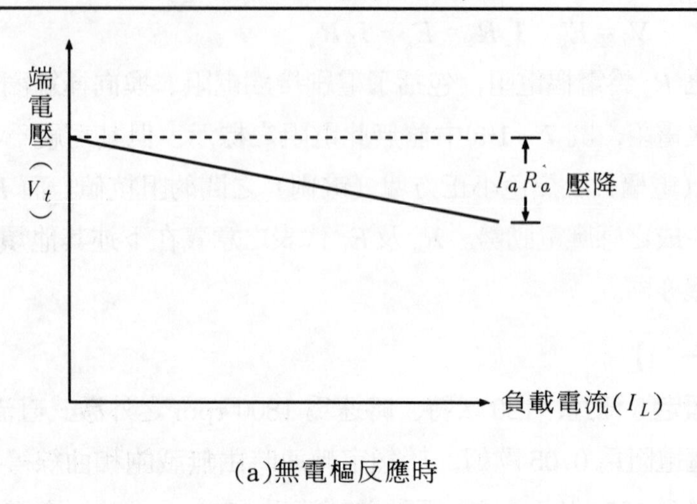

(a)無電樞反應時

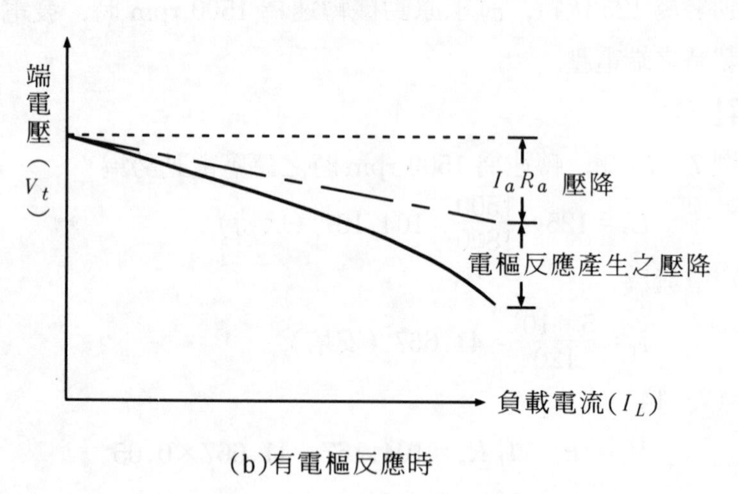

(b)有電樞反應時

(2)電壓之控制

外激式之電樞感應電動勢 E_g 可直接經由改變激磁電路之磁場電流 I_f，或改變原動機之轉速來控制。由（7－14）式可知，端電壓 V_t 亦可經由對 E_g 之改變而得到控制，其控制策略如下：

ⓐ原動機轉速增加時，E_g 及 V_t 皆增加；反之原動機轉速降低

時，E_g 降低導致 V_t 亦降低。

ⓑ由圖 7－1(b) 中可看出，改變激磁電路之可變電阻 R 可改變磁場電流進而控制磁通 Φ 之變化。

R 減少 → I_f 增加 → Φ 增加 → E_g 增加 → V_t 增加。

R 加大 → I_f 減少 → Φ 減少 → E_g 降低 → V_t 降低。

因原動機所能改變之轉速範圍有限，因而上述兩種控制方式，以改變磁場電路之電阻來進行對電壓控制的方式其應用範圍較廣。

(3)應用

對於備有中間極之外激發電機，當電刷置於機械中性面時，幾無去磁作用，可使壓降情況獲得改善；在電樞電阻一般均很小的情形下，端電壓受負載電流變化的影響不大，故外激直流發電機可視爲是一種定電壓的電源，常用作爲理想之電壓源。

外激式發電機之另一優點是具有特殊的穩定性，不論運用於無載飽和曲線之任何一點，其激磁電流與感應電動勢間之關係固定；因此激磁電流一定時，可得固定之感應電動勢。與自激式的直流發電機比較，自激發電機之電壓與磁場激磁電流互相影響，且無固定之關係，尤其在低飽和狀態時更爲嚴重，因而外激式發電機多用於利用磁場操縱電壓之場合。經由控制外激式之磁場電路，可使電壓變化範圍擴大，例如於華德—利歐納德（Ward-Leonard）系統即常用外激式之發電機進行操控；亦即以一單獨的外激式發電機來供應電動機電樞兩端所需之電壓，當調整發電機磁場電路之可變電阻器，即可改變發電機之輸出端電壓，因發電機輸出直接接至電動機，因此電動機之速度亦可因而得到控制。

外激式發電機對於磁場電阻之變換，反應準確又迅速，故在實驗室中及須精密自動控制之操縱系統中，有頗多可應用之情形。各種類型發電機之無載飽和曲線，亦可利用外激式發電機實驗而獲得。

外激式發電機雖有上述之應用場合，但目前幾乎全部由自激式之發電機所取代，除了在實驗室中尚稍可利用作爲電機特性之介紹外，其他實際之應用場合均不易見到外激式之發電機。其主要原因是其必須另備磁場電路之直流電源，在經濟及實際運用上皆有所不便，並且外激式發電機之穩定電壓及易於控制電壓之特性，亦可經由改善自激式發電機而設法取代之。

【例 7－12】

一外激式發電機，無載時產生的感應電動勢爲 120 伏特，滿載時電樞反應使磁通減少 5%，滿載電流 50 安培，電樞電阻 0.05 歐姆，若滿載時之轉速不變，試求：

(a)滿載時之端電壓。

(b)若增加換向中間極，使電刷置於機械中性線上，則輸出端電壓爲多少。

【解】

(a)滿載時之感應電動勢與磁通有關，爲

$$E_g = 120 \times (1 - 0.05) = 114 \text{（伏特）}$$

由（7－14）式

$$V_t = E_g - I_a R_a = 114 - 50 \times 0.05 = 111.5 \text{（伏特）}$$

(b)因加入中間極，無去磁作用，故滿載時之感應電動勢與無載時相同，故端電壓 V_t 爲

$$V_t = 120 - 50 \times 0.05$$
$$= 117.25 \text{（伏特）}$$

2.分激式直流發電機

分激式直流發電機之等效電路參見前述之圖 7－2(b)，由圖中可看出輸出端電壓 V_t 與感應電動勢 E_g 間之關係爲：

$$V_t = E_g - I_a R_a$$

$$= E_g - (I_L + I_f)R_a$$
$$= I_f(R_f + R) \qquad (7-15)$$

其中電樞電流同時供應磁場之激磁電流 I_f 以及負載電流 I_L。

【例 7－13】

一部額定 50 仟瓦，220 伏特之分激式發電機，電樞電阻為 0.05 歐姆，磁場電阻為 110 歐姆，於滿載時試求：

(a)電樞產生之感應電動勢。

(b)電樞產生之功率。

【解】

(a)滿載輸出電流 I_L 為

$$I_L = \frac{50 \times 10^3}{220} = 227.27 \text{（安培）}$$

磁場電流

$$I_f = \frac{220}{110} = 2 \text{（安培）}$$

故

$$I_a = I_f + I_L = 2 + 227.27 = 229.27 \text{（安培）}$$

由（7－15）式得知

$$E_g = V_t + I_a R_a$$
$$= 220 + (229.27) \times 0.05 = 231.46 \text{（伏特）}$$

(b)電樞產生之功率為

$$P = E_g I_a = 231.46 \times 229.27 = 53.0668 \text{（仟瓦）}$$

(1)外部特性曲線

圖 7－32 為分激式發電機之外部電壓特性曲線；在轉速固定時，若負載增加其端電壓 V_t 亦呈下降趨勢，其主要理由如下：

(a)電樞壓降 $I_a R_a$ 使得端電壓減少。

(b)電樞反應產生之去磁效應使端電壓減少。

圖7－32　分激式直流發電機之外部特性曲線

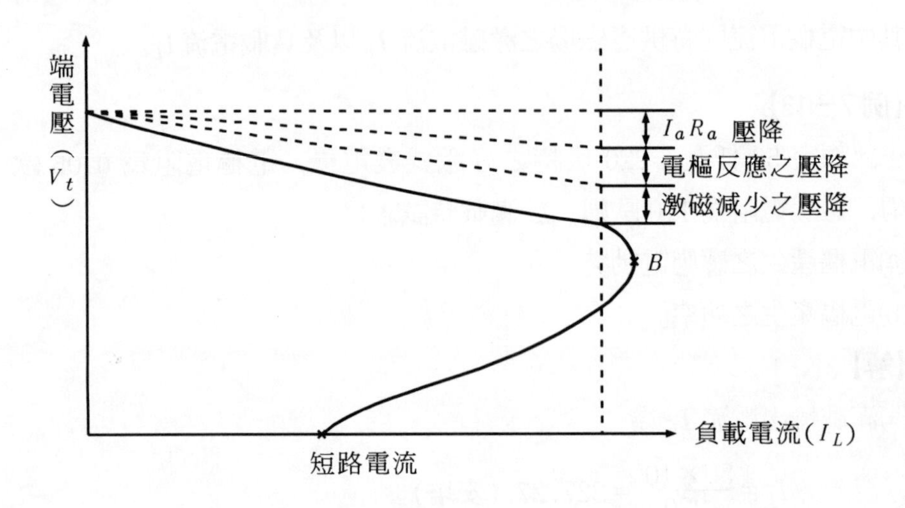

(c)上兩因素使端電壓減少，使磁場激磁電流 I_f 因而減少，降低了電樞之感應電動勢。

激磁電流 I_f，感應電動勢 E_g 以及端電壓 V_t 三者作用彼此互相影響，且爲因果循環。若負載繼續增加，電壓降愈加顯著，當曲線超過 B 點時，端電壓幾呈崩潰現象，因而稱此點爲分激式發電機之崩潰點 (Break-down point)。負載電流超過此點時端電壓開始崩潰，但負載電流卻因此反而降低；極端狀況爲當負載端電阻降爲零，亦即負載端電壓降爲零，此時磁場電流 I_f 因而亦近於零，回路內之短路電流係由磁極之剩磁電壓所產生，其大小等於剩磁電壓與電樞電阻之比值，實際之電流值應比上述比值更小，因爲短路電流之去磁作用會使剩磁減少，而使剩餘電壓更低。因此分激式發電機在滿載突然或逐漸短路之情況下運轉，仍不致有燒毀之虞，此爲分激式發電機自身防護的特性。

但分激式發電機在無載狀態下，電樞線圈突然短路，仍會對電機內部造成損害，主要係因無載時端電壓頗高，使得激磁電流 I_f 亦大，由於磁場線圈內之自感應電動勢可以在電樞短路瞬間，仍維持住激磁線圈中之激磁電流 I_f 使其不致完全降爲零，使得電樞迴路在短路瞬間產生極大的電樞電流，而可能使得換向器或電刷燒毀；另外電樞短路瞬間產生的極大反轉力矩，使電樞轉速在突然降低的同時，在電樞軸上承受過大的扭轉力矩，嚴重時可能造成電樞軸之扭斷。因此分激式發電機並不適合在無載之情況下短路。

⑵分激式發電機之電壓建立

所謂電壓建立係指自激式發電機於正常轉速下，端電壓逐漸上升的過程。在介紹分激發電機電壓的建立過程之前，必須先行介紹無載飽和曲線及磁場電阻線。

分激式發電機之無載飽和曲線必須利用他激之方式予以求得，主要原因有二：

⒜因磁場與電樞互爲並聯，無載時通過電樞電阻之磁場電流會造成壓降，使得跨於電樞兩端伏特表所測得之電壓，爲須扣除電樞電阻壓降之端電壓而無感應電動勢。

⒝磁場電流與感應電動勢在分激接法中彼此互相影響，因而無法使磁場電流至一固定值。

利用類似 7－5－1 節之內容可建立出分激發電機之無載飽和曲線。

因分激式電機磁場與電樞並聯，因此激磁電流 I_f 是受電樞端電壓 V_t 所影響，其線路圖可參見圖 7－2⒝。由歐姆定律可知，當場電阻（R_f+R）值爲一定時，則磁場端電壓（電樞端電壓）與磁場電流成一直線關係，如圖 7－33 所示。在端電壓固定的情形下，調整磁場回路中可變電阻 R 之大小可改變磁場電流之大小，如圖中 R 由 R_1 調整至 R_3，磁場電流由 I_{f1} 對應變化至 I_{f3}；電阻愈大，則磁場電流愈小。此種由磁場端電壓與磁場電流構成之曲線，稱之爲磁場電阻線(Field resistance line)。

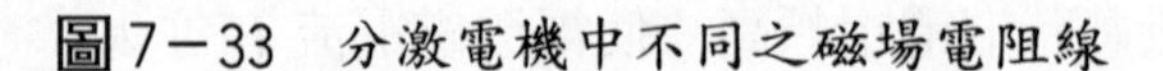
圖 7－33 分激電機中不同之磁場電阻線

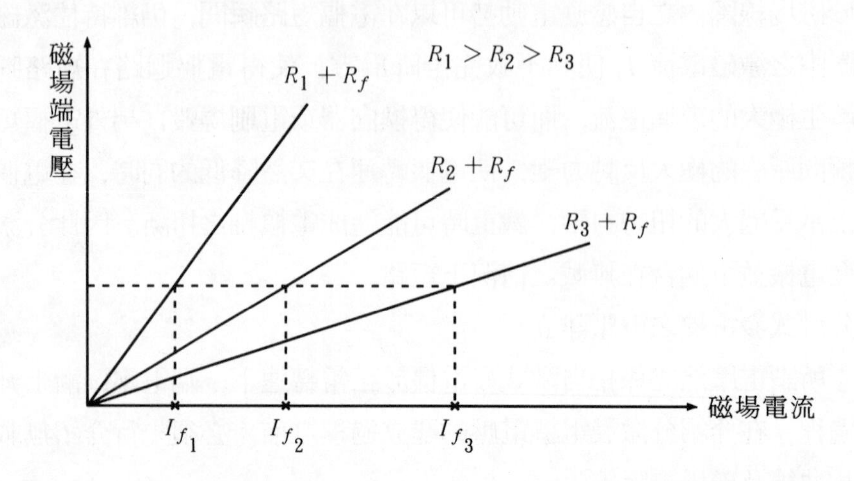

分激式發電機電壓建立的過程，即可利用上述兩曲線合併而成之曲線予以分析，如圖 7－34 所示。其大致過程如下：

(a)分激式發電機由原動機帶動旋轉至額定轉速後維持不變，此時由於主磁極內之剩餘作用，在電樞感應生成一剩餘電動勢 E_r。

(b)E_r 電動勢跨接磁場回路，由磁場回路形成之總電阻對應生成之磁場電阻線如圖 7－34 之直線，則可產生 I_1 之磁場電流。

(c)磁場回路有電流 I_1 流過時，則每磁極產生之磁動勢（$I_1 N_f$：N_f 爲磁極繞組匝數）增加；若此磁動勢與剩磁方向相同，可使電樞生成之感應電動勢增大至 E_1。

(d)磁場回路跨接之電壓由 E_r 增至 E_1，磁場電流可因此增加至 I_2。

(e)如此過程交替循環，互爲因果使電壓繼續上升，直到電壓上升至無載飽和曲線與磁場電阻線之交點爲止，即圖 7－34 中之 E_7 電壓。

(f)於 E_7 點可達平衡狀態，於此交點之下之磁場電流能產生維持

圖7－34　分激發電機電壓建立之過程

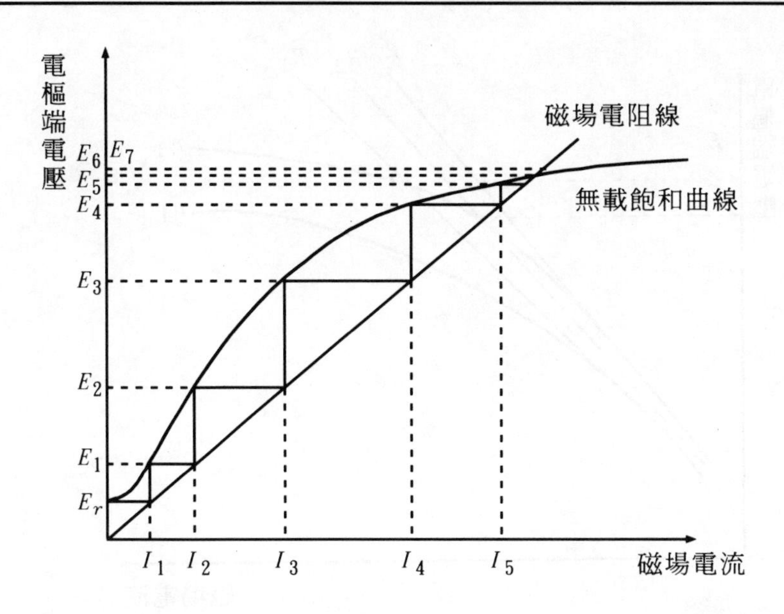

此電流所需之更高電壓，如維持 I_4 之磁場端電壓只須 E_3 即可，但 I_4 電流可激磁產生較 E_3 爲大之 E_4 感應電動勢；而在此交點之上產生之電壓卻不足維持磁場電流，故電流及電動勢均將下降。故兩者均不能維持平衡。

上述過程對應之圖 7－34 縱座標電樞端電壓、電樞感應電動勢以及磁場端電壓皆設爲相同，因忽略了電樞電阻之壓降，圖中之無載飽和曲線及磁場電阻線均對應特定之電機轉速以及磁場電阻，若改變轉速或電阻，均可使交點變動而使分激式發電機之電壓產生變化，如圖 7－35 所示之曲線。假設轉速爲 n_2 時，當磁場電阻由 R_1 增加至 R_2，其生成之對應電樞端電壓由 E_1 降爲 E_2；若電阻不斷增加至圖中之 R_c，此時尚可產生感應電動勢，若磁場電阻值再增加，便會因電阻過高而使分激式發電機之電壓無法建立起來，一般特稱此電阻 R_c 爲臨界磁場電阻（Criticalfieldresistance）。此 R_c 臨界電阻乃是針對轉

圖7－35 不同轉速之無飽和曲線與不同電阻之磁場電阻線之組合

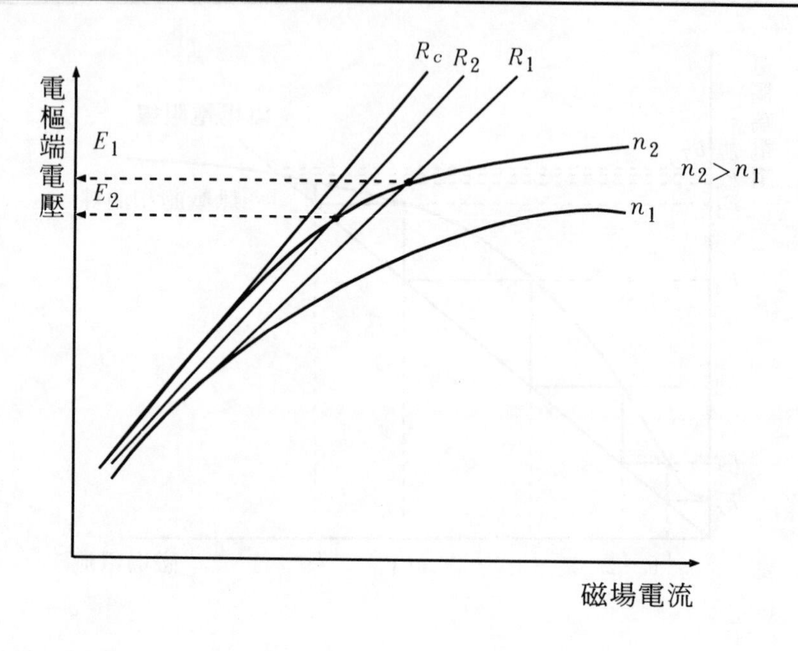

速爲 n_2 時所訂定的，當轉速由 n_2 降爲 n_1 時，則臨界電阻值亦降爲 R_1；即當磁場電阻爲 R_c 轉速爲 n_1 時，分激發電機便無法建立電壓。針對固定磁場電阻能建立電壓之最低轉速，稱之爲臨界速度（Critical speed）。

在上述電壓之建立步驟(3)中敘及剩磁電壓感應之磁動勢方向須與剩磁同方向，才能增加主磁極之磁通，使電樞產生更高之感應電動勢；其中磁場電流，剩磁與電機旋轉方向三者間之關係可參見圖7－36。圖(b)及(d)中剩磁之方向與磁場電流產生之磁動勢方向相反，彼此相互抵消故無法建立電壓；圖(a)及(c)則產生同方向之磁動勢，可建立電壓。電機之轉向在分激發電機中會影響磁場電流及電樞端電壓之極性，其對電壓建立與否之關係，仍取決磁通電流產生磁動勢與剩磁之方向，可比較(b)及(c)圖即可確認。

圖 7－36　剩磁、磁場電流及轉向間之關係

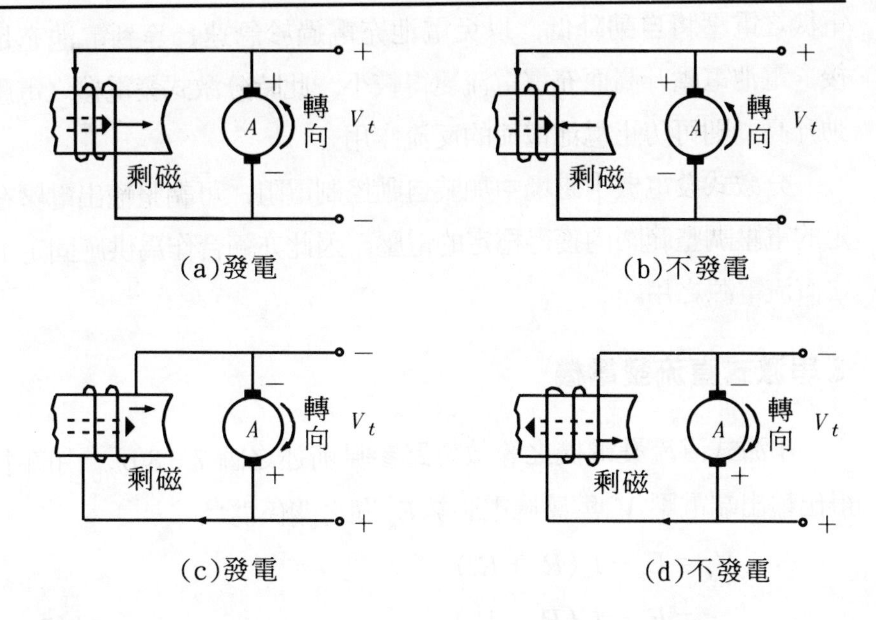

綜合上述之討論，分激發電機電壓建立失敗的可能原因有：

(a)磁場電阻大於臨界電阻。

(b)原動機轉速過低低於臨界速度。

(c)電機久置不用或搬運時之撞擊，致使剩磁消失。補救方法可將分激磁場暫接至另一直流電源而閃激其磁場（Flashing the field)。

(d)電樞轉動方向錯誤，致使電刷極性改變，使磁場電流所生成之磁動勢抵消剩磁。

(e)磁場可變電阻器斷路或接觸不良，使磁場電阻變大。

(f)分激磁場反接，使生成之磁動勢抵消剩磁。

(g)電刷前移過多，致使電路中部分電樞導體生成之感應電動勢相反，抵消了部分電動勢而使發電機之端電壓降低。

(3)應用

分激式發電機由於其外部特性曲線之降落特性，極適合作電池充

電之用。因為電池充電初期反電勢甚低而充電電流大，此時分激式發電機之電壓將自動降低，以免電池充電過於急速；等到電池充足電後，電池電壓升高而充電電流變得較小，此時分激式發電機之電壓自動升高，則可防止電池電流的反流作用。

分激式發電機中磁場中加裝自動控制電阻，可調整輸出電壓在一定的電壓調整範圍內獲得穩定的電壓，因此亦適合作為供應固定電壓之直流電源之用。

3. 串激式直流發電機

串激式直流發電機之等效電路參見前述之圖 7－3(b)，由圖中可得出輸出端電壓 V_t 與感應電動勢 E_g 間之關係為：

$$V_t = E_g - I_a(R_a + R_s)$$

$$= E_g - I_L(R_a + R_s) \quad (7-16)$$

此類型電路中之電樞電流 I_a，負載電流 I_L 以及磁場電流 I_f 因等效電路中無並聯分路，故可視為三者彼此相等。

【例 7－14】

一部直流串激式發電機，其電樞繞組及串激繞組之電阻均為 0.15 歐姆，不考慮電樞反應及磁路飽和問題，當負載電流為 60 安培時端電壓為 110 伏特，試求原動機轉速不變，負載電流上升至 70 安培時，端電壓變為多少？

【解】

由（7－16）式知

$$E_g = V_t + I_a(R_a + R_s)$$

$$= 110 + 60(0.15 + 0.15) = 128 \text{（伏特）}$$

串激式發電機其激磁電流等於負載電流，又

$$E_g = K_g \Phi n$$

$$\frac{E_{g1}}{E_{g2}}=\frac{\Phi_1}{\Phi_2}=\frac{I_{f1}}{I_{f2}}=\frac{70}{60}$$

故

$$E_{g1}=128\times\frac{70}{60}=149.33\text{（伏特）}$$

再由（7－16）式

$$V_t=149.33-70\times(0.15+0.15)$$
$$=128.33\text{（伏特）}$$

⑴外部特性曲線

串激式發電機因其激磁繞組與電樞繞組是接成串聯的，故是以負載電流來激磁。負載電流爲零時，激磁電流亦爲零，電樞所生成之電動勢僅爲剩磁所產生的。當負載增加時，串激磁通增加使電樞感應電動勢增加外，由於電樞反應的去磁效應，以及電樞電阻之壓降均隨之增加，因此串激式發電機之外部特性曲線中之端電壓，須視串激磁通、電樞反應以及電樞壓降三者之函數而定，其曲線如圖 7－37 所示。

圖 7－37　串激式發電機之外部特性曲線

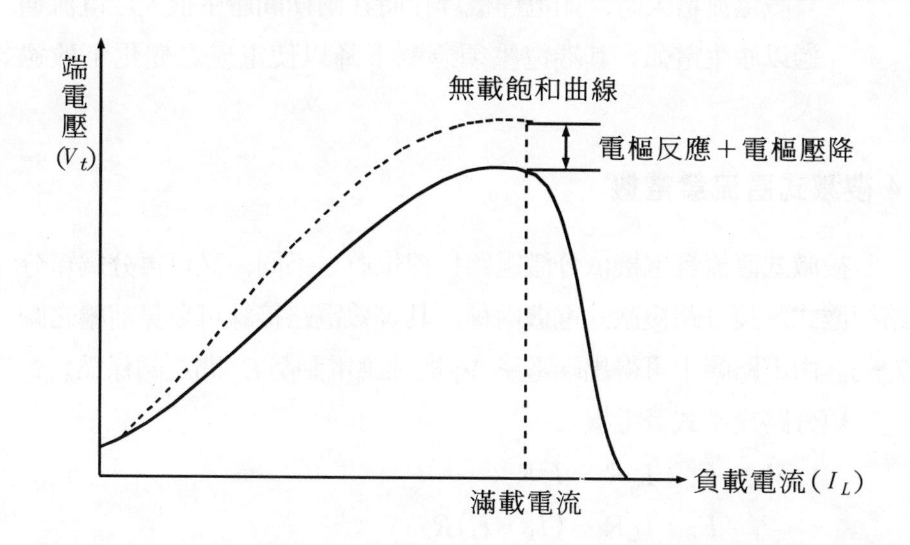

圖中可看出串激式發電機在輕載時，串激磁通之增加極快，其值大過電樞反應及電樞電阻壓降之和甚多，因此端電壓隨負載之增加而迅速升高。在接近滿載之際，磁路趨近飽和，串激磁通增加之速度較緩慢，再因此時電流已大，使得電樞反應及電樞電阻之壓降大增，故其端電壓隨負載之增加反而呈急速下降之趨勢。於是串激式發電機之外部特性曲線可分為兩個部分；在滿載以內為上升之曲線，而在負載電流大於滿載電流以上之區域，則呈下降之曲線。

(2)應用

串激式發電機因負載變動引起之電壓變化非常大，僅用於適合這種陡峭特性曲線之設備。

(a)對其電壓上升部分，可當作電壓升壓機（Booster），用於長距離之電力傳送時補償因線路上之壓降造成之電壓下降，以維持用電端的電壓保持一定。例如電氣化鐵路配電系統之線路壓降補償。

(b)對其電壓下降部分，可當作定電流之發電機使用，例如電焊機之供電系統，或弧光燈串聯之用。主要當外接負載電阻降低使負載電流增大時，如電焊機焊接時在兩極間產生很大之電流通過以產生電弧；其端電壓須急劇下降以使電變之變化不致過大。

4. 複激式直流發電機

複激式直流發電機依分激電路接線位置之不同，又可再分為短分路複激式及長分路複激式電機兩種，其等效電路接線可參見前繪之圖7－5。由電路圖中可得出端電壓 V_t 與感應電動勢 E_g 間之關係為：

短分路複激式發電機：

$$V_t = E_g - I_L R_s - I_a R_a$$
$$= E_g - I_L R_s - (I_L + I_f) R_a$$

$$= I_f R_f - I_L R_s \qquad (7-17)$$

長分路複激式發電機：

$$V_t = E_g - I_a(R_a + R_s)$$
$$= E_g - (I_L + I_f)(R_a + R_s)$$
$$= I_f R_f \qquad (7-18)$$

長、短兩不同接線型式主要差別在於：短分路接線中流過串激繞組之電流爲負載電流，而長分路接線時流過串激繞組之電流則爲電樞電流；兩種之分激繞組皆與電樞呈並聯連接型式。

【例 7－15】

一部短分路複激式發電機，其負載電流爲 100 安培，端電壓 220 伏特，若分激磁場電流爲 2 安培，串激繞組電阻爲 0.01 歐姆，電樞繞組電阻爲 0.03 歐姆，不考慮電樞反應及電刷壓降效應，試求：

(a)電樞產生之感應電動勢。

(b)分激繞組電阻。

(c)電樞產生之功率。

【解】

(a)由（7－17）式可得

$$E_g = V_t + I_L R_s + I_a R_a$$
$$I_a = I_L + I_f = 100 + 2 = 102 \text{（安培）}$$

故

$$E_g = 220 + 100 \times 0.01 + 102 \times 0.03$$
$$= 224.06 \text{（伏特）}$$

(b)分激磁場與電樞並聯，故

$$R_f = \frac{E_g}{I_f} = \frac{224.06}{2} = 112.03 \text{（歐姆）}$$

(c)電樞產生之功率

$$P = E_g I_a$$
$$= 224.06 \times 102$$
$$= 22.854 \text{（仟瓦）}$$

【例 7－16】

一部長分路複激式發電機，其負載電流爲 100 安培，端電壓 220 伏特，若分激磁場之電阻爲 112 歐姆，串激磁場之電阻爲 0.01 歐姆，電樞繞組電阻爲 0.03 歐姆，不考慮電樞反應及電刷壓降效應，試求：

(a)電樞產生之感應電動勢。

(b)電樞產生之功率。

【解】

(a)
$$I_f = \frac{V_t}{R_f} = \frac{220}{112} = 1.964 \text{（安培）}$$
$$I_a = I_f + I_L$$
$$= 1.964 + 100$$
$$= 101.964 \text{（安培）}$$

由（7－18）式可得

$$E_g = V_t + I_a(R_s + R_a)$$
$$= 220 + 101.964(0.01 + 0.03)$$
$$= 224.079 \text{（伏特）}$$

(b)電樞產生之功率

$$P = E_g I_a$$
$$= 224.079 \times 101.964$$
$$= 22.848 \text{（仟瓦）}$$

(1)外部特性曲線

複激式發電機之型式於 7－1 節已有叙述，其特性可說是綜合了分激式及串激式發電機之特性。當負載增加時，由於分激磁場，端電壓將降低，但串激磁場之線圈在此時卻可因負載增加而增加磁通，使電樞產生之感應電動勢自動升高；若串激繞組之匝數配合得當，則可使發電機之無載端電壓與滿載端電壓相等，此種發電機稱之爲平複激。若串激磁過大，使得滿載端電壓高於無載端電壓，此時即爲所謂之過複激；反之，若串激磁過低，其滿載端電壓低於無載端電壓，則變成欠複激。上述三種複激型式，其串激場磁通方向與分激場磁通方向相同，主要差異可利用一跨接於串激繞組兩端之變阻器 Rd 大小予以調整串激場之大小；Rd 電阻調小時大部分電流流過 Rd，此時發電機就成爲欠複激，若 Rd 電阻調大則大部分電流流過串激繞組，發電機便成爲過複激。此三種和複激之發電機類型，其外部特性曲線如圖 7－38 所示，注意其曲線皆介於分激式發電機之外部特性曲線之上。若串激磁通勢與分激者相反，則負載增加時，磁通急遽減少，電壓亦急劇降落，此種發電機稱之爲差複激；其端電壓的下降率較分激式發電機更大，如圖 7－38 中最底下的一條曲線。

圖 7－38　各種複激式發電機之外部電壓特性曲線

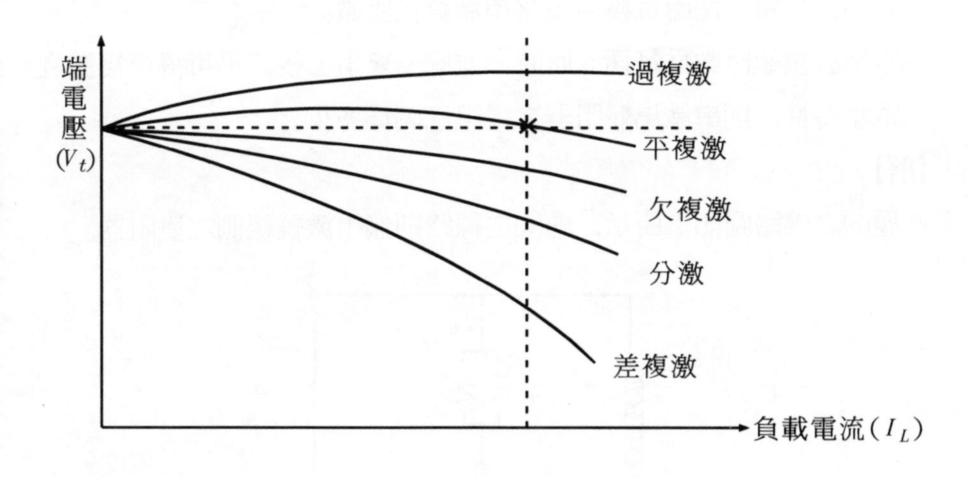

(2)應用

和複激式發電機之用途極廣，經由調整與串激繞組之變阻器之大小，可調出發電機所需要之端電壓特性。平複激及欠複激式之發電機一般可取代分激式發電機，當作定電壓之直流電源，或當作激磁機使用；而過複激式發電機則適用於作爲礦坑或電車等之電源。

差複激式發電機通常由串激線圈連接而成，此種電機無法供應太大之負載，故其應用範圍較小。應用時之主要特色爲其最大電流有一定之限制，對電機本身因而可產生防護作用。例如做爲電焊機之電源，或做爲風力發電機，當電焊機電極短路或風力發電機高速運轉時，輸出電流皆有一定之上限以保護發電機本身。

【例 7－17】

一部 220 伏特，110 仟瓦之直流發電機，每極之分激磁場爲 1000 匝。假設以額定速率運轉，無載時分激磁場電流爲 10 安培，可產生 220 伏特之額定電壓；滿載時經由調整磁場電阻，需 12 安培之磁場電流方可產生額定電壓。今欲將此發電機改爲平複激式發電機，串激場電阻爲 0.05 歐姆，試求：

(a)利用長分路接法時每極所需之串激繞組匝數。

(b)當串激繞組匝數爲每極 6 匝時，並聯一變阻器後，仍可得平複激之電壓特性，則串激場變阻器之電阻應調爲多少。

【解】

此題(b)之線路圖如下所示，題(a)之線路則無串激繞組側之變阻器。

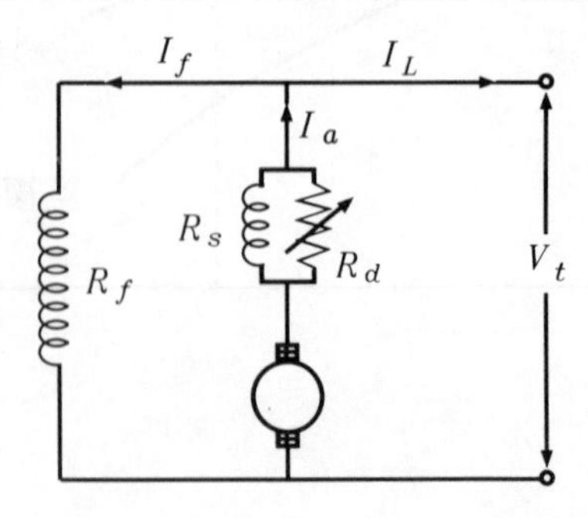

(a) $I_L = \dfrac{110 \times 10^3}{220} = 500$（安培）

欲得平複激特性，由無載至滿載狀況每極所需由串激場增加之磁動勢為

$(12 - 10) \times 1000 = 2000$（安匝）

無載時流過串激場之電樞電流

$I_a = I_f + I_L$

$= 10 + 500 = 510$（安培）

故每極所需增加之串激場匝數為

$\dfrac{2000}{510} = 3.92$ 匝

(b)每極串激繞組為 6 匝，則流過串激繞組之電流

$\dfrac{2000}{6} = 333.3$（安培）

流過變阻器 Rd 之電流為

$510 - 333.3 = 176.67$（安培）

變阻器兩側之電壓應與串激場之電壓相等，故

$Rd = \dfrac{333.3 \times 0.05}{176.67} = 0.094$（歐姆）

7－5－3 直流發電機之並聯運用

若一部發電機供應之電力不足，必須增加另一部發電機來共同供應電力；或者是一個大電流之負載，欲以多部較小型之發電機並聯供電。此時必須先瞭解並聯運用之條件與特性，以選擇適當的發電機達到所需之要求。

圖 7－39 為發電機 A 及 B 並聯運用時之外部特性曲線。針對幾種不同之電壓狀況，我們討論兩電機間之供需關係。當並聯之輸出端電壓皆為 V_1時，A 電機供應 I_{A_1}電流，而 B 電機供應 I_{B_1}電流，故兩

圖 7－39　兩部發電機並聯之外部特性曲線

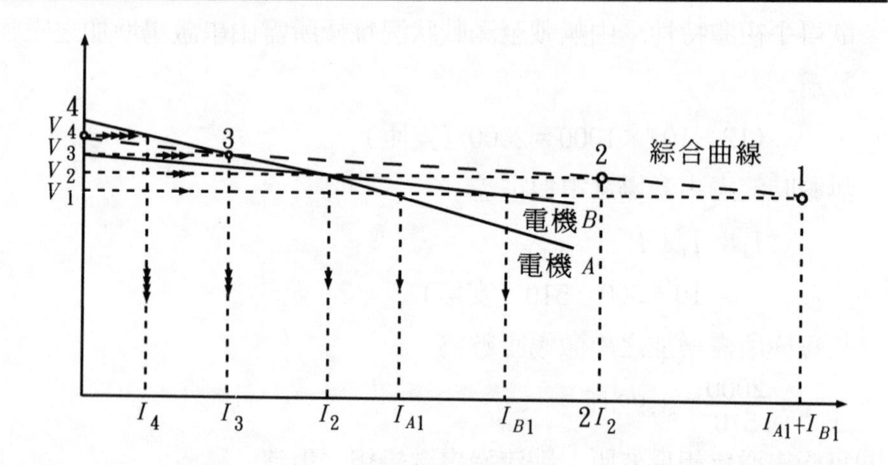

電機共同負擔供應 $I_{A1}+I_{B1}$ 之電流。當輸出端電壓變爲 V_2 時，A、B 兩電機皆供應相同之電流 I_2，此時總負載電流爲 $2I_2$；端電壓上升至 V_3 時，電壓調整率較小之電機 B 不供應電流，而僅由電壓調整率較大之電機 A 供應 I_3 之電流。當端電壓變成 V_4 時，電機 A 所供應之電流 I_4 全部供應電機 B，此時電機 B 之外部曲線與 V_4 會相交點的電流爲負，表示此時電機 B 吸收電流爲一電動機，因此此時兩並聯電機無法對外供應電流。連接 V_1 至 V_4 不同電壓時，所能對外提供之不同電流點之曲線爲此兩部發電機並聯供電時的外部綜合曲線，如圖7－39中連接 1、2、3、4 點之粗虛線。

由上面之圖 7－39，以電壓爲 V_2 時之狀況作爲比較基準。設此兩部發電機之額定電流與可對外之供應電流皆爲 I_2，即總負載電流爲 $2I_2$；當總負載電流增加時，電壓調整率較小的 B 機比 A 機供應較多之電流，如 V_1 電壓總負載電流爲 $I_{A1}+I_{B1}$ 時，A 機供應之 I_{A1} 小於 B 機供應之 I_{B1} 電流。反之，當總負載電流較 $2I_2$ 減少時，電壓調整率小之 B 機所供應之電流較 A 機小；如 V_3 電壓總負載電流爲 I_3 時，A 機供應電流 I_3，而 B 機供應的電流爲零。當總負載電流再減少時，B 機不但沒有供應電流，反而從 A 機中獲得電能變成電動機，

例如電壓為 V_4 時。以上三種狀況，可明顯看出兩電機皆非各負擔一半。

由上述內容可知，兩部（或以上）發電機欲得到良好的並聯運用，基本應具備下列之條件：

⑴額定電壓要相等。

⑵外部特性曲線類似，並具有相同之下垂特性。

⑶電壓之極性要相同。

⑷負載之分配要適當。

因此若兩部發電機之額定電壓及電流相同時，則其外部電壓特性曲線必需一致；當兩發電機之額定電壓相同，但額定電流不同時，若各外部特性曲線具有相同的無載點且在額定電壓時，外部特性曲線分別通過其額定電流點，而在其他端點時，其所對應的輸出電流，以額定電流之百分率表示，則必須具有相同數值時，才是理想之並聯運用。所以利用輸出電流之百分率與相對應端電壓之外部特性電壓曲線，即可瞭解並聯運用之情形，且可判斷並聯狀況之良好與否。如圖 7－40(a) 所示，不論額定電流大小為何，以百分率之表示型式所作之外部特性曲線一致時，其並聯運用最為理想。圖 7－40(b) 中則列出與圖 7－39 類似之兩並聯電機之外部曲線，圖中電壓為 V_r 時，兩部電機各供應 100％之電流；但於 V_2 之端電壓時，兩部電機一部供應其 75％之額定電流，另一部則僅供應 50％之電流；當端電壓昇到 V_1 時，一部供應其 40％之電流，而另一部則不供應電流。由此圖之說明可看出並聯電機運用之特性。

1.分激式發電機之並聯運用

以分激式發電機作並聯運用之線路接法如圖 7－41 所示。並聯端之電壓極性必須正確，發電機各自裝有安培表，以便讀出或調節出各發電機之輸出電流；伏特表用以測出輸出端之端電壓，亦可僅用一電

圖7－40　理想之並聯運用曲線分析

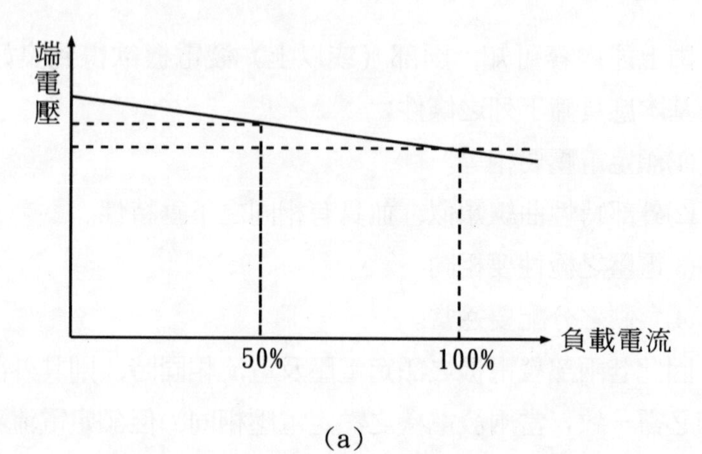

(a)

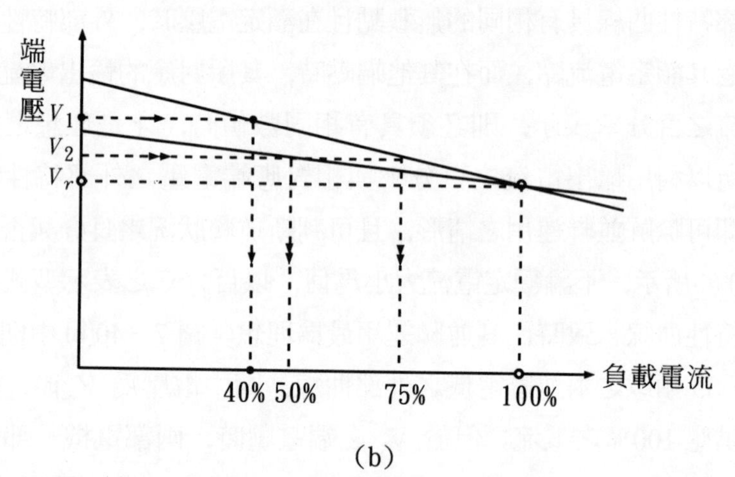

(b)

圖7－41　兩分激式發電機之並聯接線圖

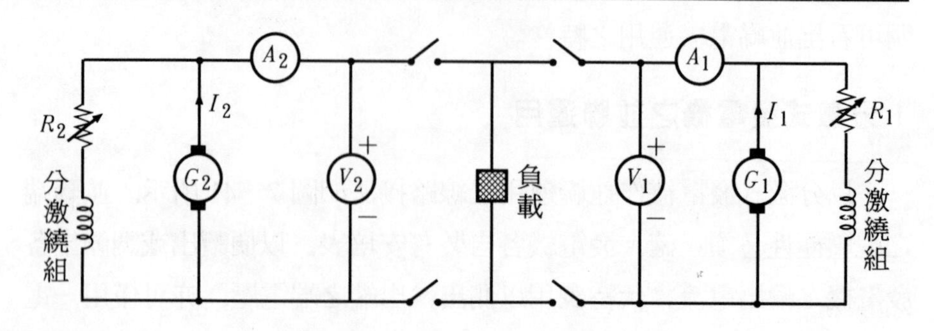

壓表於需要時才分別接上。裝設之開關是作爲切換及發生事故之保護使用。

假設原先只有 G_1 發電機供應負載，若欲使 G_2 發電機加入並聯運轉，必須先啓動 G_2 發電機之原動機，將其調整至規定之轉速；接著調整磁極之可變電阻，使其與負載端之電壓相同後，關閉線路之開關，將 G_2 發電機並接於線上。此時，G_2 發電機電樞之感應電動勢與線路負載之端電壓相同，並不能馬上由 G_1 發電機分擔部分負載；欲使 G_2 發電機供應電流分擔負載，其感應電動勢必須高於線路電壓，調整激磁場之電阻 R_2 使激磁逐漸增強，直到 G_2 發電機供應到其所應負擔的電流爲止。當部分負載由 G_1 發電機逐漸轉移至 G_2 發電機後，必須適當地降低 G_1 發電機的激磁，以保持負載上電壓的恆定不變。必須注意的是，G_1 發電機之激磁不可降低太多，否則功率反而會輸入此發電機中，即 G_1 發電機變成電動機型式之運轉。

欲除去一電機時，必須先將此電機之激磁減弱，同時增強另一電機之激磁，直到此電機之負載到零爲止，接著開啓線路開關，將此電機完全從並聯組合中拆出。

於任何負載情形，欲使分激式發電機對於負載有適當地分配，其外部特性曲線必須相等，而每部電機自無載至滿載期間，其端電壓之降低亦必須相等。若兩電機之額定電流、電壓皆相等則可平分負載；若額定值不同，則所分擔之負載與其額定值成比例，此即所謂之適當的分配。

【例 7－18】

兩部 110 仟瓦，220 伏特之分激式發電機欲並聯運轉，在無載時兩電機之電壓均爲 220 伏特，若 G_1 發電機單獨使用時，滿載端電壓降至 210 伏特；若 G_2 發電機單獨使用時降至 205 伏特，若總負載電流爲 800 安培，試求並聯時之

(a)端電壓。

(b)每部發電機供應之功率。

【解】

G_1，G_2 之額定電流

$$I=\frac{110\times10^3}{220}$$

$$=500\text{（安培）}$$

G_1，G_2 發電機之電樞電阻分別爲

$$210=220-R_{a1}\times500$$

$$205=220-R_{a2}\times500$$

故

$$R_{a1}=0.02\text{（歐姆）}$$

$$R_{a2}=0.03\text{（歐姆）}$$

兩電機並聯時，由圖 7－41 之接線關係可知

$$I_1R_{a1}=I_2R_{a2}$$

即

$$0.02I_1=0.03I_2 \quad \Rightarrow \quad 2I_1=3I_2$$

又

$$I_1+I_2=800\text{（安培）}$$

故

$$I_1=480\text{（安培）}$$

$$I_2=320\text{（安培）}$$

(a)並聯時之端電壓爲

$$V_t=E_g-I_1R_{a1}$$

$$=220-480\times0.02$$

$$=210.4\text{（伏特）}$$

(b)G_1 發電機供應之功率爲

$$210.4\times480=101\text{（仟瓦）}$$

G_2 發電機供應之功率爲

$$210.4 \times 320 = 67.33 \text{（仟瓦）}$$

由運算結果知，G_1 發電機運轉時較靠近其額定，而 G_2 發電機分擔之量較少。

【例 7－19】

兩部分激式發電機欲並聯供電，設其額定分別爲 200 及 300 仟瓦，其外部電壓特性曲線爲相同之直線，若無載電壓爲 220 伏特，滿載電壓爲 210 伏特，試求：

(a)端電壓 215 伏特時，各電機之功率輸出。

(b)總負載爲 400 仟瓦時，各電機之功率輸出及端電壓。

【解】

(a)因外部電壓特性曲線爲直線，

故

$$P_A = \frac{220-215}{220-210} \times 200 = 100 \text{（仟瓦）}$$

$$P_B = \frac{220-215}{220-210} \times 300 = 150 \text{（仟瓦）}$$

(b)負載之分配按電機額定，

故

$$P_A = \frac{200}{300+200} \times 400 = 160 \text{（仟瓦）}$$

$$P_B = \frac{300}{300+200} \times 400 = 240 \text{（仟瓦）}$$

A，B 電機輸出功率之百分率分別爲

$$\frac{160}{200} = 80\% \cdots\cdots A \text{ 電機}$$

$$\frac{240}{300} = 80\% \cdots\cdots B \text{ 電機}$$

因外部電壓特性曲線爲直線，故用此曲線由負載電流與端電壓成比例之關係

$$80\% = \frac{220 - V_t}{220 - 210}$$

故

$$V_t = 212 \text{（伏特）}$$

2.複激式發電機之並聯運用

複激式發電機的並聯運轉接線如圖 7－42 所示，其正負兩端皆依其極性作正確的聯接。基本上複激式發電機於並聯運用時並不穩定，主要係由於其串激繞組之效應所導致之結果。假設兩並聯發電機在運轉時欲將 G_1 機之負載略爲增加，此時由於複激式發電機之特性，其串激場及磁場均因此必須增強，導致其提高電勢而負載較多之負載。就 B 機而言，因整個組合之負載不變，所以 G_2 發電機可擔負較少的負載，此時會使串激場電流及磁場減少，結果電勢降低使負載更加減少，逐漸地所有之負載完全由 B 電機轉移至 G_1 電機之中，G_2 機因而變成電動機由 G_1 發電機供應電流，此時並聯發電之狀況結束，至少有一電機之斷路器開關立即跳開。

圖 7－42　兩複激式發電機之並聯接線圖（無均壓線）

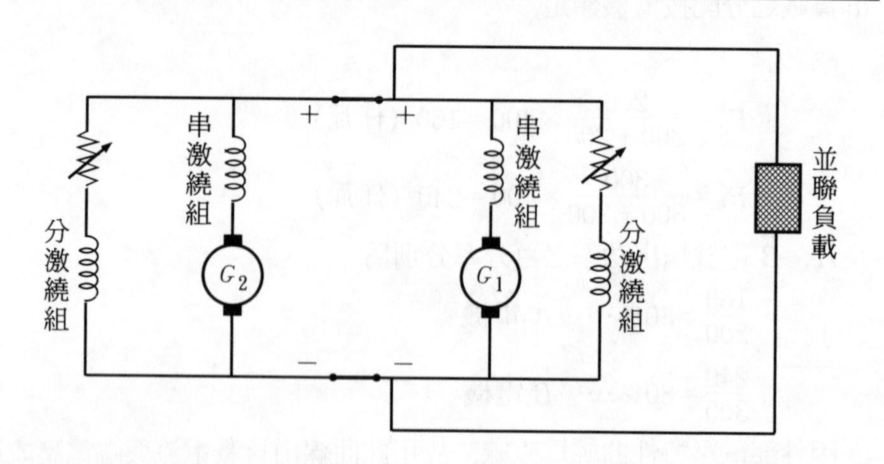

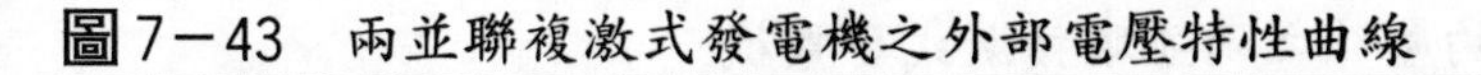

圖 7－43 兩並聯複激式發電機之外部電壓特性曲線

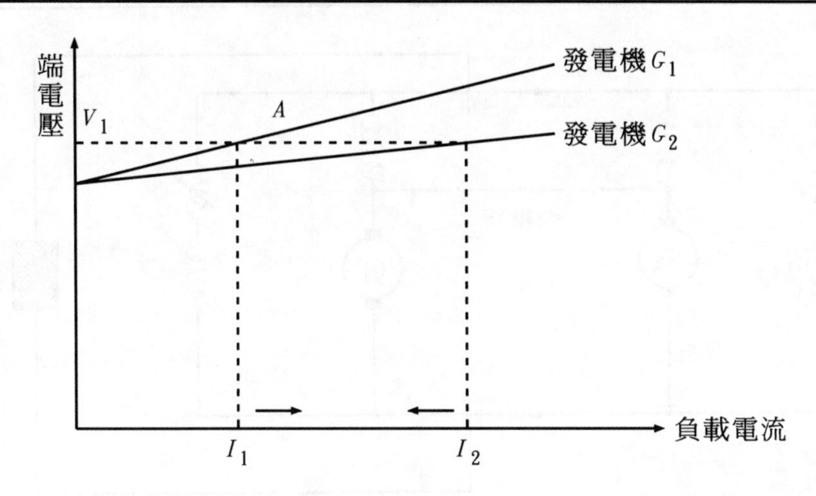

上述之情形，可利用圖 7－43 所示之二複激式發電機的外部特性曲線予以說明。假設兩電機運轉於端電壓 V_1，此時各機分擔之電流分別爲 I_1 及 I_2。如上假設 G_1 電機之負載稍增，其端電壓設上升至線上之 A 點，則此電機因此供應更多之電流；因複激式發電機之外部電壓特性曲線呈上升趨勢，此種電流增加之情況會累積漸進式地繼續增加，直至其中之 G_1 電機因電流過高而使保護之斷路器跳開爲止。

上述不穩定狀態可經由將並聯複激式發電機之串激繞組互相並聯而解決，其接線如圖 7－44 所示，此種從兩電刷經由一低電阻聯接之線，稱之爲均壓線（Equalizer）。均壓線之作用爲當其中一電機開始負載較多之負載時，所增加之電流一部分經其本身之串激繞組，另有一部分則流經均壓線流入另一電機的串激繞組之中。因此，兩電機之激磁狀況均等，不致使任一電機單獨負擔全部的負載。

複激式發電機並聯時，爲使負載能適當的按電機額定成比例地分配，必須符合下列的條件：

(1)每部電機電樞的電壓調整必須相同。

圖7－44　含均壓線之兩並聯複激式發電機

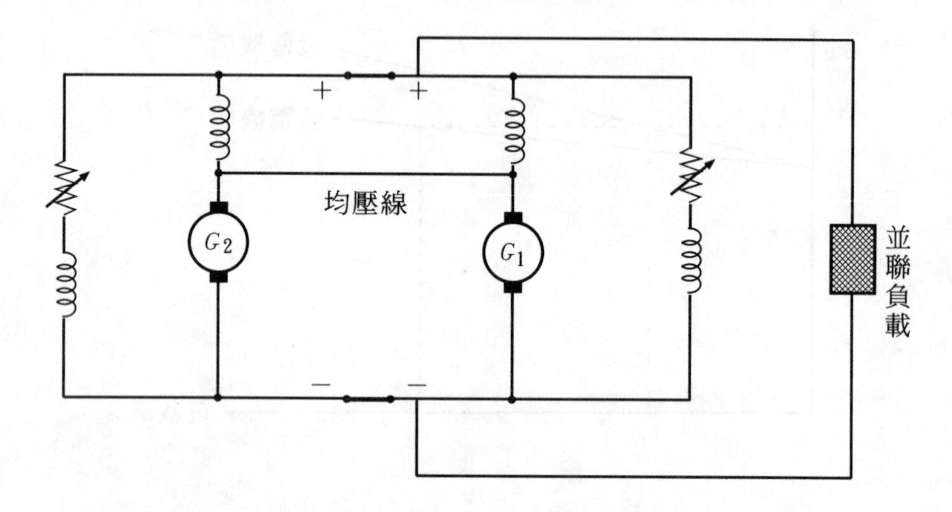

(2)其串激場電阻必須與此發電機之額定成反比。

利用與串激場之並聯之變阻器，可改變複激式發電機之特性曲線，但欲經改變變阻器來改變負載的分配，不能經由此並聯的電阻。因爲此並聯電阻不但可分得 G_1 電機之串激電流，亦可分得與其並聯之 G_2 電機之串激電流，可使整個組合中的電壓降低，但對負載的分配並無幫助。欲變更負載的分配狀況，僅能串聯一低電阻值之電阻於串激繞組上，經由調整此電阻而達到分配負載的目的。

7－6　直流電動機之特性與應用

直流電動機中，最重要的在瞭解電動機之轉速、轉矩以及輸入電流三者間之關係。較重要的兩種特性爲電流與轉速間之轉速特性(Speed characteristics)，以及電流與轉矩間之轉矩特性（Torque characteristics）兩種，在介紹此兩種特性前，我們先針對電動機的基本電氣及電路特性與發電機進行一綜合比較。

直流電動機與發電機最基本的不同點如第一章所述爲能量轉換的過程。電動機輸入電功率後可轉換成爲機械功率輸出，輸出的大小可由轉矩、轉速等特性判斷；而發電機則與電動機之能量轉換方式恰好相反，輸入機械功率後轉換爲電功率輸出，輸出的大小可由電樞電流或端電壓等特性判斷。若以電路特性予以分析，發電機電樞產生之感應電動勢除了供應輸出之端電壓外，尙須克服本身線路內之壓降，因而同（7－14）式至（7－18）式之型式，發電機具有之電路方程式爲

$$E_g = V_t + I_a R_a \tag{7-19}$$

而電動機由所產生之電磁轉矩驅使電樞旋轉以對外輸出機械功率，故電樞導體旋轉切割磁通而產生之電動勢方向與電流相反（發電機中兩者方向相同），此電動勢稱爲電動機之反電動勢（Counter emf 或 Back emf），常以符號 E_b 表示。電動機因有反電勢之產生，爲使電流在電路中流動，外加之電壓必須足以克服電樞轉動時產生之反電動勢，以及電動機本身線路之壓降，故電路的基本方程式爲

$$V_t = E_b + I_a R_a \tag{7-20}$$

式中

V_t = 外加電功率之端電壓（伏特）

E_b = 電樞產生之反電動勢（伏特）

I_a = 電樞電流（安培）

R_a = 電樞內電阻（歐姆），與（7－14）式至（7－19）式中之 R_a 相同。

直流電動機之構造與分類方式與直流發電機完全相同，且可互相交換使用；亦可分類爲外激式、分激式、串激式以及複激式電動機，其線路之連接方式與圖 7－1 至圖 7－5 之發電機類似，但電流方向相反，如圖 7－45 所示。

圖7－45 各種直流電動機之接線圖

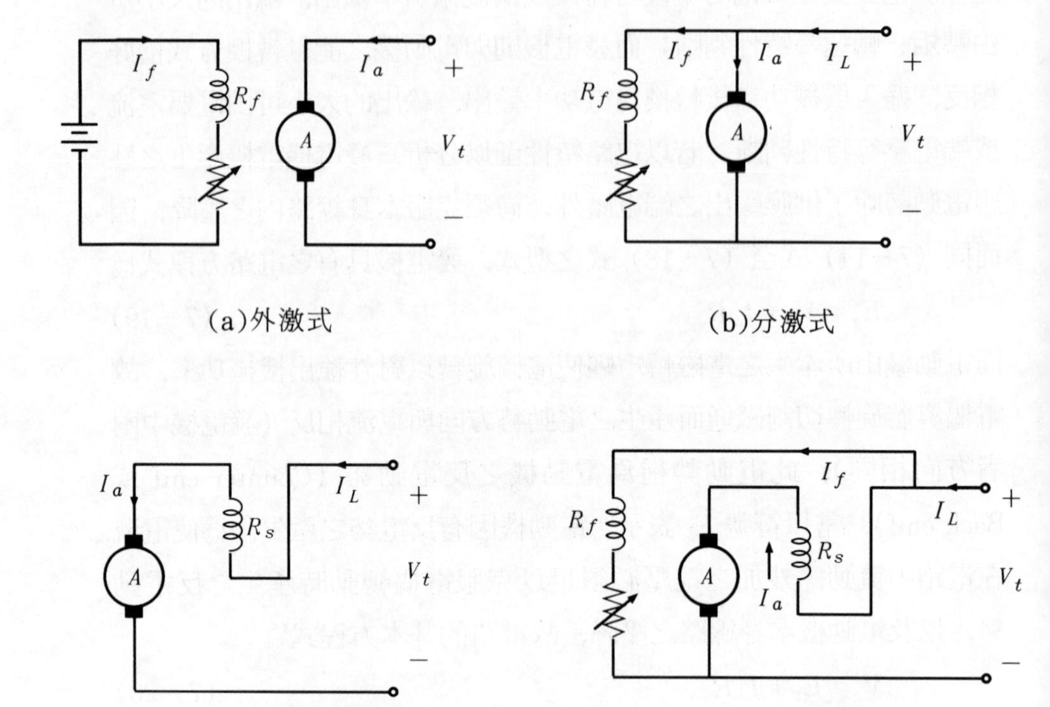

(a)外激式 (b)分激式

(c)串激式 (d)差複激式(長分路)

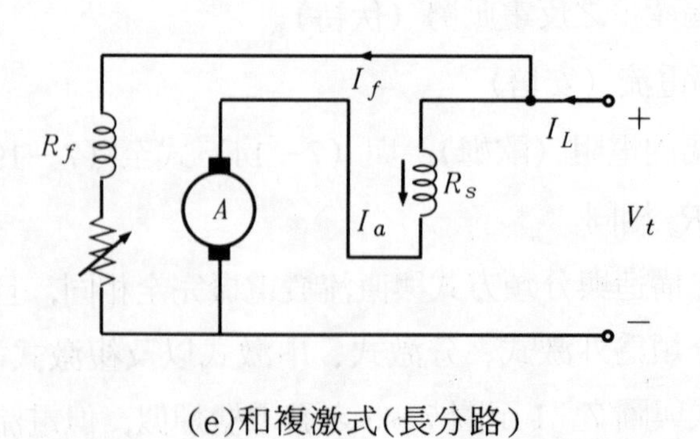

(e)和複激式(長分路)

【例 7－20】

一部 30 仟瓦，220 伏特之分激發電機，電樞電阻爲 0.02 歐姆，場電阻 100 歐姆，轉速固定，試求：

(a)做爲發電機使用額定輸出時之發生電動勢。

(b)做爲電動機使用在額定端電壓 220 伏特的電路取用額定電流時之反電動勢。

【解】

額定輸出電流爲

$$I_L = \frac{30 \times 10^3}{220}$$

$$= 136.36 \text{ (安培)}$$

磁場電流爲

$$I_f = \frac{220}{100}$$

$$= 2.2 \text{ (安培)}$$

(a)作爲發電機時

$$I_a = I_L + I_f$$

$$= 138.56 \text{ (安培)}$$

$$E_g = V_t + I_a R_a$$

$$= 220 + (138.56 \times 0.02)$$

$$= 222.77 \text{ (伏特)}$$

(b)作爲電動機時

$$I_a = I_L - I_f$$

$$= 134.16 \text{ (安培)}$$

$$E_b = V_t - I_a R_a$$

$$= 220 - (134.16 \times 0.02)$$

$$= 217.32 \text{ (伏特)}$$

7－6－1 轉速特性

電動機之輸入端接於額定電壓之直流電源，以調整電動機之機械負載及激磁，使電動機達到額定轉速；而在輸入額定的電流後，將輸入端之電壓保持於額定值，且不改變激磁電路之變阻器，僅改變負載之機械功率，使輸入負載電流 I 改變，則負載電流與其對應之電動機轉速間之關係，稱爲此電動機之轉速特性；若將其關係畫成曲線圖，此曲線圖便稱爲「轉速特性曲線」(Speed characteristic curve)。

由（7－20）式端電壓與反電動勢之方程式，可重新改寫如下：

$$V_t = E_b + I_a R_a = K_m \Phi n + I_a R_a$$

故可得

$$n = \frac{V_t - I_a R_a}{K_m \Phi} \qquad (7-21)$$

在各種型式之電動機中，上式之 K_m 與（7－7）式中之 K_m 相同，在相同之極數、感應電樞導體數及電樞路徑數之情況下，K_m 爲一常數。若在設定端電壓一定時，主要會影響轉速 n 之因素即爲磁通 Φ 的大小；另外電樞電路中包括了電樞繞組、電刷接觸或串激繞組的電阻 R_a，在大小上因爲相差不會太大，對轉速造成之影響程度較小。對於不同型式電動機的轉速特性分析如下：

1.外激式直流電動機

由圖 7－45(a)之電路及（7－21）式之速度方程式可分析出外激式電動機之轉速特性。因其磁場係由一獨立之電源所供應，當此電源之電壓固定，且不計電樞反應時，此 Φ 之大小爲一固定值；因此轉速 n 與（$V_t - I_a R_a$）成正比，令端電壓 V_t 固定，則速度因負載電流之變化增加而略爲減少。因考慮電樞反應時，電流增加之去磁效應使

Φ減少，分子之（$V_t - I_a R_a$）亦在電流增加時減少，反而使轉速曲線得以維持成一近似的直線，故外激式電動機之轉速特性曲線如圖7－46所示。

圖7－46　外激式電動機之轉速特性曲線

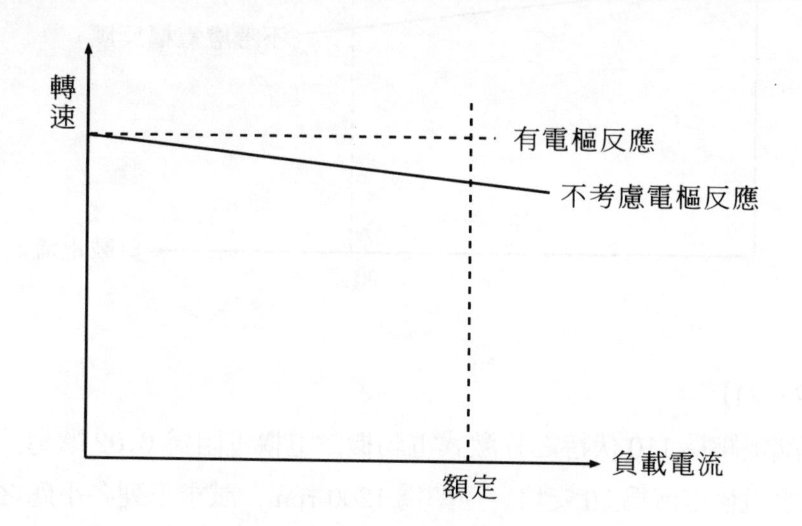

2.分激式直流電動機

由圖 7－45(b)之電路可得知分激式電動機之速度方程式仍爲(7－21）式。當端電壓固定時，又不考慮電樞反應時，磁通Φ爲一定值，負載增加時I_a亦增加故使轉速降低。至於在無換向磁極之電動機中，因電刷的移轉而產生去磁效應，在考慮此電樞效應後使Φ減少，反而可使轉速升高。因此，在無換向中間極之電動機中，當負載增加時，轉速降低率較有換向中間極的電動機爲慢，其轉速特性曲線如圖7－47所示，與外激式電動機十分類似。須注意的是分激（或外激）連接時，激磁場不能斷路，否則會變成無激磁狀態，將使轉速升到危險之高速。

圖 7－47 分激式電動機之轉速特性曲線

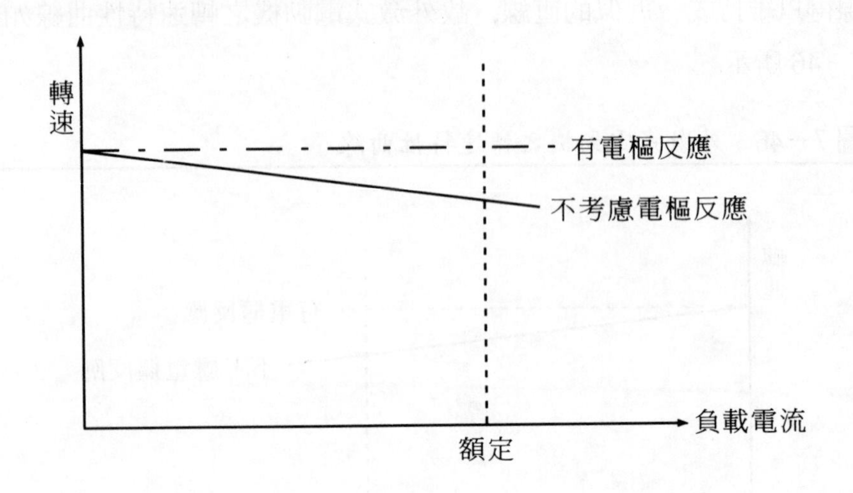

【例 7－21】

一部端電壓爲 110 伏特之分激式電動機，電樞電阻爲 0.02 歐姆，滿載時之電樞電流爲 50 安培。速率爲 1200 rpm，試求下列各小題之轉速。

(a)若負載增大，以致電樞電流上升至 65 安培，忽略電樞反應。

(b)同(a)題，但考慮了電樞反應後使磁通較滿載時減少 1％。

(c)負載移去後使電樞電流降至 5 安培，又因電樞反應減少，使無載時之磁通較滿載時增加 1％。

(d)同(c)題，但不考慮電樞反應。

【解】

(a)滿載時之反電勢由（7－20）式可得知爲

$$E_{b1} = V_t - I_a R_a$$

$$= 110 - 50 \times 0.02$$

$$= 109 \text{（伏特）}$$

電樞電流上升至 65 安培時，E_{b2}變爲

$$E_{b2}=110-65\times 0.02$$
$$=108.7\ (\text{伏特})$$

忽略電樞反應後，Φ 爲定值，故

$$\frac{E_{b1}}{E_{b2}}=\frac{K_m\Phi n_1}{K_m\Phi n_2}=\frac{n_1}{n_2}$$

$$\frac{109}{108.7}=\frac{1200}{n_2}$$

$$n_2=1196.7\ (\text{rpm})$$

(b)磁通因電樞反應而減少 1%，則

$$\frac{109}{108.7}=\frac{\Phi\times 1200}{0.99\Phi\times n_2}$$

$$n_2=\frac{108.7}{109}\times\frac{1}{0.99}\times 1200$$
$$=1208.8\ (\text{rpm})$$

電樞反應造成 Φ 減少之效應大於 I_aR_a 之壓降效應，因此轉速反而升高。

(c)無載時之反電動勢爲

$$E_{b3}=110-4\times 0.02$$
$$=109.92\ (\text{伏特})$$

因電樞反應減少，無載磁通較滿載時增加 1%，由 Φ 增至 1.01Φ，同(c)之計算方式

$$\frac{109}{109.92}=\frac{\Phi\times 1200}{1.01\Phi\times n_2}$$

$$n_2=\frac{109.92}{109}\times\frac{1}{1.01}\times 1200$$
$$=1198.15\ (\text{rpm})$$

(d)同(a)題之計算方式

$$\frac{109}{109.92}=\frac{1200}{n_2}$$

故

$$n_2=1210.13\ (\text{rpm})$$

3. 串激式直流電動機

串激式直流電動機之電路如圖 7－45(c)所示，因其串激場與電樞係為串聯，故其速度方程式應修正為

$$V_t = E_b + I_a(R_a + R_s) = K_m\Phi n + I_a(R_a + R_s)$$

$$n = \frac{V_t - I_a(R_a + R_s)}{K_m\Phi} \qquad (7-22)$$

串激式電動機之磁通大小與電樞電流或負載電流成正比。在磁路尚未飽和之輕載時，$I_a(R_a + R_s)$造成之壓降很小，在端電壓 V_t 固定時，由（7－22）式可看出轉速 n 與 Φ 成反比，而 Φ 又與 I_a（或 I）成正比，故轉速曲線於輕載時可視為是一雙曲線函數。

當磁路因負載逐漸增加而變成飽和時，Φ 便維持固定，此時（7－22）式中$I_a(R_a + R_s)$之壓降因電流變大已不能再予以忽略，故由（7－22）式可知轉速 n 正比於 $V_t - I_a(R_a + R_s)$之值，故於重載時串激式電動機之轉速特性曲線變成一個成反比之直線函數。綜合上述討論可得其轉速曲線可如圖 7－48 所示。

圖 7－48　串激式電動機之轉速特性曲線

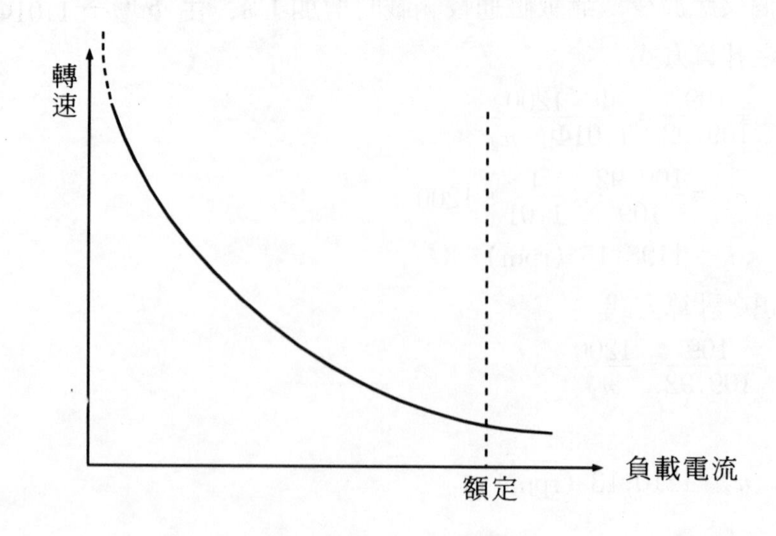

由（7－22）式可看出當無載時，磁通Φ等於零，理論上速率必爲無限大。實際上電機鐵心內因有剩磁存在，磁通雖在無載時仍不致等於零；但因其值很小，對於一定值的外加電壓，轉速仍是相當地高。因此串激式電動機之最小負載應使該機的運轉速度維持在某一安定範圍內；爲避免無載，負載與電動機皆採直接耦合方式連接，對於諸如採用易斷裂之皮帶耦合方式應儘量避免。

【例7－22】

一部端電壓爲120伏特之串激式電動機，滿載時轉速1200 rpm，額定電流40安培，電樞電阻0.2歐姆，串激磁場繞組0.05歐姆。試求負載降低至20安培時，則速率變爲多少？（假設電流降低50%時，磁通僅降低75%）

【解】

由（7－22）式可求出反電動勢分別爲

$$E_b = V_t - I_a(R_a + R_s)$$

滿載時

$$E_{b1} = 120 - 40(0.2 + 0.05) = 110(\text{伏特})$$

中載時

$$E_{b2} = 120 - 20(0.2 + 0.05) = 115(\text{伏特})$$

由

$$\frac{E_{b1}}{E_{b2}} = \frac{K_m \Phi_1 n_1}{K_m \Phi_2 n_2}$$

得

$$\frac{110}{115} = \frac{\Phi \times 1200}{0.75\Phi \times n_2}$$

故

$$n_2 = \frac{115}{110} \times \frac{1}{0.75} \times 1200 = 1672.73\ (\text{rpm})$$

4. 複激式直流電動機

複激式直流電動機我們以長分路之連接型式，分別已在圖 7－45 (d)，(e)中繪出差複激及和複激之接線；實際此兩種接線完全一樣，僅串激磁場所形成之磁通方向互相相反。設串激場形成之磁通表爲 Φ_s，分激場形成之磁通以 Φ_f 表示，則複激式電動機之電路方程式分別爲

和複激：

$$n=\frac{V_t-I_a(R_a+R_s)}{K_m(\Phi_f+\Phi_s)} \tag{7-23}$$

差複激：

$$n=\frac{V_t-I_a(R_a+R_s)}{K_m(\Phi_f-\Phi_s)} \tag{7-24}$$

和複激式電動機在無載時因尚有分激場存在，因而不會像串激場一樣產生失速的情況；負載逐漸增加時，因磁通爲分激場與串激場之合成，故磁通會比分激式電動機略大，而較串激式之電動機爲小。在端電壓固定之情況下，由（7－23）式可知轉速會隨負載電流之增加而呈下垂之現象，其下降速度介於分激與串激型式之間，如圖 7－49 所示。

圖 7－49　複激式發電機之轉速特性曲線

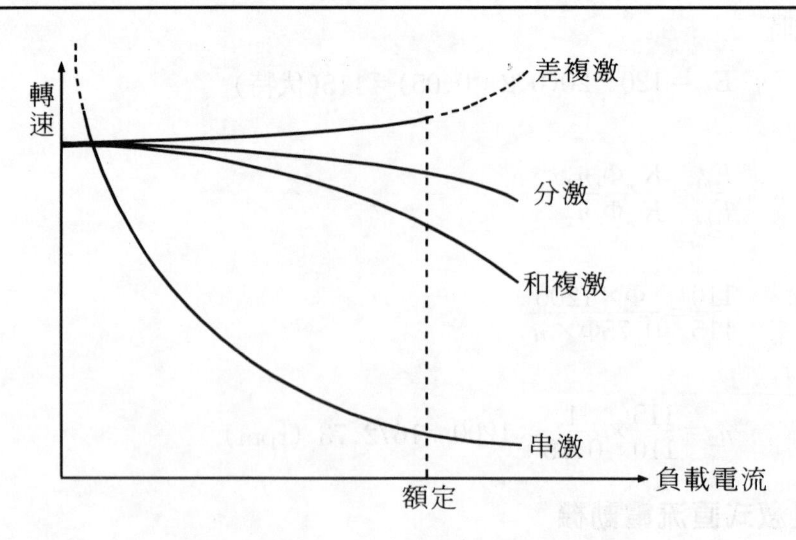

差複激式電動機之串激場與分激場方向相反，因而由（7－24）式看出其分母會隨著負載電流的加大反而減少，作用類似很大的電樞反應，此將使轉速因而增加；但增大的量不致太大，因分子之$I_a(R_a + R_s)$項亦隨負載電流的增加而變大。其轉速特性曲線因此座落在分激式曲線之上，如圖 7－49 所示。注意此轉速曲線於重載時（如大於額定負載電流時），因串激場甚大，可能使（$\Phi_f - \Phi_s$）之總磁通變得很小，使電動機的轉速超過安全的範圍，產生不穩定之危險現象，如同串激式電動機於無載或輕載時。另外當差複激式電動機於起動時，由於分激磁場電感較大，磁通的建立較串激場緩慢，使串激場的磁通有可能反而大於分激場，使（7－24）式之分母變成負值，即電動機反向起動；必須等到分激場建立後，電動機才轉回正向旋轉。受限於上述原因，差複激式電動機除特殊用途一般極少應用。

7－6－2　轉速調整率

由以上之討論內容可看出電動機之速度會隨負載而有顯著或穩定之不同變化情形，爲表示不同電動機類型之轉速變化狀況，特別定義電動機之轉率調整率（Speed regulation）如下：「當電動機之端電壓及磁場大小固定時，無載與滿載轉速之差值，除以滿載轉速之比值，稱爲轉速調整率」，即

$$\text{轉速調整率} = \frac{\text{無載轉速} - \text{滿載轉速}}{\text{滿載轉速}} \times 100\% \qquad (7-25)$$

【例 7－23】

一分激式電動機於滿載時之電樞電流爲 60 安培，此時速率爲 1200 rpm；無載時旋轉速率爲 1300 rpm，試求：

(a)轉速調整率。

(b)負載減少使電樞電流降至 50 安培時，其轉速爲多少。

【解】

(a)依定義由（7－25）式可得

$$轉速調整率 = \frac{1300 - 1200}{1200} \times 100\% = 8.33\%$$

(b)分激式電動機之轉速特性曲線幾爲直線，故

$$\frac{1300 - n}{1300 - 1200} = \frac{50}{60} \quad \Rightarrow \quad 1300 - n = 100 \times \frac{50}{60}$$

$$n = 1216.67 \text{ (rpm)}$$

7－6－3　轉矩特性

當直流電動機與外部電源連接時，因電樞導體中有電流通過，則導體電流所產生之磁場與電動機之磁場相互作用，而使導體受電磁力之作用產生轉矩，一般稱之爲驅動轉矩（Driving torque)，其將驅動電樞使電動機旋轉。由（7－6）式及（7－7）式可知，轉矩 T 爲

$$T = \frac{PZ}{2\pi a} \cdot \Phi \cdot I_a = K_m \Phi I_a \tag{7-26}$$

此轉矩即驅動轉矩，或稱爲電動機之發生轉矩，其較電機實際之輸出負載轉矩 T_L 爲大。若 T 大於 T_L 與摩擦轉矩 T_f 之和，則電動機之旋轉速率增加；若 T 小於 T_L 與 T_f 之和，電動機之轉速變慢。

電動機於起動初期，因無反電動勢的作用，由（7－20）式可得出此時之電樞電流極大，可產生較大的轉矩驅使電動機加速旋轉；接著由於速度建立起來後反電動勢漸漸增加，使電樞電流漸小，而轉矩亦隨之減低；一直到驅動轉矩等於負載轉矩及摩擦轉矩時，速度不再增加，電動機達到穩定的狀態以等速率旋轉。若負載變化轉矩亦隨之增減，變化之情況與電動機型式有關。以下將就不同型式電動機的轉矩與負載電流間之轉矩特性分述如後。將各負載電流與相對應之轉矩各值繪成之曲線，稱爲「轉矩特性曲線」(Torque characteristic curve)。

1.外激式直流電動機

外激式電動機之 Φ 在磁場電源固定之情況下可視爲定值，由(7－26)式可得，此時電動機之轉矩與負載電流成正比。若在考慮了電樞反應後，Φ 在負載電流變大時會有所減少，因而轉矩亦會隨之降低，其轉矩特性曲線如圖 7－50 所示。

圖7－50 外激式電動機之轉矩特性曲線

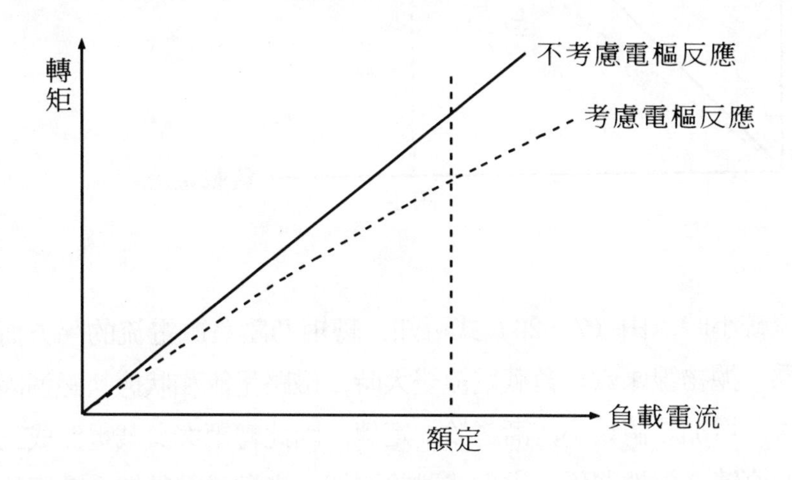

2.分激式直流電動機

分激式電動機之分激磁場直接跨接外加之電壓，若外加端電壓固定，則分激場之電流及產生之磁通皆爲定值，忽略電樞反應時，由(7－26)式可知轉矩與負載電流成正比，如同外激式之電動機。考慮了電樞反應之效應後，磁通稍減，尤以負載電流很大時之情況最爲明顯。分激式電動機之轉矩特性曲線如圖 7－51 所示。

3.串激式直流電動機

串激式電動機之串激磁通大小與電樞電流或負載電流成正比。當

圖7－51　分激式電動機之轉矩特性曲線

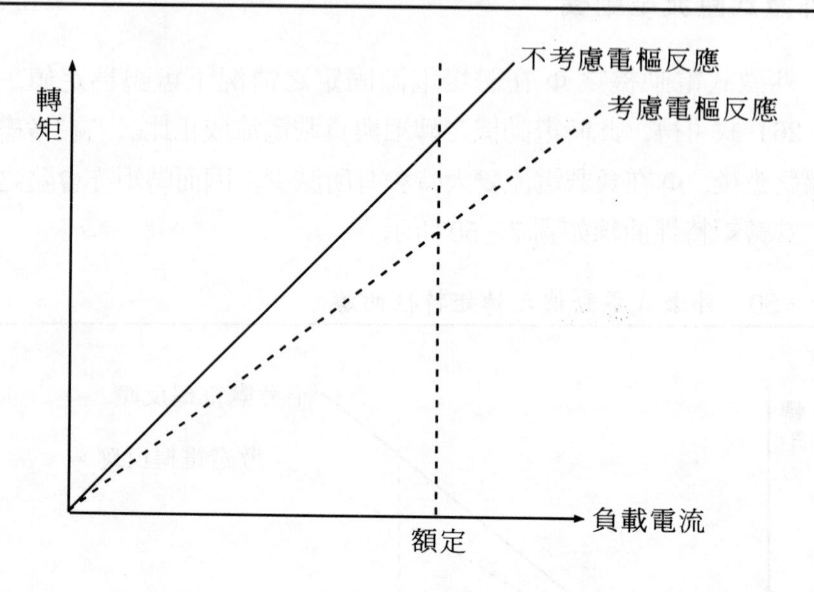

負載電流較小時，由（7－26）式可知，轉矩乃隨負載電流的平方而變，可爲一拋物線函數；負載電流變大時，磁路呈飽和狀態，磁通因電流增大而增加之值較小，漸趨於一定值，因此轉矩與負載電流成正比，呈一直線之線性關係。由上述討論可知，串激式電動機之轉矩特性曲線，在廣範圍之電流變化範圍內，轉矩對負載電流分別具有呈拋物線（普通負載時），及呈線性直線（重載）之關係，如圖 7－52 所示。與圖 7－51 比較，在較小之負載時，轉矩比分激式電動機爲低，因電流較小時串激式電動機產生之磁通非常地小。

4. 複激式直流電動機

複激式電動機之轉矩特性係分激與串激式電動機之組合，如前述之內容及（7－26）式可寫出其轉矩方程式如下：

和複激：

圖7－52　串激式電動機之轉矩特性曲線

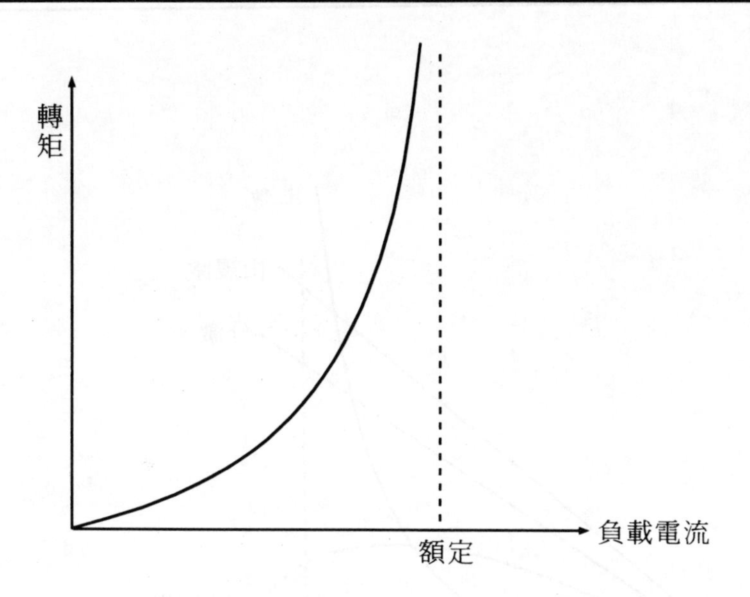

$$T = K_m(\Phi_f + \Phi_s)I_a \qquad (7-27)$$

差複激:

$$T = K_m(\Phi_f - \Phi_s)I_a \qquad (7-28)$$

上兩式中 Φ_s，Φ_f 之定義與（7－23）式，（7－24）式相同。

和複激式之電動機其分激磁場與分激式電動相同，在端電壓固定時為一固定的量，由於串激磁場的加入，使其合成磁通產生之轉矩特性，大於分激式電動機及普通負載時之串激式電動機轉矩；但於重載時，由於分激場的固定，使和複激產生的轉矩較串激者為小。由圖7－53可看出此種趨勢。

差複激式電動機內之磁通為分激與串激磁通量之差。在輕載時，由（7－28）式電樞電流之增加較合成磁通之減少為快，故轉矩會隨負載之增加而逐漸增大；當負載電流大至某一程度後，串激繞組產生之磁通量變大，使合成磁通減少之量較負載電流增大之量為大，故轉

圖 7－53　複激式電動機之轉矩特性曲線

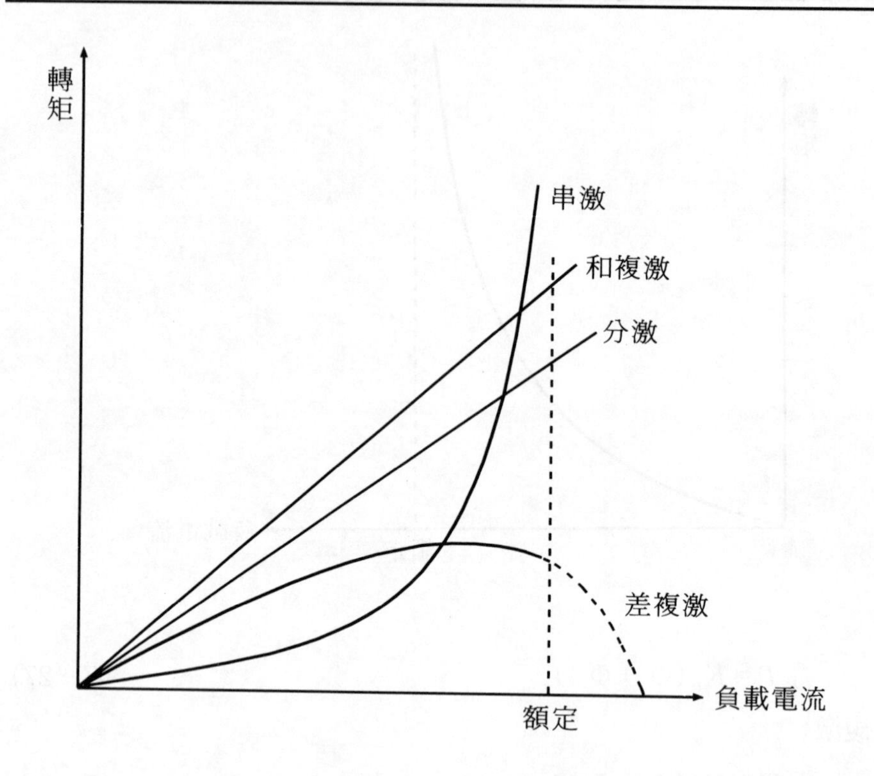

矩逐漸減小。若負載一直增加可能使合成磁通降爲零，即轉矩亦變爲零；若超過此負載，亦能產生反轉轉矩。其轉矩特性曲線可參見圖 7－53。

【例 7－24】

一部串激式電動機，額定電流爲 60 安培時產生之轉矩爲 50 磅－呎，試求下列情況下的轉矩：

(a)電流降至 40 安培。（磁通僅減少 20％）

(b)電流降至 18 安培。（磁通與電流呈正比例變化）

【解】

由（7－26）式知，

(a) $$\frac{T_1}{T_2}=\frac{K_m\Phi_1 I_{a1}}{K_m\Phi_2 I_{a2}}=\frac{\Phi_1\times 60}{0.8\Phi_1\times 40}=\frac{50}{T_2}\qquad(\Phi_2=0.8\Phi_1)$$

故

$$T_2=\frac{40}{60}\times\frac{0.8}{1}\times 50=26.67\text{（磅－呎）}$$

(b)電流與磁通呈正比例變化，因此 $T\propto K_m I_a^2$

$$\frac{T_1}{T_2}=\frac{K_m(I_{a1})^2}{K_m(I_{a2})^2}=\frac{(60)^2}{(18)^2}=\frac{50}{T_2}$$

故

$$T_2=\frac{(18)^2}{(60)^2}\times 50=4.5\text{（磅－呎）}$$

【例 7－25】

一部額定爲 20 馬力，220 伏特，1200 rpm 之串激式電動機，額定時之效率爲 88%，電樞電阻爲 0.2 歐姆，串激繞組電阻 0.1 歐姆，假設磁通與電流呈正比，試求：

(a)起動時欲產生 1.8 倍之額定轉矩，須串聯之電阻。

(b)(a)題中之起動電阻仍留在電路中，則額定轉矩時之轉速。

(c)欲於 800 rpm 時得到額定轉矩，則所需之電阻大小爲若干。

【解】

(a)額定電流 I_L 爲

$$I_L=\frac{20\times 746}{220\times 0.88}=77.1\text{（安培）}$$

因磁通與電流成正比

$$\frac{T_r}{T_s}=\frac{K_m I_r^2}{K_m I_s^2}=\frac{(77.1)^2}{(I_s)^2}=\frac{1}{1.8}$$

故起動電流

$$I_s=\sqrt{(77.1)^2\times 1.8}=103.44\text{（安培）}$$

由（7－21）式，起動時 $E_b=0$

故

$$V_t=E_b+I_a\,(R_a+R_s+R_s{}')$$

$$220 = 103.44\ (0.2 + 0.1 + R_s')$$

$$R_s' = 1.83\ (\text{歐姆})$$

(b)額定轉矩時之反電動勢 E_b 爲

加入新電阻時

$$220 = E_b + 77.1(0.2 + 0.1 + 1.83)$$

故

$$E_{b1} = 56.021\ (\text{伏特})$$

未加起動電阻時

$$220 = E_{b2} + 77.1(0.2 + 0.1)$$

$$E_{b2} = 196.87\ (\text{伏特})$$

由於

$$\frac{E_{b1}}{E_{b2}} = \frac{K_m \Phi_1 n_1}{K_m \Phi_2 n_2} = \frac{K_m I_1 n_1}{K_m I_2 n_2}$$

因轉矩相同，$I_1 = I_2$，故

$$\frac{E_{b1}}{E_{b2}} = \frac{n_1}{n_2} = \frac{n_1}{1200} = \frac{56.021}{196.87}$$

$$n_1 = \frac{56.021}{196.87} \times 1200 = 341.5\ (\text{rpm})$$

(c)由(b)中之計算知

$$\frac{E_{b1}}{E_{b2}} = \frac{n_1}{n_2} = \frac{800}{1200} = \frac{E_{b1}}{196.87}$$

$$E_{b1} = \frac{800}{1200} \times 196.87 = 131.25\ (\text{伏特})$$

即欲於 800rpm 時產生額定轉矩，其反電動勢爲 131.25 伏特

$$V_t = E_{b1} + I_a(R_a + R_s + R_s')$$

$$220 = 131.25 + 77.1(0.2 + 0.1 + R_s')$$

故

$$R_s' = \frac{88.75}{77.1} - 0.2 - 0.1$$

$$= 0.85\ (\text{歐姆})$$

7-6-4　直流電動機之應用

各類型直流電動機的特性已於前面章節予以分析，其應用範圍隨各類型電動機之特性而異，現分別敘述如下：

(1)外激式直流電動機的轉速可經由調整激磁電路或外加端電壓作廣範圍及精密的控制，因而在大型壓縮機、高級升降機或華德-利歐納德（Ward-Leonard）等控制設備上之電動機，大都採用此類電動機。

(2)分激式直流電動機之轉速受負載之影響極小，因此常用於需要定轉速之場合，例如車床、銑床等工具機及鼓風機、印刷機、輸送帶等設備之電動機。另外由於此類型電機亦極易控制轉速，故亦可使用於需要調變轉速之場合。

(3)串激式直流電動機之啓動轉矩因與電流平方成正比，故可用以驅動較大之負載，例如起重機、升降機、鐵路電車等設備。因其輕載時轉速高而重載時轉速低的特性，故此型電動機屬於一種變速之電機，可用於需速度有極大變化的應用場合。小馬力的串激式電動機可用於吸塵器、電扇、縫級機等之驅動電動機，亦可接成通用電機使用交流電源。

(4)複激式直流電動機的轉速可經分激磁通與串激磁通合成後控制，可調整爲定速或有極大轉速調整率之變速等不同應用範圍。此型電動機之起動轉矩大於分激式電動機，但負載增加後轉速下降頗大，另外其無載時仍可維持某特定轉速；以上特性使複激式電動機可應用於需高起動轉矩，負載會降至零之應用場合，如起重機、升降機、壓縮機、擊碎機、沖床、輾鋼、壓孔機、輸送帶等之驅動電機。

以上應用多屬和複激。差複激因負載增加後，速度反而可能上升至危險不穩定之高速，故一般之應用範圍較少。

7－7　損失與效率

發電機利用機械能而轉換爲電能，而電動機利用電能轉換爲機械能。無論是發電機或電動機，其輸入之能量功率均無法完全轉化爲輸出能量功率，因爲在能量的轉換過程中必有部分能量損耗而轉變成熱能。一般將電機輸出能量與輸入能量之比，稱之爲此電機之效率(Efficient)。而電機中所損耗之能量，不但影響電機之效率，且因損失而產生熱能，將減少電機之輸出容量。此節將綜合討論這些現象，並介紹各種損失之性質。

7－7－1　損失

不論是發電機或電動機，其各種損失之性質均相同，故在此節合併說明之。研究電機損失之目的，除據以判斷此電機之運轉效率外，亦可從中瞭解因損失導致電機溫度上升，而造成對電機壽命之影響程度。

本節將電機內之損失分爲四大類，即㈠銅損失（Copper loss)，㈡鐵損失（Iron loss)，㈢機械損失（Mechanic loss)，以及㈣雜散負載損失（Stay load loss)；現分述如下。

1. 銅損失

電機內各部分線圈均具有電阻，而電流通過電阻時所產生之損失，稱之爲銅損失。銅損失可歸屬於電氣造成之損失，其依來源之不同又可再分爲下列數項：

⑴分激磁場損失$I_f^2R_f$:此損失之值差不多爲一定值,除了以$I_f^2R_f$表示其大小外,亦可利用分激場端電壓與分激場電流之乘積表示,即 V_tI_f。其中 R_f 之值可由伏特計及安培計測得,並修正至 75℃之值。

⑵電樞電阻損失 $I_a^2R_a$: R_a 表示電樞電阻大小,其值可利用伏特計及安培計測得,如圖 7－54 之測量線路。其中安培計係與電樞串聯,而伏特計則連接至正負極性之換向片上;此電阻測得之值亦須修正至 75℃之值。

圖 7－54　電樞電阻之量測線路圖

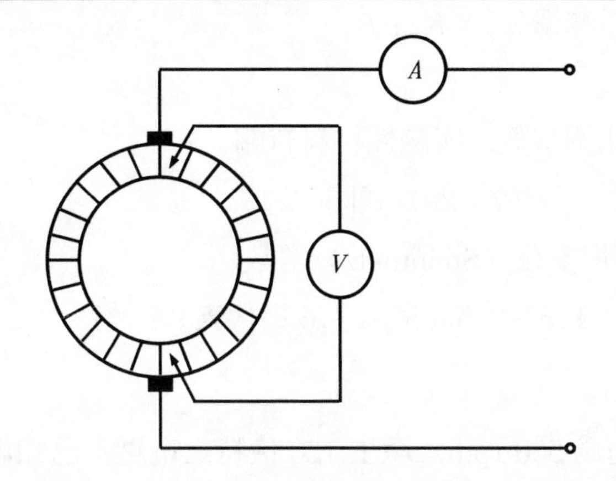

⑶串激線圈損失 $I_a^2R_a$: 此時 R_a 係表示串激磁場,中間極線圈及補償線圈等電阻,此電阻亦須修正爲 75℃時之值。

⑷電刷接觸之電阻損失:電刷與換向器間存有接觸電阻,其間之接觸壓降不論電樞電流的大小,在實用上可將其視爲定值;一般而言,每一電刷的壓降大約爲 1 伏特,而就正負二電刷間則爲 2 伏特,故電刷接觸電阻損失爲 $2I_a$。

2. 鐵損失

鐵損失主要包括鐵心中之渦流損失及磁滯損失。電樞鐵心切割磁通所產生之電流稱為渦流，而由渦流所產生之損失，即稱為渦流損失。磁通自齒槽間穿越時，極面亦可能產生渦流；渦流損失與電機旋轉速度與磁通密度之平方成正比，亦即

$$P_{\text{eddy}}(\text{渦流損失}) = K_e v^2 B_m^2 \qquad (7-29)$$

式中

v = 電機轉速（rpm）

B_m = 磁通密度（韋伯/米^2）

磁滯損失係由鐵心中之磁滯現象所產生，其大小與磁滯迴線之面積成正比，其公式可寫為

$$P_{\text{hyst}}(\text{磁滯損失}) = K_h v B_m^x \qquad (7-30)$$

式中

K_h = 比例常數，與磁性材料有關

v，B_m = 與（7－29）式同

x = 司坦麥茲（Steinmetz）常數

$x = 1.5 \sim 2.5$（常以 1.6 為代表）

【例 7－26】

一發電機之轉速為 500 rpm，產生 120 伏特之電壓，已知渦流損失為 400 瓦特，磁滯損失為 600 瓦特。試求下列狀況下之渦流及磁滯損失：

(a)500 rpm，80 伏特時。

(b)700 rpm，120 伏特時。

【解】

(a)轉速不變時，渦流損與磁通密度平方成正比，而磁通密度又與所產生之電壓成正比，故由（7－29）式知

$$\frac{P_{\text{eddy1}}}{P_{\text{eddy2}}} = \frac{v_1^2 B_1^2}{v_2^2 B_2^2} = \frac{(500)^2 \times (120)^2}{(500)^2 \times (80)^2} = \frac{400}{P_{\text{eddy2}}}$$

故

$$P_{\text{eddy2}} = 400 \times \left(\frac{80}{120}\right)^2 = 177.78 \text{ (瓦特)}$$

同理磁滯損與產生電壓之 1.6 次方成正比，即

$$P_{\text{hyst2}} = 600 \times \left(\frac{80}{120}\right)^{1.6} = 313.62 \text{ (瓦特)}$$

(b)若產生之電壓不變，由 $E_g = K_g \Phi n$ 知 Φ 與 n 成反比，故轉速由 500 rpm 增至 700 rpm 時，磁通減為原先之 $\frac{5}{7}$ 倍。

$$\frac{P_{\text{eddy1}}}{P_{\text{eddy2}}} = \frac{v_1^2 B_1^2}{v_2^2 B_2^2} = \frac{(500)^2 \times (B_1)^2}{(700)^2 \times \left(\frac{5}{7} B_1\right)^2} = \frac{400}{P_{\text{eddy2}}}$$

故

$$P_{\text{eddy2}} = 400 \times \left(\frac{700}{500}\right)^2 \times \left(\frac{5}{7}\right)^2 = 400 \text{ (瓦特)}$$

而磁滯損與磁通之 1.6 次方成正比，即

$$P_{\text{hyst2}} = 600 \times \left(\frac{700}{500}\right) \times \left(\frac{5}{7}\right)^{1.6} = 490.3 \text{ (瓦特)}$$

若旋轉速度與磁通密度皆維持不變，則其鐵損失為一固定之值，與負載之大小無關。

3. 機械損失

機械損失主要是由於電樞轉動所造成之損失，包括了軸承的摩擦損失、電刷摩擦損失以及風阻力所造成之損失；其均為速度之函數，若電樞轉速一定，則機械損失亦為一固定值。

4. 雜散負載損失

雜散負載損失係由負載電流所引起，此項損失不易利用公式計算得出，美國電機工程學會之標準中，建議此項損失以輸出之百分之一予以估計；但對馬力數小於 200 馬力之低速電機，此種損失可以忽略不計。

雜散負載損失包括了下列四個部分：

⑴於大型電機中，因導體之截面積較大，因此導體上各點所切割之磁通密度及速度均有所不同，故導體亦有渦流的產生。

⑵因負載電流產生之電樞反應引起磁通分佈發生變形，會導致磁通密度值增大，鐵損失亦隨之增大。

⑶換向時線圈中短路所引起之損失。

⑷槽齒頻率所產生之損失。

一般而言，不論發電機或電動機當於一定電壓及一定轉速下運轉，其鐵損失、機械損失及分激場損失皆爲定值，只有 $I_a^2R_a$ 之電樞損失隨負載大小而改變。測量各類損失時，銅損失可利用電表讀值計算得出；而鐵損失及機械損失之計算較難，且係爲轉速或磁通，或此二者之函數，因此這二者亦稱爲雜散損失（Stray loss）。測量雜散損失常採用下述方法：

由於鐵損失及機械損失係爲磁通及速度之函數，故測量此二者時必須使電機之轉速及電動勢維持爲額定值。若速度及所生成之電勢已達額定數值，則其磁通必爲額定值；而所測得之鐵損失及機械損失，即此額定數據下之損失。圖 7－55 爲測量此二種損失之連接方式，被測試之電機，無論是發電機或電動機，均視爲電動機之運轉。只要在轉速及電動勢相同，其鐵損失及機械損失亦必相同，而與其是爲發電機或電動機無關。

圖 7－55　測量鐵損失及機械損失之線路接線法

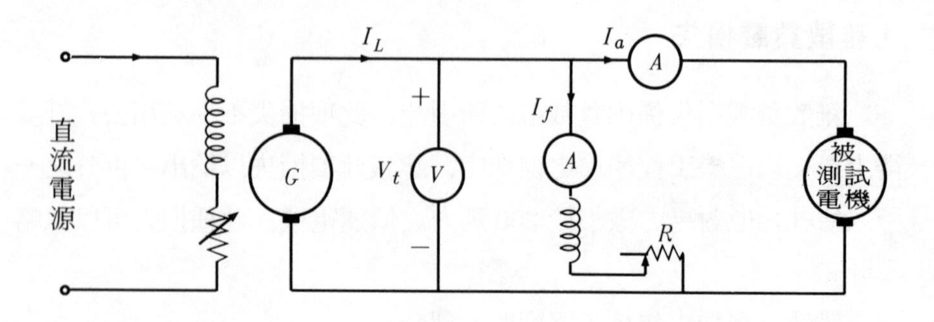

如圖 7－55 所示之線路，以一發電機 G 或可調整電壓之直流電源供給所需之端電壓 V_t，調整被測試電機磁場電阻 R 使電機達額定轉速；且此被測試電機，係於 V_t 端電壓及此速度下作無載運轉。無載時，電動機之輸出爲零，則輸入功率全部變成損失。假設電樞電流由安培表測出之讀值爲 I_a，磁場電流爲 I_f，則此電機之輸入功率 P_i 應爲

$$P_i = V_t I_L = V_t(I_a + I_f)$$
$$= V_t I_a + V_t I_f \qquad (7-31)$$

輸入功率中一部分變成磁場之銅損失（大小爲 $V_t I_f$），另一部分變成電樞之銅損失，其餘則爲鐵損失及機械損失之和，因此由(7－31)式可知鐵損失及機械損失之和爲

$$V_t I_a = I_a^2 R_a + (\text{鐵損失} + \text{機械損失})$$

即 $V_t I_a$ 與 $I_a^2 R_a$ 之差值。由於被測試電機於無載狀況下之電樞電流 I_a 很小，故可忽略電樞電阻損失 $I_a^2 R_a$，可得輸入功率 $V_t I$ 可大致視爲鐵損失與機械損失之和。

【例 7－27】

一部 60 仟瓦，120 伏特，轉速每分鐘 1000 轉之分激發電機，電樞電阻 0.02 歐姆（包括電刷接觸電阻），分激場繞組電阻 60 歐姆，試求：

(a)滿載時產生之感應電動勢。

(b)欲利用圖 7－55 接線方式測量此發電機之鐵損失及機械損失，則此機須於何速率及何電勢下操作，其鐵損失及機械損失爲多少？（已知無載電樞電流爲 15 安培）

【解】

(a)負載電流

$$I_L = \frac{60 \times 10^3}{120} = 500 \text{（安培）}$$

滿載激磁電流

$$I_f = \frac{120}{60} = 2 \text{（安培）}$$

滿載電樞電流

$$I_a = I_L + I_f = 502 \text{（安培）}$$

由

$$E_g = V_t + I_a R_a = 120 + 502 \times 0.02 = 130.04 \text{（伏特）}$$

(b)欲利用上述方法測鐵損失及機械損失，發電機須當作電動機運轉，且運轉於額定轉速及額定電勢下，即 1000 rpm 及 130.04 伏特之下。無載時，電動機之反電動勢與外加電壓大約相等，故如圖7－55中之 V_t 電壓值即爲 130.04 伏特。

由（7－31）式知 P_i 爲

$$P_i = 130.04 \times 15 = 1950.6 \text{（瓦特）}$$

故鐵損失及機械損失爲

$$1950.6 - (20)^2 \times 0.02 = 1942.6 \text{(瓦特)}$$

現以複激式長分路型式之發電機及電動機電路圖爲例，配合了電機能量轉換流程圖，來分析發電機及電動機輸入輸出功率與功率損失間之關係，如圖 7－56 所示。圖 7－56 中之符號與本章內電機所用之符號代表之意義皆相同。

就發電機而言，配合圖 7－56(a)及(c)圖，由左側原動機轉矩與角速度之輸出，當作發電機之機械輸入功率，減去了包括無載旋轉損失及雜散損失之旋轉損失後，即自機械能量中減去機械損失及鐵損後，等於發電機之內部生成之電磁功率（Electromagnetic power）$E_g I_a$，E_g 爲發電機之感應電動勢。電磁功率再扣除電機內各種銅損後，便爲發電機之淨輸出電功率 $V_t I_L$。圖(c)中下端所標示之損失百分比，其值大小乃決定其電機本身之性質，在圖中所示之數字僅表其可能範圍，若於設計時，宜取較小之數字爲佳。

電動機之能量轉換過程恰與發電機相反，其輸入功率爲電能而輸

圖7－56 複激式電機之電路及功率轉換流程

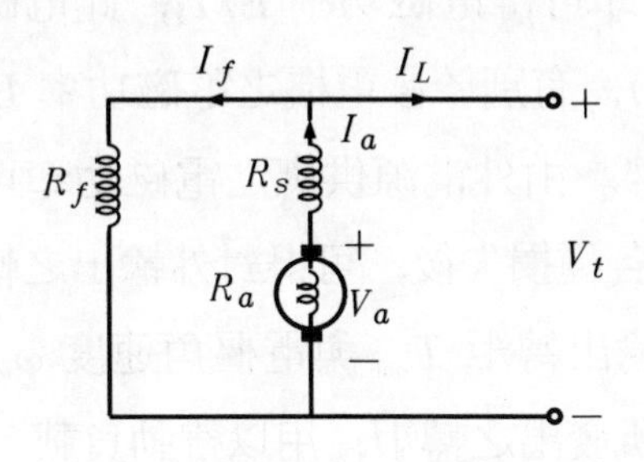

(a)長分路複激式發電機電路

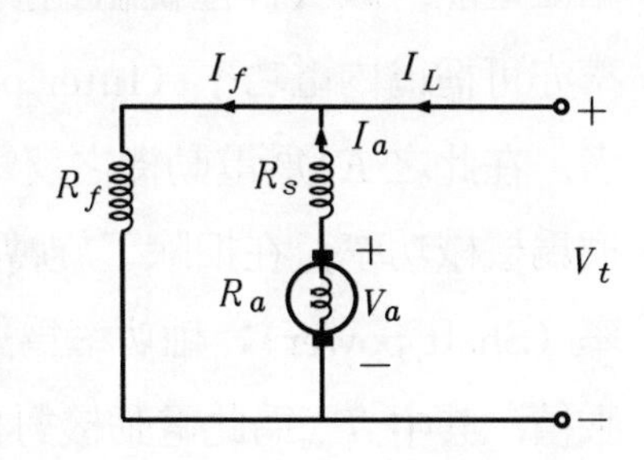

(b)長分路複激式電動機電路

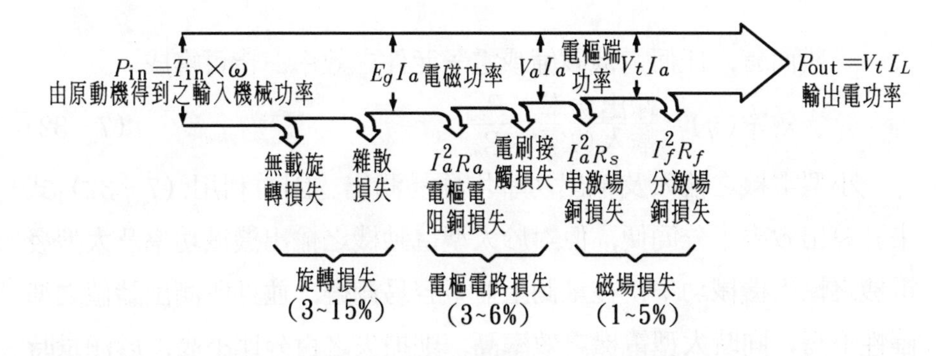

(c)複激式直流發電機之功率轉換流程圖

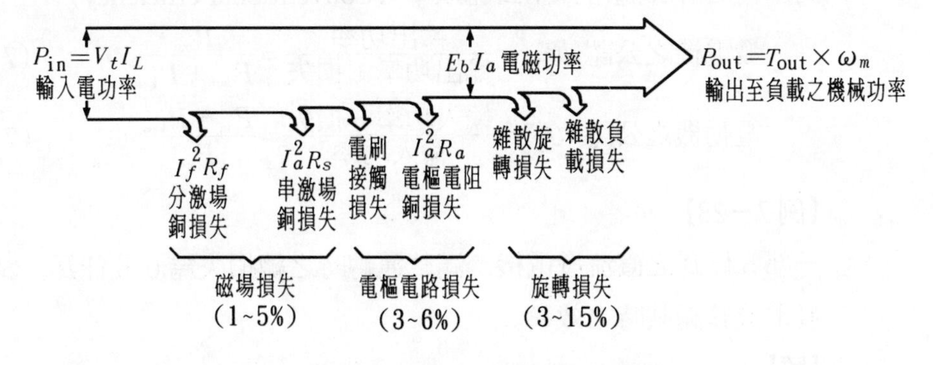

(d)複激式直流電動機之功率轉換流程圖

出功率爲機械能，其轉換過程如圖 7－56(d)所示。左側輸入由電源供給之電能，減去各種繞組銅損後，即可得電磁功率 $E_b I_a$，此電磁功率亦可稱爲內電功率（Inter power），有別於發電機之電磁功率 $E_g I_a$ 者，在此之 E_b 爲電動機之反電動勢。由外電源供應之電磁功率可轉換爲機械功率，在扣除了旋轉時的各種損失後，可得對外輸出之軸功率（Shaft power）；軸功率爲對外輸出轉矩 T_{out} 與電樞角速度 ω_m 之乘積，其中 T_{out}爲此電動機對負載所發出之轉矩，用以帶動負載。

7－7－2 效率

一般而言，任何電機設備或電子元件之效率，皆可寫成

$$\text{效率}(\eta)=\frac{\text{輸出功率}}{\text{輸入功率}}=\frac{P_{out}}{P_{in}} \tag{7-32}$$

小型電機之輸入及輸出功率均極易測出，因而利用（7－32）式來計算出效率十分簡便，但對於大型電動機之輸出機械功率及大型發電機之輸入機械功率，在量測上並不容易測得，並且所測出讀值之準確性不高；同時大型電機之效率高，則損失之百分比不高，於測量時若稍有誤差會對最後效率計算出之結果造成重大影響，因此大型電機對效率之計算通常採用公認效率（Conventional efficiency）

$$\text{發電機之公認效率}=\frac{\text{輸出功率}}{\text{輸出功率}+\text{損失}}=\frac{P_{out}}{P_{out}+P_{loss}} \tag{7-33}$$

$$\text{電動機之公認效率}=\frac{\text{輸入功率}-\text{損失}}{\text{輸入功率}}=\frac{P_{in}-P_{loss}}{P_{in}} \tag{7-34}$$

【例 7－28】

一部 5 仟瓦之直流發電機，滿載運轉時之總損失爲 0.5 仟瓦，試求該發電機於滿載時之效率。

【解】

由（7－33）式

$$\eta=\frac{P_{out}}{P_{out}+P_{loss}}=\frac{5}{5+0.5}\times 100\%$$
$$=90.91\%$$

【例 7－29】

一部直流電動機於滿載時自 110 伏特之電源取用 20 安培之電流，其總損失爲 200 仟瓦，試求此電動機滿載時之效率。

【解】

由（7－34）式

$$\eta=\frac{P_{in}-P_{loss}}{P_{in}}=\frac{110\times 20-200}{110\times 20}$$
$$=\frac{2000}{2200}\times 100\%=90.91\%$$

【例 7－30】

一部 66 仟瓦，110 伏特之分激式直流發電機，其電樞電阻爲 0.02 歐姆，分激磁場電阻爲 50 歐姆，鐵損失及機械損失爲 2 仟瓦，試求滿載時之效率。

【解】

滿載時之輸出電流　$I_L=\frac{66\times 10^3}{110}=600$（安培）

滿載時之激磁場電流　$I_f=\frac{110}{50}=2.2$（安培）

滿載時之電樞電流　$I_a=I_L+I_f=602.2$（安培）

鐵損失及機械損失＝2000 瓦特

電樞銅損失　$(602.2)^2\times 0.02=7252.9$ 瓦特

分激磁場損失　$110\times 2.2=242$ 瓦特

總損失＝9736.9 瓦特

由（7－33）式

$$\eta=\frac{P_{out}}{P_{out}+P_{loss}}=\frac{66\times 10^3}{66\times 10^3+9736.9}=87.14\%$$

電機之損失包括固定損失（Constant loss）及變動損失（Variable loss）兩大部分。固定損失與負載之變化無關，其值保持固定，包括了前述之鐵損失、機械損失及分激場損失；而變動損失係電樞電路之損失，其值隨負載電流之平方而變化。故電機之效率公式可表爲

$$\text{發電機}\quad \eta=\frac{\text{輸出功率}}{\text{輸出功率}+\text{固定損失}+\text{變動損失}} \tag{7-35}$$

$$\text{電動機}\quad \eta=\frac{\text{輸入功率}-\text{固定損失}-\text{變動損失}}{\text{輸入功率}} \tag{7-36}$$

配合了直流發電機及電動機之等效電路如圖 7－56(a)，(b)後，（7－35）式及（7－36）式可改寫爲

$$\text{發電機}\quad \eta=\frac{V_t I_L}{V_t I_L+P_c+I_a^2 R} \tag{7-37}$$

$$\text{電動機}\quad \eta=\frac{V_t I_L-P_c-I_a^2 R}{V_t I_L} \tag{7-38}$$

式中

P_c＝固定損失

$V_t I_L$＝發電機之輸出功率或電動機之輸入功率

$I_a^2 R$＝變動損失

R＝包括電樞繞組、串激繞組、中間極繞組及補償繞組等構成之電阻

在計算最大效率時，因 I_f 之値遠小於 I_a，故可將 I_L 與 I_a 視爲約略相等，（7－37）式及（7－38）式可改寫爲

$$\text{發電機}\quad \eta=\frac{V_t I_L}{V_t I_L+P_c+I_L^2 R} \tag{7-39}$$

$$\text{電動機}\quad \eta=\frac{V_t I_L-P_c-I_L^2 R}{V_t I_L} \tag{7-40}$$

由上兩式可知，電機之效應在 V_t 爲定値時，隨負載電流 I_L 之變動而變化。負載爲零時，效率爲零；輕載時，效率隨負載之增加而變大；當負載甚大時因 $I_L^2 R$ 甚大，使效率超過某一點後反而會下降。利用最大負載時，效率對電流之斜率爲零之觀念，即

$$\frac{d\eta}{dI_L}=0 \tag{7-41}$$

對固定端電壓之電機，可求出發電機及電動機之最大效率發生於固定損失與變動損失相等之時，即

$$P_c = I_L^2 R$$

$$I_L = \sqrt{\frac{P_c}{R}} \tag{7-42}$$

發電機及電動機之最大效率爲

$$\text{發電機}\quad \eta_{max} = \frac{V_t I_L}{V_t I_L + 2I_L^2 R} \tag{7-43}$$

$$\text{電動機}\quad \eta_{max} = \frac{V_t I_L - 2I_L^2 R}{V_t I_L} \tag{7-44}$$

【例 7－31】

一部 20 仟瓦，220 伏特之分激式直流發電機，已知電樞電路形成之電阻爲 0.2 歐姆，串激繞組電阻爲 0.04 歐姆，固定損失爲 900 瓦特，忽略電刷之壓降，試求：

(a)最大效率時之輸出功率。

(b)最大效率爲多少。

【解】

(a)利用（7－42）式知，最大效率發生於

$$I_L = \sqrt{\frac{P_c}{R}} = \sqrt{\frac{900}{0.04+0.2}} = 61.24\ (\text{安培})$$

輸出功率爲 $V_t I_L = 220 \times 61.24 = 13.473$（仟瓦）

(b)由（7－43）式知

$$\eta_{max} = \frac{13473}{13473 + 2\times 900} = 88.2\%$$

【例 7－32】

一部 20 馬力、440 伏特之串激電動機，電樞電阻及串激場電阻皆爲 0.2 歐姆。滿載時銅損失 500 瓦特，磁滯損失 300 瓦特，渦流損失 350 瓦特，機械損失 1200 瓦特，轉速 1000 rpm，試求：

(a)滿載時之效率。

(b)負載轉矩減少至 25%，各種損失變爲多少。

(c)(b)題中之效率爲多少。

假設電動機之磁化曲線爲直線，機械損失與電機轉速成正比。

【解】

(a)鐵損失加機械損失爲

$$300+350+1200=1850 \text{（瓦特）}$$

滿載時銅損失爲

$$I_a^2(R_a+R_s)=500$$

故

$$I_a=\sqrt{\frac{500}{0.2+0.2}}=35.355 \text{（安培）}$$

滿載時之輸入功率

$$P_i=V_tI_a=440\times 35.355$$

$$=15.556 \text{（仟瓦）}$$

$$\eta=\frac{15556-1850-500}{15556}=84.9\%$$

(b)轉矩減至 25%，因串激式電動機之轉矩與負載電流平方成正比，又磁化曲線爲直線，故電樞電流減少爲滿載時之 50%，即

$$I'_a=35.355\times\frac{1}{2}=17.6775 \text{（安培）}$$

磁通亦減爲滿載時之一半，即

$$\Phi'=0.5\ \Phi$$

故轉速比爲

$$\frac{n}{n'}=\frac{\dfrac{440-35.355(0.2+0.2)}{\Phi}}{\dfrac{440-17.6775(0.2+0.2)}{0.5\Phi}}$$

$$n'=\text{n}\times\frac{\Phi}{0.5\Phi}\times\frac{432.93}{425.86}$$

$$=1000\times\frac{1}{0.5}\times\frac{432.93}{425.86}$$

$$=2033 \text{（rpm）}$$

磁滯損失由（7－30）式知

$$P_{\text{hyst}}' = 300 \times \frac{2033}{1000} \times \left(\frac{50}{100}\right)^{1.6}$$
$$= 201.2 \text{（瓦特）}$$

渦流損失由（7－29）式知

$$P_{\text{eddy}}' = 350 \times \left(\frac{2033}{1000}\right)^2 \left(\frac{50}{100}\right)^2$$
$$= 361.65 \text{（瓦特）}$$

機械損失與轉速成正比

$$P_m' = 1200 \times \frac{2033}{1000}$$
$$= 2440 \text{（瓦特）}$$

銅損失爲

$$(17.6775)^2(0.2+0.2) = 125 \text{（瓦特）}$$

總損失爲

$$125 + 2440 + 361.65 + 201.2 = 3127.85 \text{（瓦特）}$$

(c) $$\eta = \frac{P_i - P_{\text{Loss}}}{P_i} = \frac{440 \times 17.6775 - 3127.85}{440 \times 17.6775} = 59.79\%$$

與變壓器相同者，直流電機亦有其全日效率，全日效率係指整日能量之總輸出與總輸入之比，即

$$\text{全日效率} = \frac{\text{輸出功率}}{\text{輸出功率} + \text{固定損失} + \text{變動損失}} \qquad (7-45)$$

在連續運轉之電機中負載隨時可能發生變化，在滿載運轉時，效率較高；但在輕載時效率隨之降低，全日效率之值應介於此兩種瞬時效率之間。

【例 7－33】

一部 250 仟瓦之直流發電機，在滿載時固定損失及變動損失均爲 15 仟瓦，在半載時變動損失爲 5 仟瓦。若此發電機之運轉狀況爲：滿載 7 小時，半載 9 小時，無載 8 小時，試求其全日效率爲多少。

【解】

$$固定負載 = 15 \times 24 = 360\ (仟瓦)$$

$$變動負載 = 7 \times 15 + 9 \times 5 = 150\ (仟瓦)$$

$$全日效率 = \frac{7 \times 250 + 9 \times \frac{250}{2}}{7 \times 250 + 9 \times \frac{250}{2} + 360 + 150} = 84.9\%$$

7－8　直流電動機之速率控制

7－8－1　直流電動機之起動法

直流電動機剛起動時，因電樞尚未旋轉，故其反電動勢尚未建立起來，由（7－20）式知此時

$$V_t = E_b + I_a R_a = I_a R_a$$

故將有很大的電樞電流流進電樞之中，此電流可能爲數倍之滿載電流。此巨大電樞電流將產生巨大之驅動轉矩，使轉矩增加，轉矩一旦增加則反電動勢亦增大，電樞電流即隨之減少，直到電樞電流減少至驅動轉矩等於制動轉矩，轉速才趨於穩定。

對於較大型之電動機，因其轉動慣量甚大，速度之上升不快，因此反電動勢之建立過程較慢，導致巨大的起動電流在電樞中維持之時間較長，可能燒壞電樞繞組。因此在電動機起動時，必須與電樞串聯一起動電阻 R_{start}，以抑制過大的起動電流；三種常見電動機起動電阻之接法，可參見圖 7－57。

起動電阻之電阻值必須隨電動機速度的上升而逐漸減少，以增加跨於電樞端之額定值，這種可變的起動電阻器，可稱爲起動電阻器

圖 7－57　三種直流電動機起動電阻之接法

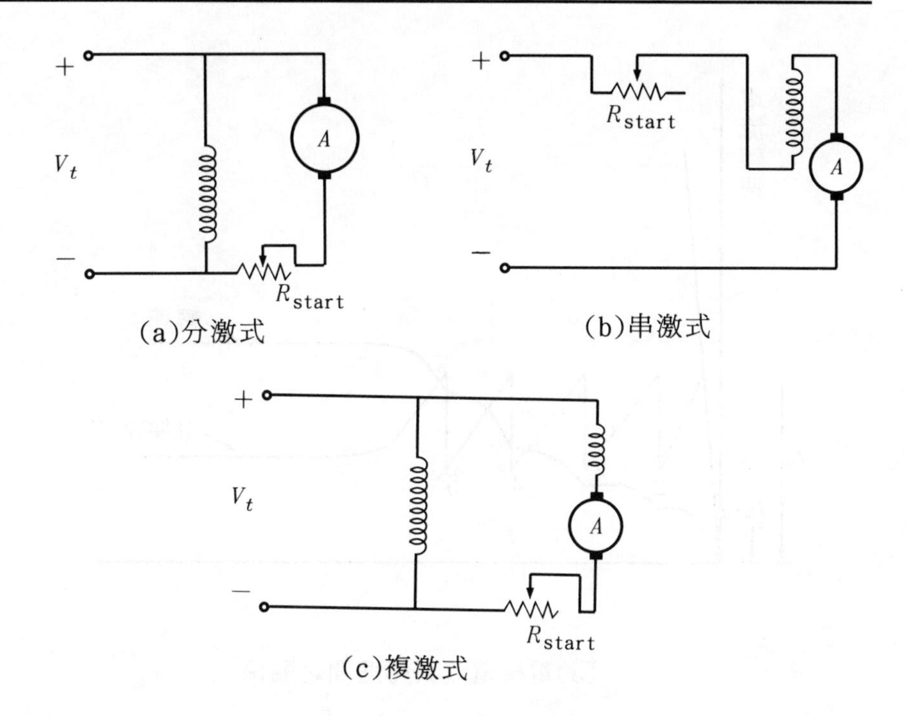

(Starting rheostat)，或簡稱爲起動器（Starter)。爲了獲得足夠的起動轉矩，電樞中流過之電流的最小值亦有所限制，一般要保持電流在某一範圍內。例如當電動機剛起動時，速度爲零必須有較大的起動電流，此時最大值可定起動電流爲額定電流之 1.5 至 3 倍；但起動後速度漸增，反電動勢建立後使電流及轉矩皆降低，起動電阻器之電阻必須降低，以獲致足夠之轉矩，起動電阻之最小值因而亦有所限制，此時電阻可調至爲 0.8 至 1.5 倍之額定電流值。爲達成上述目的，起動器必須有數個接頭；在接頭與接頭之切換過程應逐步慢慢切換，以保持在起動時間內之電樞電流變化不致太大，此過程中之電樞電流及轉速變化曲線可參見圖 7－58(a)，對應之起動電阻器可參見圖 7－58(b)。其中之 r_1，r_2，…，分別代表每接點間之電阻值。

圖7－58 直流電動機之起動

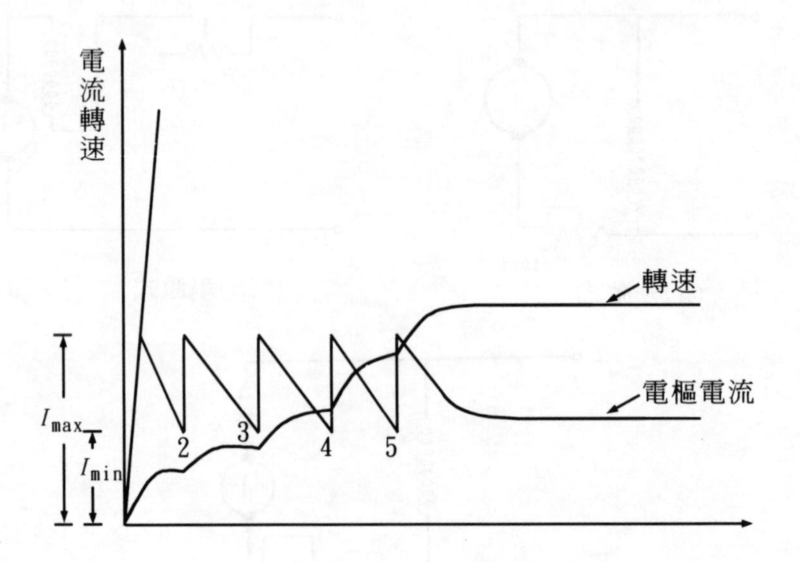

(a)電樞電流與轉速間之關係

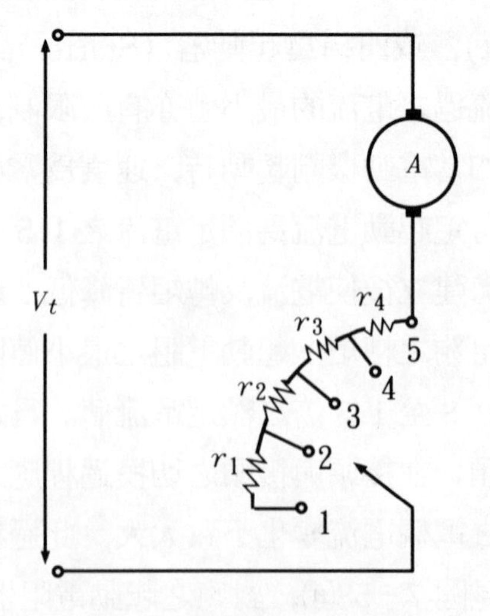

(b)起動電阻器之接點

【例 7－34】

一部 10 馬力，120 伏特之分激式電動機，電樞電阻爲 0.2 歐姆，磁場電流爲 1.5 安培，試求：

(a)無起動電阻時，起動電流爲額定電流之幾倍。

(b)滿載時之電樞電流及反電動勢。

(c)若限制起動電流爲滿載電流時之 2 倍至 1 倍，則起動電阻器應有幾個接頭，每個接頭之電阻值爲多少。

【解】

(a)
$$I_{start}=\frac{120}{0.2}=600\text{（安培）}$$

$$I_L=\frac{10\times746}{120}=62.167\text{（安培）}$$

$$\frac{600}{62.167}=9.65\text{（倍）}$$

(b)
$$I_a=62.167-1.5=60.667\text{（安培）}$$

$$E_b=V_t-I_aR_a=120-60.667\times0.2=107.87\text{（伏特）}$$

(c)電動機尚未旋轉時 $E_b=0$，起動電流限制在額定電流之 2 倍，即

$$62.167\times2=124.334\text{（安培）}$$

電樞電路之總電阻爲

$$\frac{120}{124.334}=0.965\text{（歐姆）}$$

故 $R_{start}=0.965-0.2=0.765$（歐姆）

(1)開始起動後，速度及反電動勢逐漸升高，I_a 逐漸下降，當下降至 60.667 安培時，反電動勢 E_{b2} 爲

$$E_{b2}=120-60.667\times0.965=61.456\text{（伏特）}$$

此時將電阻器之接點移至第 2 點，電流上升至上限

$$2\times60.667=121.333\text{（安培）}$$

電樞電路中所剩之總電阻應爲

$$R_2=\frac{120-61.456}{121.333}=0.4825$$

起動電阻為

$$0.4825-0.2=0.2825\text{（歐姆）}$$

故第 1 點與第 2 點間之電阻 r_1 為

$$r_1=0.765-0.2825=0.4825\text{（歐姆）}$$

(2)重覆上述過程，反電動勢於接點 2 末期上升至

$$E_{b3}=120-60.667\times0.4825=90.728\text{（伏特）}$$

將電阻器移至接點 3 後，電流升至 121.333 安培

此時總電阻

$$R_3=\frac{120-90.728}{121.333}=0.24125\text{（歐姆）}$$

起動電阻為

$$0.24125-0.2=0.04125\text{（歐姆）}$$

故第 2 點與第 3 點間之電阻 r_2 為

$$r_2=0.2825-0.04125=0.24125\text{（歐姆）}$$

(3)反電動勢於接點 3 末期上升至

$$E_{b4}=120-60.667\times0.24125=105.36\text{（伏特）}$$

將電阻器移至接點 4 後，電流再度上升至 121.333 安培

此時總電阻

$$R_4=\frac{120-105.36}{121.333}=0.121\text{（歐姆）}$$

起動電阻為

$$0.121-0.2=-0.08\text{（負值）}$$

此時表示不須再另串聯起動電阻，僅以電樞繞組之電阻即可，即電阻器只須三個接頭。

由上述例題，可歸納得到下列之公式來求得起動電阻器各接頭間之電阻值

$$R_x=\frac{V_t-E_{bx}}{I_s}=\frac{V_t-[V_t-I_L R_{(x-1)}]}{I_s} \tag{7-46}$$

即　　$R_x = \frac{I_L}{I_s} R_{(x-1)}$

式中

$R_{(x-1)}$ = 移動接頭前，電樞電路中之電阻值。

R_x = 移動接頭後，電樞電路所剩之電阻值。

I_L = 滿載電流

I_s = 起動電流

E_{bx} = 移動接頭後，電樞生成之反電動勢。

V_t = 外加端電壓

利用（7－46）式可重新求解例 7－34 如下：

因限制起動電流為滿載電流之 2 倍，故

$$\frac{I_L}{I_s} = \frac{1}{2}，\ R_x = \frac{1}{2} R_{(x-1)}$$

$$R_2 = \frac{1}{2} R_1 = \frac{1}{2} \times 0.965 = 0.4825 \text{（歐姆）}$$

$$R_3 = \frac{1}{2} R_2 = \frac{1}{2} \times 0.4825 = 0.24125 \text{（歐姆）}$$

$$R_4 = \frac{1}{2} R_3 = \frac{1}{2} \times 0.24125 = 0.121 \text{（歐姆）}$$

接點 1,2 間：$r_1 = 0.965 - 0.4825 = 0.4825$（歐姆）

接點 2,3 間：$r_2 = 0.4825 - 0.24125 = 0.24125$（歐姆）

接點 3,4 間：$r_3 = 0.24125 - 0.121 = 0.12$（歐姆）

r_3 之電阻值小於電樞電阻，r_3 已不需要裝設。

直流電動機之起動器，依操作方式可分為人工起動器（Manual starter）及自動起動器（Automatic starter）兩種。人工起動器又稱手動起動器，其具有可變啓動電阻及一些安全防護設備。分激式及複激式直流電動機所使用之人工起動器有如圖 7－59 (a)所示之三點式起動器（Three point starter），及圖 7－59(b)所示之四點式起動器（Four point starter）兩種。

圖 7－59 直流電動機之起動器

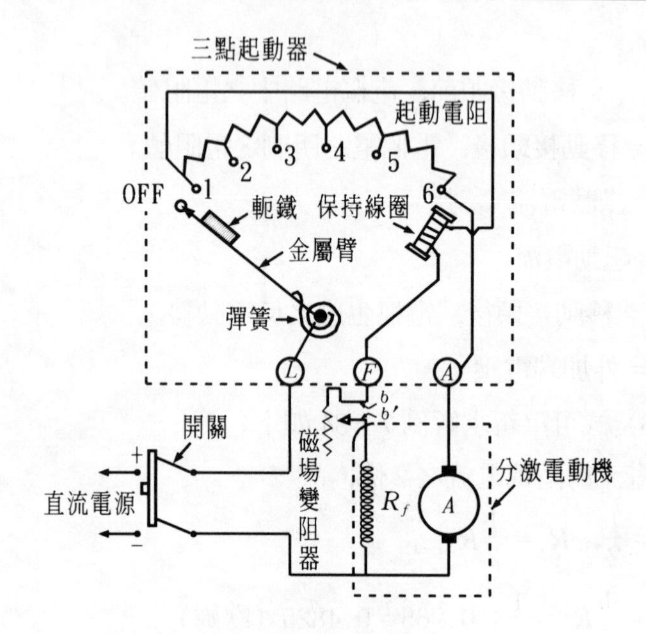

(a)三點式起動器

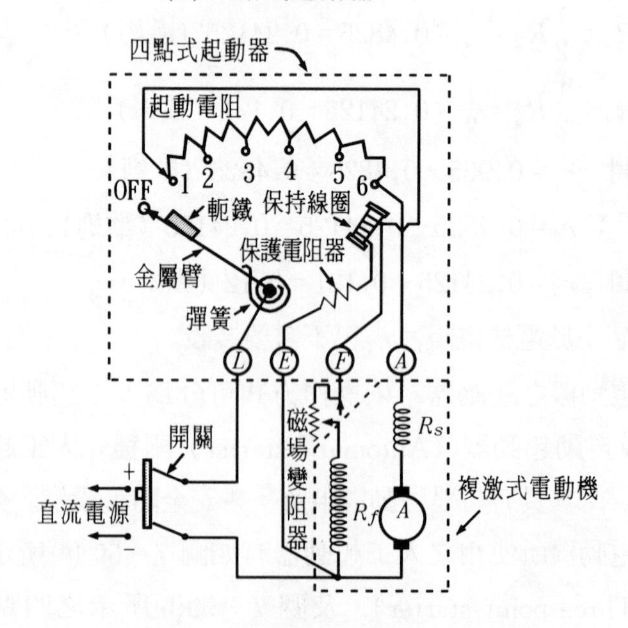

(b)四點式起動器

兩圖中均有一金屬臂，又稱為起動臂（Starting arm），係由彈簧將其保持在圖中之位置上，起動時將手依順時針方向移動金屬臂，使其與起動電阻之各段接點滑觸（Slide contact），然後逐漸減少起動電阻值，直到金屬臂被保持線圈（Holding coil）之磁鐵吸住為止，即完成起動程序。三點式與四點式起動器之最大不同點在於保持磁鐵線路之不同；三點式係由 F 端點並聯分激電路，而四點式則串聯一保護電阻器後由 L 端點連接於電源之一端，使起動電阻與電源並聯，此種連接法不會因激磁之改變而影響到保持線圈之電流，即影響到保持磁鐵之吸引磁力，三點式之起動器當電路發生斷路、短路或電壓太低時，保持線圈可能因失去磁力或磁力太弱，金屬臂藉由彈簧之力量彈回 OFF 原點處使分激磁路斷路，電動機因而停止，因此這個缺點，故今已很少採用此類型之起動器了。

启動直流電動機時，必須特別注意要時常檢查：(1)激磁電路是否有短路情形發生，(2)磁場變阻器是否置於最小之電阻位置，(3)起動時金屬臂之移動不能太快，否則無法將電流限制在所需之安全範圍之內，而且容易燒燬電機部分內部線圈；又因為起動電阻皆屬短時定額(Short time rating)，因而金屬臂之移動亦不宜太慢，必須在 30 秒內完成起動之過程。

串激電動機之起動器一般則有下列兩種。第一種是將保持線圈跨在線路中，當線路電壓中斷時，金屬臂即自動跳回，此種方式又稱為無壓釋放型（No-voltage release type），如圖 7－60(a)所示；此起動器可用來保護電樞，防止供電中斷後又恢復供電時，電樞電流有太大的危險。第二種是將以少數匝數繞製而成之保持線圈與電樞串聯，當電樞電流減至極小時，則金屬臂自動跳開，故亦稱為無載釋放型(No-load release type)，如圖 7－60(b)所示；此起動器用以防止串激式電動機於無載時發生高速之危險狀況。

圖7-60 串激電動機之起動器

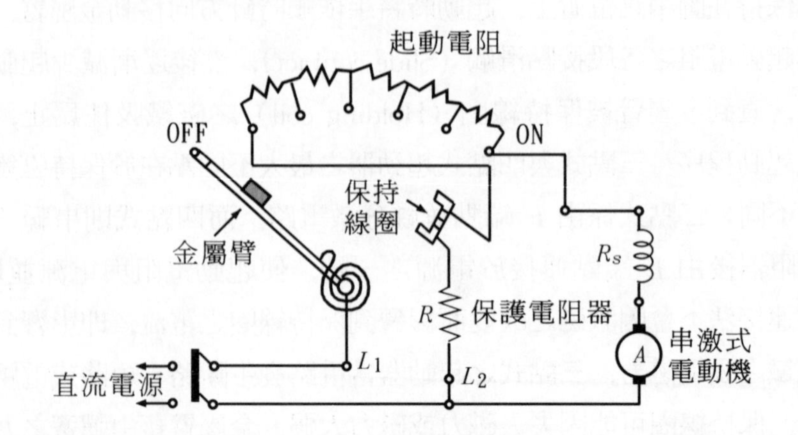

(a)無壓釋放型

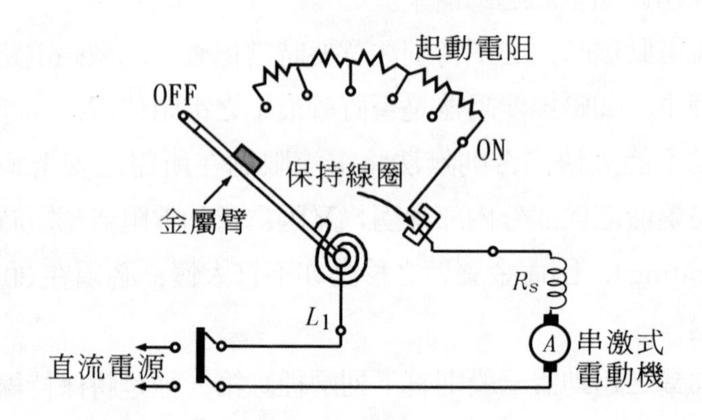

(b)無載釋放型

自動起動器又稱爲磁控起動器，主要利用電驛（Relay）視實際需要而自動短路來完成電動機電阻起動器之起動過程。一般磁控起動器依繼電器動作方法之不同，分爲反電動勢型磁控起動器（Ccunter emf type magnetic starter）、限流型磁控起動器（Current limit type magnetic starter）以及限時型磁控起動器（Time limit type magnetic starter）三種。

1.反電動勢型磁控起動器

此型起動器係利用電樞中所產生之反電動勢使電驛發生作用，以便與電樞串聯之起動電阻器跳脫。其線路如圖 7－61 所示，係一三段式之起動電阻器與分激電動機之接線圖，其操作過程如下。

按下 START 按鈕後，替續器 M 受激勵，而使 M 及 M_1 閉合。電動機於電樞電路中有 R_1、R_2、R_3 串聯電阻下起動。當電樞加速後反電動升高，而依預設之值，替續器1AX、2AX、3AX依次作用，

圖 7－61　反電動勢型磁控起動器之線路

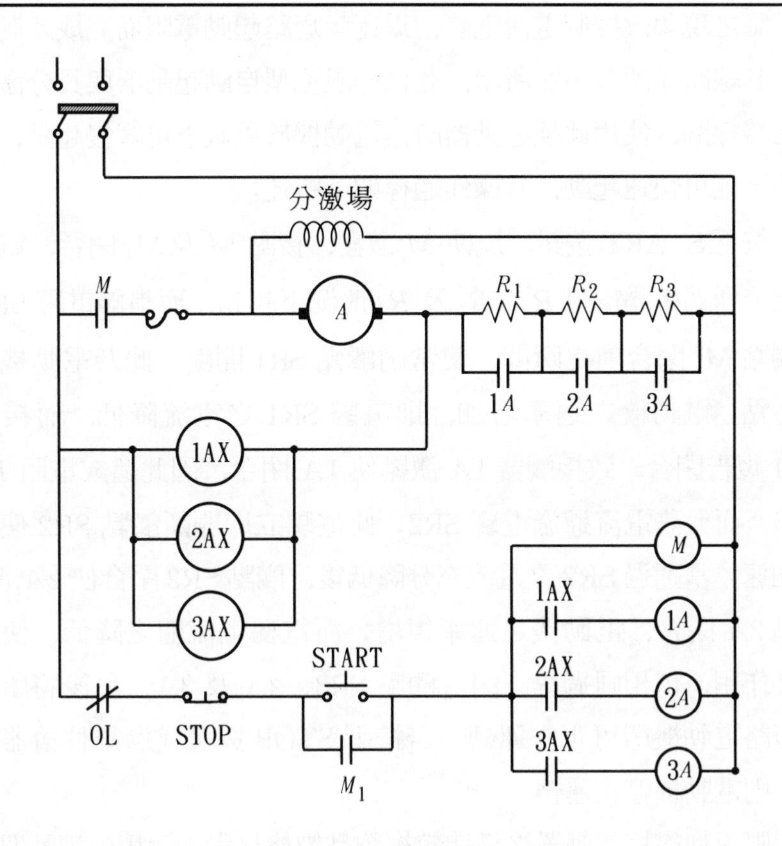

使電阻接觸器 1*A*、2*A* 及 3*A* 依次閉合，即 R_1、R_2、R_3 依次短路，最後所有電阻脫離線路而電動機正常運轉。

若按下 STOP 按鈕，或因過載 OL 之作用，使電驛 *M* 失磁，接觸器開斷，電力之供應中斷使電動機停止運轉。此種起動器之構造簡單，運用效果良好，一般用於 20 馬力以下電動機之起動；但不適宜重載起動，或電壓變動較大之線路上。

2. 限流型磁控起動器

此型起動器係利用起動電流及每次短路起動電阻時，電流先上升後下降之現象，控制電流電驛，以逐步短路起動電阻而完成起動之程序。其線路如圖 7－62 所示，此係一限流型自動起動器與長分激電動機之接線圖，使用此種起動器時，電動機於重載下可緩慢起動，而於輕載下則可快速起動，其操作過程如下所述:

按下 START 按鈕，以使 *M* 激勵，接點 *M* 及 M_1 閉合，電動機於電流通過串聯電阻 R_1、R_2 及 R_3 情況下起動，而串聯電驛 SR1 於接觸點 M_2 閉合前之瞬間，使常閉觸點 SR1 開斷，此乃電動機之一項特點。電動機之速率增加，則電驛 SR1 之電流降低，而接觸點 *SR*1 復告閉合，致接觸器 1*A* 激勵使 1*A* 閉合，因此造成電阻 R_1 之短路，而允許電流通過電驛 SR2；此電驛立即開斷觸點 SR2 使電動機加速；當通過 SR2 之電流充分降低後，觸點 SR2 閉合使 2*A* 激勵，觸點 2*A* 閉合，電動機之速率復增；而電樞電流隨之降低，使電驛 SR2 作用，依相同過程，閉合觸點 SR3、2*A* 及 3*A*，最後將所有電阻短路電動機即可正常運轉。若按下 STOP 按鈕或過載替續器之作用，則電動機停止運轉。

限流型磁控起動器之構造較複雜且價格昂貴，適用於轉動慣量較大之電動機起動。

圖 7－62　限流型磁控起動器之線路圖

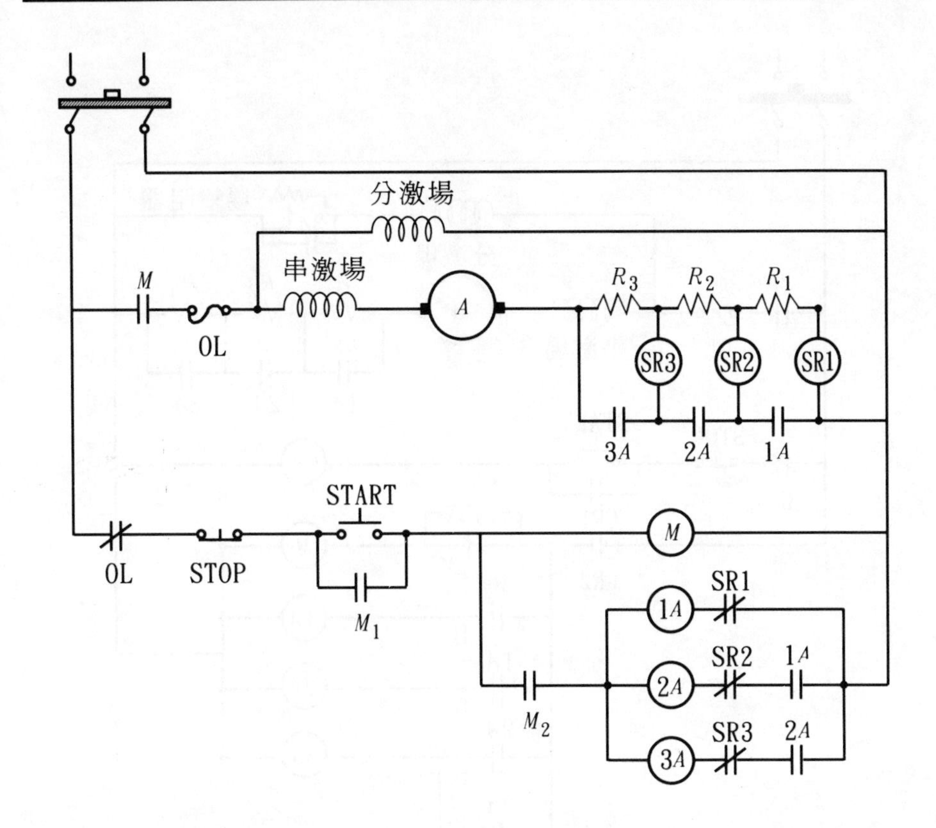

3. 限時型磁控起動器

此型起動器是應用延時電驛（Time-delay relay）之作用，於預定時間，逐步短接起動電阻。其線路如圖 7－63 所示，爲一限時型磁控起動器與長分激式電動機之連接圖，其操作過程如下：

按下 START 按鈕，因控制起動器 CR 之作用，使觸點 CR1 及 CR2 閉合，而 CR2 之閉合，將使接觸器 M 受激勵，開斷 M_1，以使電阻 r 插入 M 線圈電路；同時，因主觸點 M 之閉合而使電動機起動，於一定時間延遲後，觸點 M_2-TC 閉合，則接觸器 $1A$ 受激勵，使觸點 $1A$ 閉合，R_1 短接；而因接觸器 $1A$ 之作用，於一定時間之

圖7－63 限時型磁控起動器之線路圖

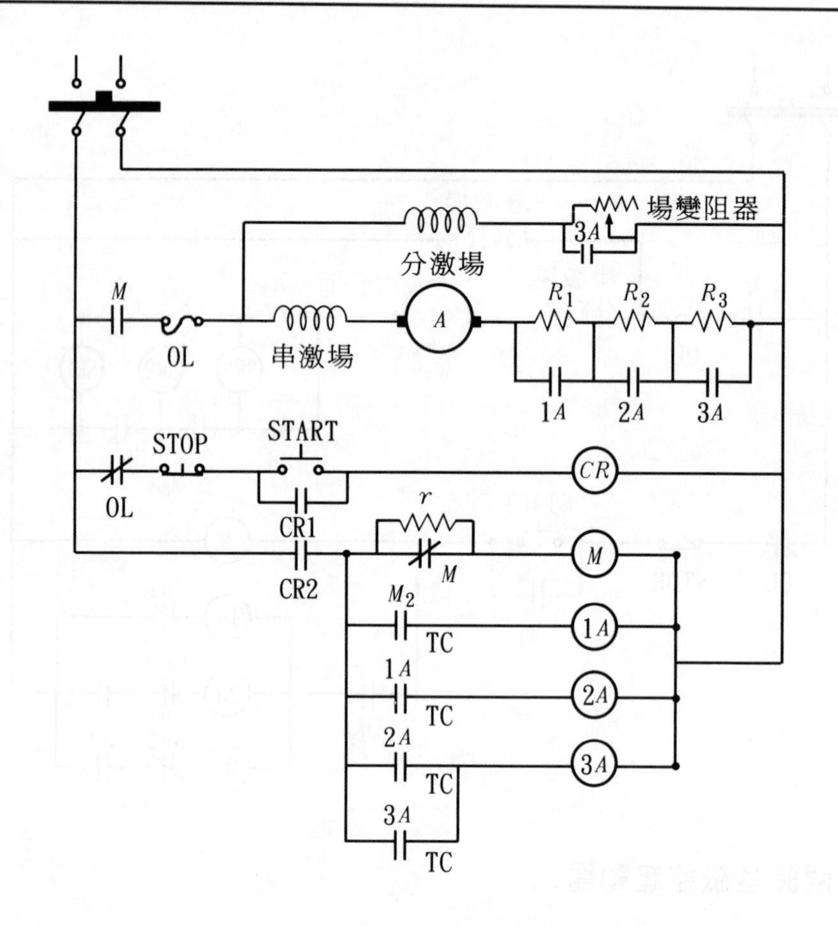

延遲後，亦使 $1A-TC$ 閉合，使 $2A$ 依次作用而閉合第二對觸點 $2A$，並短接電阻 R_2。最後，於一時間延遲後，觸點 $2A-TC$ 閉合，激勵接觸器 $3A$，而使觸點 $3A$ 閉合，R_3 短路，且接觸器 $3A$ 之作用，使 $3A-TC$ 閉合；同時，場電路變阻器之常閉觸點 $3A$ 開斷，可改變場電阻而使電動機獲得所需之較高速率。至於電動機之停止運轉，與上述二控制法相同。

限時型磁控起動器適用於起動輕載、欲於一定時間內起動，以及急需加速、停止及反向作用之電動機。

7-8-2 電動機之轉速控制

直流電動機之一大優點是在於其轉速之控制既簡單又有效，由(7-21)式轉速方程式可知，影響電動機轉速之因素有(1)主磁極磁通量，(2)電樞電阻，以及(3)輸入端電壓，只要更改上述任一因素，電動機之轉速便會改變。一般常用之轉速控制方法如下：

1.磁場電阻控制法

於分激場中串聯一變阻器，經由改變電阻之大小可調整磁場電流，進而改變磁通。由(7-21)式知，磁通 Φ 減少則轉速上升，利用磁通控制方式可使電動機轉速高於額定，唯於無中間換向磁極之電動機，因換向問題使轉速有一定之上限；但此控制法仍是轉速控制中最簡單、有效之方式，所以廣被採用。

磁場電阻變化與轉速及轉矩之關係可用一分激式電動機中三者之變化分析如下，所用之符號與前述內容相同。

R_f 增加 $\Rightarrow$ $I_f = \dfrac{V_t}{I_f}$ 減少 $\Rightarrow$ Φ 減少 $\Rightarrow$ $E_b = K\Phi n$ 減少

(變化瞬間因慣量關係，轉速視爲不變) $\Rightarrow$ $I_a = \dfrac{V_t - E_b}{R_a}$ 增加

$\Rightarrow$ $T = K\Phi I_a$ 增加 $\Rightarrow$(I_a 增加之量較 Φ 減少之量大很多，參見例7-35) $\Rightarrow$ n 增加 $\Rightarrow$ $E_b = K\Phi n$ 增加 $\Rightarrow$ $I_a = \dfrac{V_t - E_b}{R_a}$ 減少 $\Rightarrow$ $T = K\Phi I_a$ 減少 $\Rightarrow$ 電動機穩定地運轉於較高之轉速

【例7-35】

一部20馬力，110伏特之分激式電動機，滿載時轉速1200rpm，電樞電阻0.3歐姆，磁場電阻80歐姆，滿載時電樞電流爲90安培；若

分激磁場中串聯 20 歐姆之調速電阻，使磁通減少 18%，而負載轉矩不變，試求：

(a)電動機之轉速。

(b)調速電阻之功率消耗。

(c)磁通減少瞬間，轉矩與滿載轉矩之比值。

【解】

(a)滿載

$$E_b = 110 - 90 \times 0.3 = 83 \text{（伏特）}$$

因轉矩不變，若 Φ 減少 18%，須增加 I_a，使 $T = K\Phi I_a$ 之值保持，即

$$I_a' = \frac{I_a}{0.82} = \frac{90}{0.82} = 109.76 \text{（安培）}$$

$$E_b' = V_t - I_a' R_a$$

$$= 110 - 109.76 \times 0.3$$

$$= 77.073 \text{（伏特）}$$

由

$$\frac{E_b'}{E_b} = \frac{K\Phi' n'}{K\Phi n} = \frac{0.82\Phi}{\Phi} \times \frac{n'}{1200} = \frac{77.073}{83}$$

故

$$n' = 1200 \times \frac{77.073}{83} \times \frac{1}{0.82} = 1358.9 \text{（rpm）}$$

(b)

$$I_f = \frac{110}{80+20} = 1.1 \text{（安培）}$$

調速電阻之消耗功率為

$$(1.1)^2 \times 20 = 24.2 \text{（瓦特）}$$

(c)磁通減少 18%，其瞬間反電動勢因電樞慣量使 n 無法瞬間改變，故 E_b 降為 E_b'

$$E_b' = 83 \times 0.82$$

$$= 68.06 \text{（伏特）}$$

瞬間電樞電流 I_a'

$$I_a' = \frac{110-68.06}{0.3} = 139.8 \text{（安培）}$$

I_{at} 為滿載電流之 $\frac{139.8}{90} = 1.553$ 倍

由

$$\frac{T'}{T} = \frac{K\Phi' I_a'}{K\Phi I_a} = \frac{0.82\Phi}{\Phi} \times \frac{1.553 I_a}{I_a}$$

故

$$T' = 1.27T$$

2. 電樞電阻控制法

如圖 7－64 所示，於分激式或串激式電動機之電樞電路中串接一可變電阻器，由轉速公式

$$n = \frac{V_t - I_a(R_a + R)}{K\Phi} \quad \text{（分激式）}$$

$$= \frac{V_t - I_a(R_a + R_s + R)}{K\Phi} \quad \text{（串激式）} \qquad (7-47)$$

得知，經由改變可變電阻 R 值之大小，可控制電動機之轉速。然此

圖 7－64　電樞電阻控速法

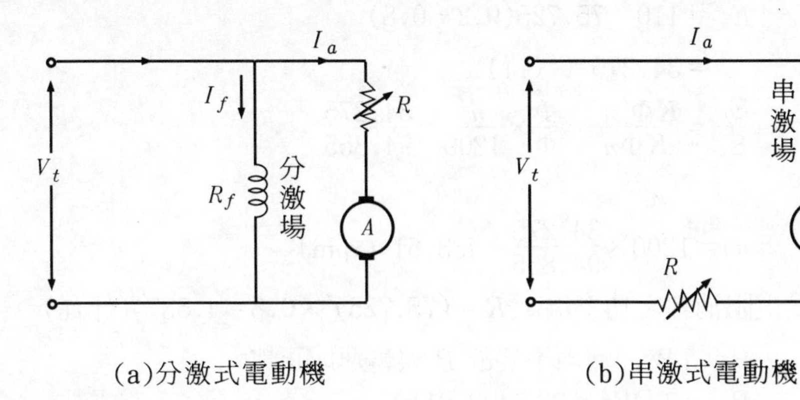

種控制法在 R 上消耗之功率頗大，故使用此法時會使電動機之效率降低，較少被採用。

【例 7－36】

一部 10 馬力、110 伏特之分激式電動機，其電樞電阻 0.2 歐姆，磁場電阻 80 歐姆，滿載時效率為 88%，轉速為 1200 rpm，試求：

(a)滿載時之電樞電流及反電動勢。

(b)於電樞電路中插入一 0.8 歐姆之電阻，而負載轉矩不變，此時之滿載轉速、可變電阻消耗之功率及其效率。

(c)若移去負載，則無載電樞電流可需 4 安培，則此時無載轉速及轉速調整率。

【解】

(a)

$$I_L=\frac{10\times 746}{110\times 0.88}=77.1\text{（安培）}$$

$$I_f=\frac{110}{80}=1.375\text{（安培）}$$

$$I_a=77.1-1.375=75.725\text{（安培）}$$

$$E_b=110-75.725\times 0.2=94.855\text{（伏特）}$$

(b)若轉矩不變，由 $T=K\Phi I_a$

分激式 Φ 為定值，故 I_a 仍等於 75.725 安培。

$$E_b'=110-75.725(0.2+0.8)$$

$$=34.275\text{（伏特）}$$

$$\frac{E_b'}{E_b}=\frac{K\Phi' n'}{K\Phi n}=\frac{\Phi}{\Phi}\times\frac{n'}{1200}=\frac{34.275}{94.855}$$

故

$$n'=1200\times\frac{34.275}{94.855}=433.61\text{ (rpm)}$$

可變電阻消耗之功率為 $I_a^2R=(75.725)^2\times 0.8=4.587$（仟瓦）

由　$P=TW$，轉矩不變故 P 與轉速成正比

$$\frac{P_0'}{P_0}=\frac{T'W'}{TW}=\frac{T}{T}\times\frac{433.61}{1200}$$

$$P_0{}' = 10 \times \frac{433.61}{1200} = 3.613\ (\text{馬力}) = 2695.3\ (\text{瓦特})$$

輸入功率為

$$V_t I_L = 110 \times 77.1 = 8481\ (\text{瓦特})$$

$$\eta = \frac{2695.3}{8481} \times 100\% = 31.78\%$$

(c)無載時之反電動勢 E_b''

$$E_b'' = 110 - 3 \times (0.2 + 0.8) = 107\ (\text{伏特})$$

$$\frac{E_b''}{E_b'} = \frac{K\Phi'' n''}{K\Phi' n'} = \frac{n''}{n'} = \frac{n''}{433.61} = \frac{107}{34.275}$$

故

$$n'' = 433.61 \times \frac{107}{34.275} = 1353.65\ (\text{rpm})$$

$$\text{轉速調整率} = \frac{1353.65 - 433.61}{433.61} \times 100\% = 212.2\%$$

由上述例題可看出電樞電阻控制轉速之方法，加入之串聯電阻消耗之功率頗大（4.587 仟瓦），效率亦很差（31.78%）。另外其轉速調整率不佳，滿載變化到無載時轉速由 433.61 rpm 上升至 1353.65 rpm，故此種控速法僅適用於變速電動機型式。

3.電樞電壓控速法

維持電動機之磁通量不變，經由改變電樞兩端之外加電壓來達到改變轉速之目的。常用之方法有兩種，現分述如下：

(1)多電壓控速法（Multi-voltage method）

如圖 7－65 所示將電動機之磁場接於 250 伏特之電源，而電樞線圈則接於多種電壓，圖例共有六種不同之電壓。利用此種控速法，可擴大電動機轉速變化之範圍，既可使其高於額定轉速，亦可使其低於額定轉速；具有極佳之轉速調整率，且無須使用可變電阻亦可降低轉速，故功率損失甚少。但此法所需設備較多，成本亦高。

圖 7－65 多電壓控速法

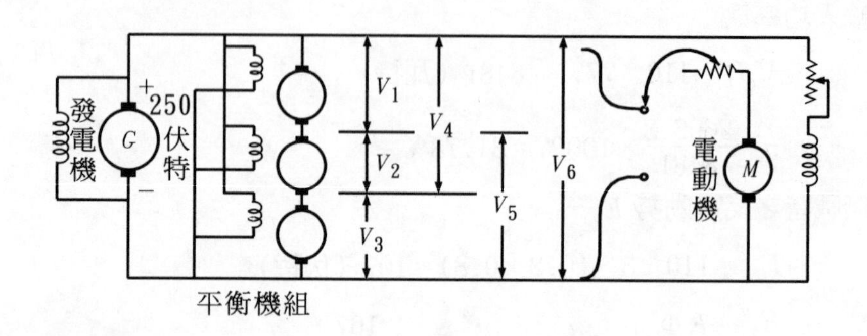

⑵華德-利歐納德速控法（Ward-Leonard method）

如圖 7－66 所示爲此華德-利歐納德速控法，一部電動機 M' 帶動一外激發電機 G，而 G 之輸出電壓再加至電動機 M。改變發電機 G 之激磁電流，即可獲得跨於電動機 M 之不同端電壓，而使電動機 M 得到不同之轉速。M 之磁場電路跨接於電源線路，再與另兩部電機之線圈並聯。

圖 7－66 華德-利歐納德控速法

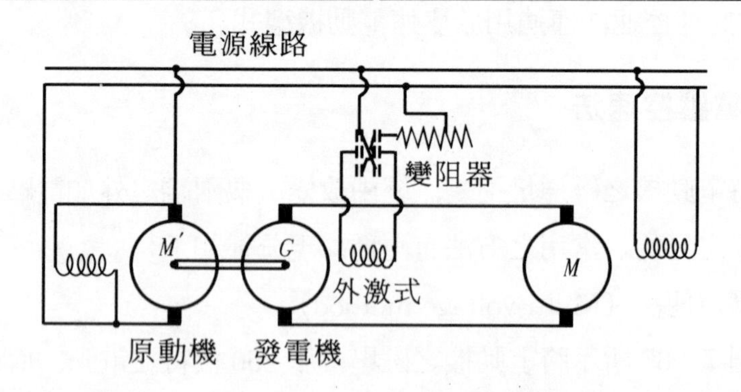

此種控速法較具彈性，且可得優良之轉速調整率，其轉速之操縱靈敏快速而正確；但整個組合起來之效率較低，尤以輕載時更爲嚴重，另外當電動機 M 不接負載時，另二部電機仍需起動。設備複雜成本亦較爲昂貴。

【例 7－37】

一部 220 伏特之分激式電動機，其電樞電阻爲 0.05 歐姆，滿載電樞電流爲 80 安培，轉速 1200 rpm，滿載時之電磁轉矩爲 200 磅－呎。若採用華氏控速法，當發電機之端電壓降至 120 伏特時，試求：

(a)此瞬間之電樞電流。

(b)此瞬間之電磁轉矩。

(c)負載轉矩不變時，最後穩定之電樞電流及轉速。

【解】

(a)滿載時之反電動勢 E_b 爲

$$E_b = 220 - 80 \times 0.05 = 216 \text{（伏特）}$$

V_t 降低瞬間，轉速並未改變，故 E_b 仍爲 216 伏特，瞬時電樞電流 $I_a{}'$爲

$$I_a{}' = \frac{120 - 216}{0.05} = -1920 \text{（安培）}$$

負值表電動機之電流倒流，此時電動機已變成爲發電機

(b)
$$\frac{T'}{T} = \frac{K\Phi' I_a{}'}{K\Phi I_a} \qquad V_t \text{ 降低瞬間，} \Phi \text{ 亦未改變}$$

$$\therefore T' = T \times \frac{I_a{}'}{I_a} = 200 \times \frac{-1920}{80} = -4800 \text{（磅－呎）}$$

(c)(b)所得之反電磁轉矩使電動機之轉速急劇下降，作用相當於一強大之制動作用。

電動機之轉速降低，則反電動勢 E_b 亦隨之減少，I_a 之負載亦減，直到 E_b 小於 120 伏特，I_b 反向流回電動機中。

若負載轉矩不變，電樞電流之穩定值仍爲 80 安培，$E_b{}'$之穩定值爲

$$E_b{}' = 120 - 80 \times 0.05 = 116 \text{（伏特）}$$

$$\frac{E_b{}'}{E_b} = \frac{K\Phi n'}{K\Phi n} = \frac{116}{216} \quad \Rightarrow \quad n' = 1200 \times \frac{116}{216} = 644.4 \text{（rpm）}$$

習 題

7－1 何謂串繞磁極繞組。

7－2 何謂分繞磁極繞組。

7－3 何謂複繞磁極繞組。

7－4 何謂自激式電機，自激式電機又可分為那些種類。

7－5 試比較直流發電機及直流電動機中之內部電磁功率。

7－6 試從能量觀點比較直流發電機與直流電動機之電磁功率。

7－7 試以分激式電機為例，比較發電機與電動機電路之電壓及電流差異性。

7－8 何謂電動機內之反電動勢。

7－9 直流電動機中輸出功率與軸轉矩間之關係。

7－10 何謂電樞反應，電樞反應會產生何效果。

7－11 何謂機械中性線，何謂磁性中性線；兩者何時會重合。

7－12 試述電樞反應之交磁及去磁效應。

7－13 試述改善電樞反應之方法。

7－14 試述增加磁路磁阻之方式。

7－15 何謂補償繞組，其功用為何。

7－16 試述換向作用。

7－17 試述換向時之電抗電壓，及其造成之影響。

7－18 何謂直線換向。

7－19 改善換向問題之方法有那些。

7－20 為改善換向狀況，電刷移動方向與電機旋轉方向間之關係為何。

7−21　試述如何決定中間極之極性。

7−22　試述發電機之無載飽和曲線。

7−23　試繪不同轉速時之無載飽和曲線。

7−24　何謂發電機之外部特性。

7−25　試述分激發電機之電壓外部特性曲線造成下垂趨勢之原因。

7−26　試述分激發電機有載時之自身防護特性。

7−27　試述爲何分激式發電機不適合於無載時短路。

7−28　試述分激式發電機之無載飽和曲線必須利用外激方式求得之原因。

7−29　何謂磁場電阻線，其斜率與電阻大小之關係爲何。

7−30　試述分激式發電機電壓建立之過程。

7−31　試述分激式發電機電壓建立失敗之原因。

7−32　試述串激式發電機之應用狀況。

7−33　試繪圖比較複激式發電機之外部電壓特性曲線。

7−34　直流發電機並聯運用時應具備那些條件。

7−35　試述分激式發電機之並聯運用。

7−36　試述複激式發電機並聯時會發生何種狀況，如何改善。

7−37　爲何分激式電動機之磁場電路不能開斷。

7−38　爲何串激式電動機不能無載起動。

7−39　試述分激式電動機之應用特性及場合。

7−40　試述直流電機中機械損失之原因及項目。

7−41　試述直流電機中何時存在最大之運轉效率。

7−42　試述直流電動機之三點式起動器與四點式起動器最大之不同點何在。

7−43　一部 13.5 馬力之分激式電動機，其端電壓爲 110 伏特，電樞電流爲 90 安培，電樞電阻爲 0.05 歐姆，轉速 840 rpm，試求其轉矩。

7－44　一部220伏特之串激發電機，滿載轉速爲1200 rpm，電樞電流40安培，若電樞電阻爲0.12歐姆，串激磁場線路電阻爲0.08歐姆，試求當負載降爲20安培，磁通減少40%時，此時之轉速。

7－45　一部額定爲20仟瓦，250伏特，1500 rpm之分激式發電機，其電樞電阻爲0.12歐姆，場電阻爲100歐姆，試求：

(a)額定輸出時之感應電動勢。

(b)若作爲電動機使用，自250伏特之線路上取用額定電流，求反電動勢。

7－46　一部100仟瓦，250伏特之直流複激式發電機，其端電壓於滿載時爲250伏特，半載時爲242伏特，無載時230伏特。電樞電阻（含碳刷接觸電阻）爲0.04歐姆，串激磁場電阻爲0.03歐姆，分激場電阻爲50歐姆，採用長分路接線法，試求：

(a)各負載下所產生之感應電動勢。

(b)滿載時各線圈中之功率損耗。

7－47　一部120伏特之分激式電動機，其電樞電阻爲0.2歐姆，滿載電樞電流爲50安培，轉速1200 rpm，試求下列之轉速：

(a)若負載增大致電流爲60安培時（忽略電樞反應且磁通設爲定值)。

(b)同(a)題，但考慮了電樞反應後磁通較滿載時減少0.8%。

(c)負載移去後電樞電流降至4安培，又因電樞反應減少，使無載時之磁通較滿載時增加1.5%。

(d)同(c)題，但不考慮電樞反應。

7－48　一部15馬力，440伏特之串激電動機，電樞電阻爲0.3歐姆，串激磁場電阻0.2歐姆，滿載時銅損失450瓦特，磁滯損失250瓦特，渦流損失300瓦特，機械損失1000瓦特，轉速 700 rpm，試求：

(a)滿載時之效率爲若干。

(b)負載轉矩減小至 25%時，則各種損失及效率各爲多少。假設電動機之磁化曲線爲直線，機械損失與轉速成正比。

7－49　一部分激式直流電機，於滿載時自 110 伏特之電源取用 60 安培電流，其總損失爲 600 瓦特，試求滿載時效率。

7－50　一部 200 仟瓦之直流發電機，在滿載時固定損失及變動損失均爲 12 仟瓦，在半載時之變動損失爲 3 仟瓦。若此發電機之運轉情形爲：滿載 4 小時，半載 8 小時，無載 6 小時，試求全日效率爲多少。

7－51　一部 20 仟瓦，250 伏特之長分路複激發電機，其中間極和電樞繞組之電阻爲 0.5 歐姆，串激繞組之電阻爲 0.05 歐姆，固定損失 500 瓦。若忽略電刷之接觸壓降，所有電阻已換算至 75℃，試求：

(a)效率最大時之輸出功率爲多少。

(b)最大效率爲多少。

第八章 特殊電機

前面幾章所討論之電機，包括直流，感應及同步電機等大都偏重介紹其間機械能與電能互相轉換的特性。然而由於時代的進步，諸如辦公室自動化、工廠自動化，資訊器材等一些與日常生活有密切關係之電機設備，已大都朝向小型化特殊化的方向發展。它們雖亦遵守基本的能量轉換原則，但本質及應用上皆較前述之基本電機更爲特殊。本章針對應用範圍最廣之無刷、步進、伺服電動機，於動作原理、電機構造及實際應用等方面將有詳細討論；另外對於其他諸如二相控制電動機、同步器等之構造及動作原理亦有所討論。

8-1 無刷電動機

前章介紹之直流電動機被用來當作控制用途時，因具有良好之加速性、起動轉矩大、輸入電流對輸出轉矩具線性關係及對轉速隨電壓變化等之優越特性，使直流電動機在現代控制應用上佔有非常重要之地位。然而直流電動機在構造上必須利用電刷、換向器之機械接觸裝置，會引起磨損、電弧、雜音等問題，明顯地縮短了電機的壽命及限制了應用的領域。無電刷電動機（Brushless motor）的發展，便是爲了解決此問題，其將電刷、換向器等機械接觸部分利用電晶體或SCR元件代替而達到無電刷的境界。

由於免除了上述機械部分，可大幅提升無刷電動機的使用壽命及維護花費，甚至可以達到免維修（Maintenance free）。除此優點外，不產生機械雜音、無電弧（Arc）及閃絡（Flashover）現象、不磨損接點、不產生灰塵、油霧、瓦斯等特性，亦使無刷電動機能達到清潔安靜的要求，並容易製造出高轉速旋轉型、多極多相型等充分發揮電動機特性之設計型式。然而無刷電動機因其整流機構由半導體元件構成，故一定需要驅動電路方可形成旋轉磁場的電流，在製造成本及體積上可能因此較直流電動機為大；但從另一層面來說，我們卻可經由改變驅動電路的設計來改善無刷電動機的部分特性。

8－1－1 無刷電動機之構造

與直流電動機比較，無刷直流電動機的特性幾乎相同；但在構造型式上直流電機之轉子一般為電樞繞組，而無刷電動機之轉子則為磁場。因為若無刷電動機的轉子部分設計為電樞時，在除去了換向器及電刷裝置後，仍需加裝屬於機械接觸部分之滑環，方能連接外部電源。此種改變使電動機效率減半並無實質意義。故一般無刷直流電動機的轉子仍以使用不需供應電源的永久磁鐵為主，即轉子部分為磁場，就此觀點而言，無刷電動機之構造與同步電動機較為相同；不同的是前者為控制定子繞組的電流轉換，使其與內部轉子位置同步，而後者則是利用外部信號使之同步於電源頻率。

圖 8－1 顯示了無刷與直流電動機之基本構造圖。圖 8－1(a)為直流電動機，詳細動作原理詳見前一章，主要係由直流電源供應電流將轉子加以激磁而產生旋轉力矩，經由電刷與換向器之反覆通電及滑動使轉子電流得以流動；因此可將電刷與換向器視為切換轉子電流，而使電動機產生連續旋轉力矩之一種檢測控制開關。

圖 8－1(b)所示為一典型無刷電動機之基本構造，包括了轉子磁鐵、定子線圈、驅動電路及轉子磁極位置檢知器四個主要部分。依照轉子與定子的相對構造，可將無刷電機分類為三個基本類型：外轉子型（Outer rotor）、內轉子型（Inner rotor）及軸隙型（Axial gap）。

(1)外轉子型

轉子形狀為中空的杯型，配置於電動機之外圍，中間配置定子繞組，如圖 8－2(a)所示。此類型電動機轉子之慣性動量大，適用於需高轉矩定轉速之場所，如影印機滾筒之驅動、雷射印表機之掃描馬達等。

圖8－1　無刷電動機與直流電動機之不同構造

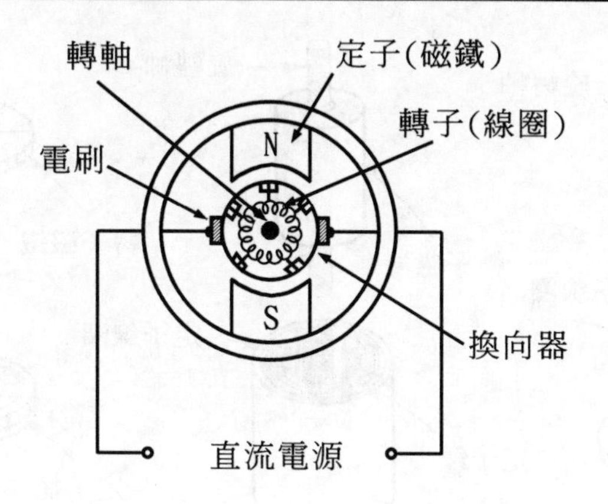

(a)直流電動機

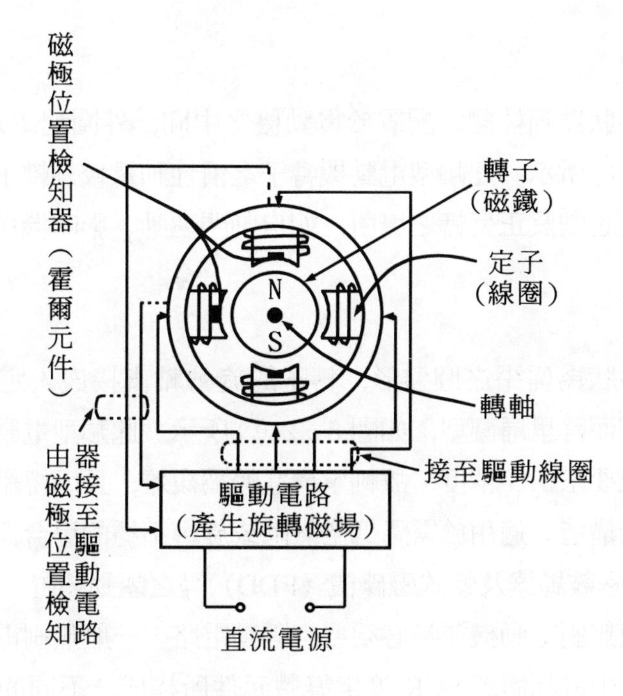

(b)無刷電動機

圖 8－2 無刷電動機不同之轉子定子構造

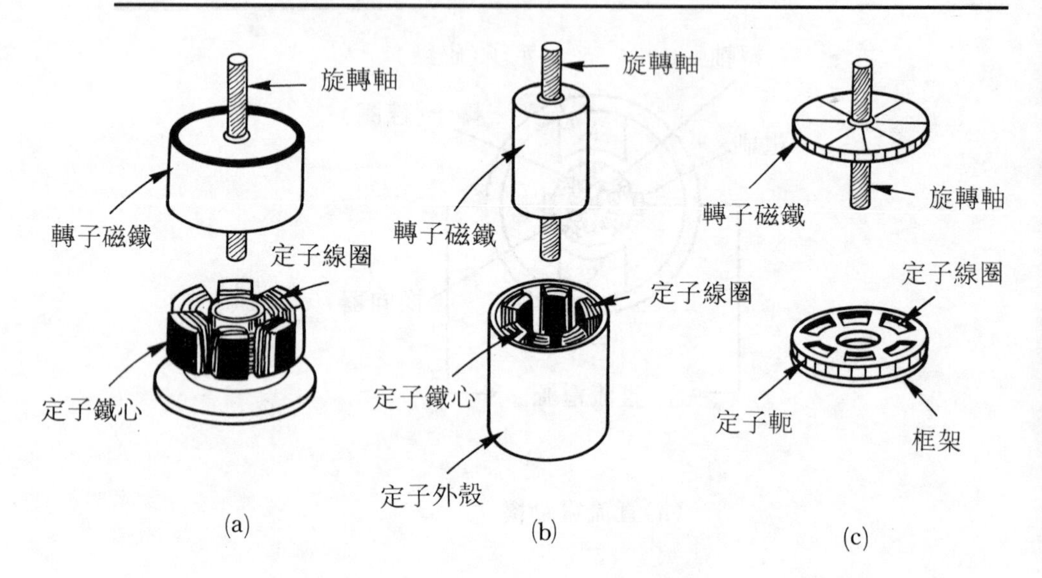

(2)內轉子型

轉子形狀為圓柱體，配置於電動機之中間，外圍配置定子繞組，如圖 8－2 (b) 所示。此類型電動機轉子之慣性動量較外轉子型小，適用於需反覆起動及正反轉之場所，如自動門驅動、影印機送稿的驅動裝置。

(3)軸隙型

轉子形狀為扁平之圓盤形，轉子的旋轉軸直接嵌入定子之中心處，從外觀而言呈扁圓型，如圖 8－2 (c) 所示。此類型電動機因軸承間隙短，但要求工作精度，故軸承構造較為複雜，且因繞組與電樞分離呈無槽的構造。適用於需降低空氣隙或旋轉不穩的場合，如錄影機（VTR）的磁鼓馬達及軟式磁碟機（FDD）等之驅動裝置。

為了使無刷電動機運轉必須要有驅動電路。一般無刷電動機之驅動電路主要由電晶體或 SCR 等半導體元件所構成，不同的電路型式會改變電動機的特性，另外因線圈的接線方式及導通角度的差異，亦會影響其特性。因此在評估了電動機應用場合及不同性能後，靈活運用不同類型的驅動電路是十分重要的。

常用的驅動電路通電方式有半波型及全波型兩大類。較大容量無刷電動機之驅動可採全波式，如圖 8－3 (a)所示之三相全波驅動電路。對於較小容量電機之驅動則可採用較簡單之半波式電路，如圖8－3(b)，(c)所示之線路。全波通電方式電路雖較爲複雜，但線圈的利用效率提高，可使同樣大小之電動機得到較半波方式約 2 倍的輸出，惟其散熱問題必須加以注意。設計無刷電動機之驅動電路時，市面上有許多專用之 IC，如 TA7248P，TA7713P 等，可使設計之工作相對簡化。

圖 8－3　不同驅動電路型式

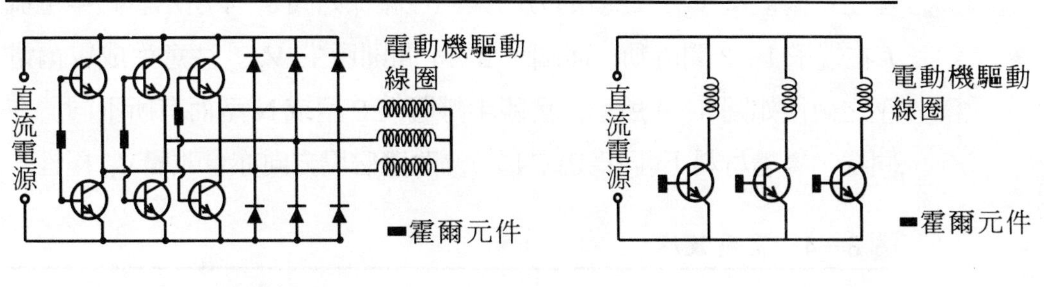

(a)三相全波式　　(b)三相半波式

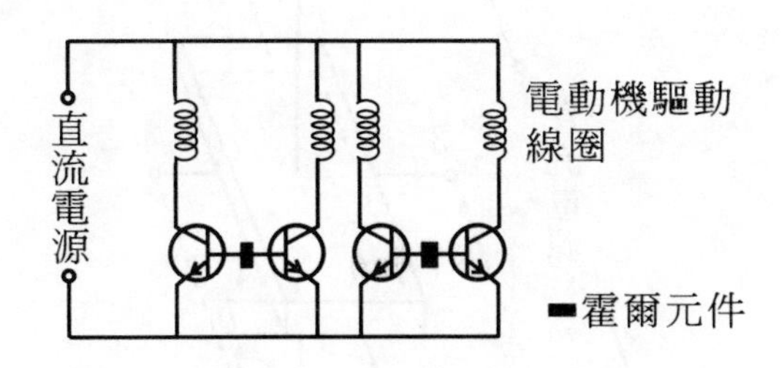

(c)四相半波式

轉子磁極位置檢知器主要目的，在於以無接觸方式檢測出電樞線圈與轉子磁極之相關位置，並送出正確信號驅動電路。一般常用的檢測方式有磁感應、光感應及高頻感應等方式，在考慮了構造的實用性後，又以較爲簡單又不需輔助材料之霍爾（Hall）元件最常被採用，採用霍爾元件之無刷電動機也被稱爲霍爾電動機。以下爲上述三種感測方式之原理及應用介紹。

1.利用磁感應之檢測方式

利用磁感應原理進行轉子磁極位置檢測之感測器，包括了霍爾(Hall）元件、磁性阻抗元件、線圈型磁性元件等，其中又以霍爾元件最實用，其主要感測原理是利用元件中流過電流時，若在與電流垂直的方向上存有一外加磁場，則在與電流、磁場互相垂直的方向上會產生霍爾電壓 V_H，三者的方向與極性關係如圖 8－4 所示。圖中電流 I 在端子 1－3 間流動，而端子 2－4 間則產生 V_H。注意生成霍爾電壓之極性如圖 8－4 所示，會隨半導體爲 P 型或 N 型而有所不同。在同樣半導體材料下(同爲P或N型)，改變磁場方向亦會改變 V_H 極性。

圖 8－4　霍爾效應

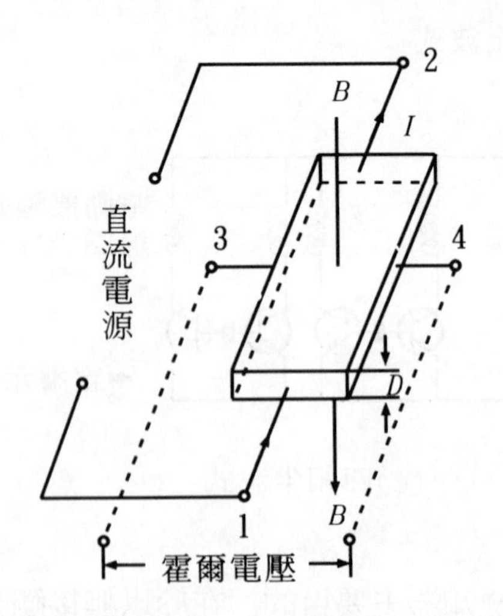

$$V_H = K_H \cdot B \cdot \frac{I}{D} \tag{8-1}$$

式中

B = 磁通密度

I = 流過霍爾元件之電流

D = 霍爾元件之厚度

K_H = 霍爾常數

此種產生電壓的效應稱爲霍爾效應（Hall effect），此種效應在半導體元件中產生之霍爾電壓 V_H 又較在金屬片中爲高，故常以 Si、Ge、InAs 或 GaAs 等爲材料。應用於無刷電動機時需曝露於高溫下，因此溫度特性良好的砷化鎵（GaAs）便常被採用。

一般使用之霍爾元件厚度 D 約僅爲 mm 程度，常與電源安定電路、溫度補償電路，將霍爾元件測出的微小信號放大的 OP 放大器，及將放大信號整形爲方波之史密特（Schmidt）觸發電路等電路 IC 化而成一單一封裝（One-package）的霍爾 IC，內部電路之基本配置如圖 8－5 所示。對於大容量之無刷電動機若利用高電壓之 PWM 控制時，會產生較大的開關雜訊，此時則需採用耐雜訊特性良好的專用霍爾 IC。

圖 8－5　霍爾 IC 之內部電路配置

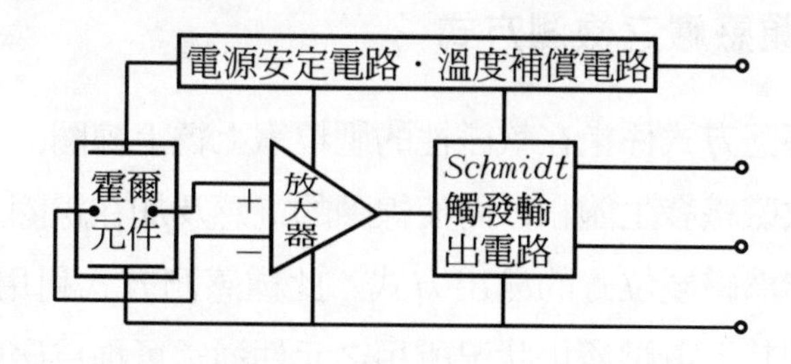

2. 利用光感應之檢測方式

利用光感應原理進行轉子磁極位置檢測之感測器，包括了發光二極體（LED）、光電晶體等光電動勢效應元件等。光感測器主要由投光用光源、受光檢出元件及包含有狹縫之旋轉盤所構成。動作時將旋轉盤置於光源與受光元件之間旋轉，以得到比例於轉數之脈波輸出，如圖 8－6 所示。

圖8－6　光感應檢測方式

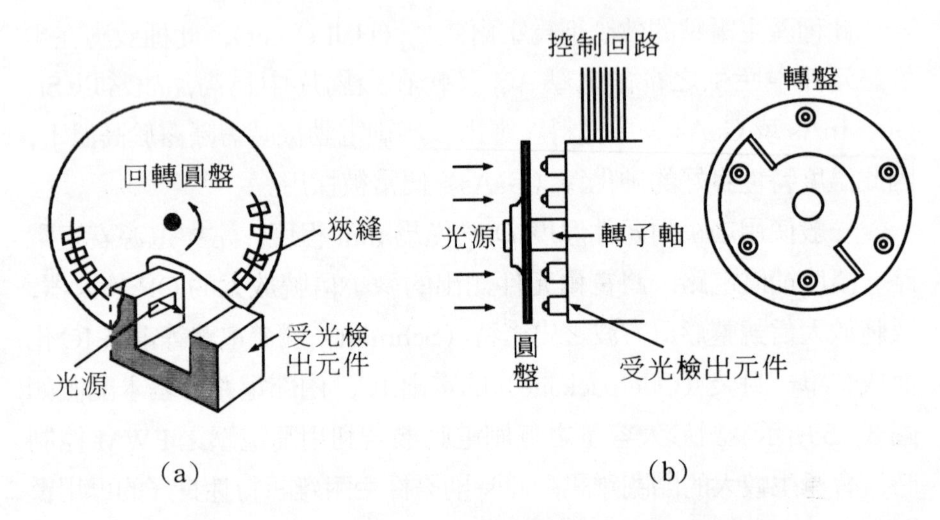

在應用時需注意投光用光源（如發光二極體）本身的溫度特性，以及受光檢出感測元件易受灰塵影響的現象。

3. 利用高頻感應之檢測方式

高頻感應方式係指在軟磁性的肥粒鐵上繞上線圈，當轉子磁鐵通過時，此軟磁鐵發生飽和，而使線圈的電感及加在線圈上之高頻電壓降低，以作爲磁極位置的檢出方式。此種感測方式利用磁飽和特性，及經由檢測其上電壓變化狀況所用之元件通常可稱爲磁飽和元件，其構造如圖 8－7 所示。

應用此磁飽和元件於無刷電動機內之配置方式可參見圖8－8 (a)，而其交換電路則如圖8－8(b)所示。動作原理可利用如圖8－9所示磁

圖 8－7 磁飽和元件構造

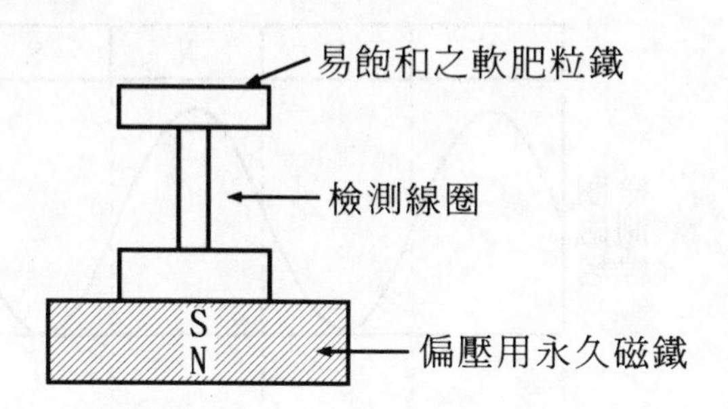

圖 8－8 磁飽和元件之應用圖示

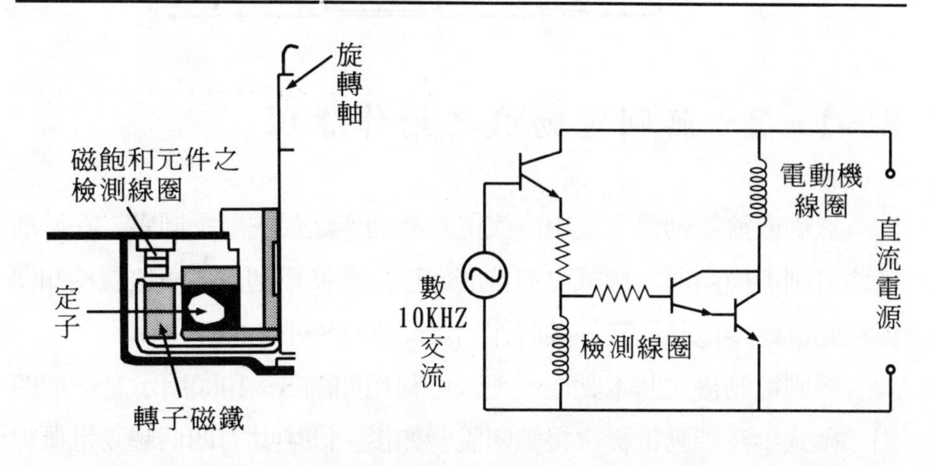

(a)使用磁飽和元件之電動機截面　　(b)使用磁飽和元件之電路型式

飽和元件檢測線圈上磁場及電壓之變化波形解釋，在 N 極下因轉子永久磁鐵的磁場與檢測線圈下偏壓用磁鐵之磁場相加作用於線圈，而使線圈上之磁場最強；但在 S 極下情況相反而使線圈上的磁場變成較低。由於軟肥粒鐵有固定單方向的直流偏壓磁場，故交流導磁係數變低，當軟肥粒鐵作用於完全磁和之磁場下，使線圈上的感應電壓下降爲接近零之一個定值，如圖 8－9 所示線圈上之電壓波形。利用此方式可檢知磁飽和元件附近轉子之磁極爲 N 或 S。

圖 8－9　檢測線圈上的磁場與電壓波形

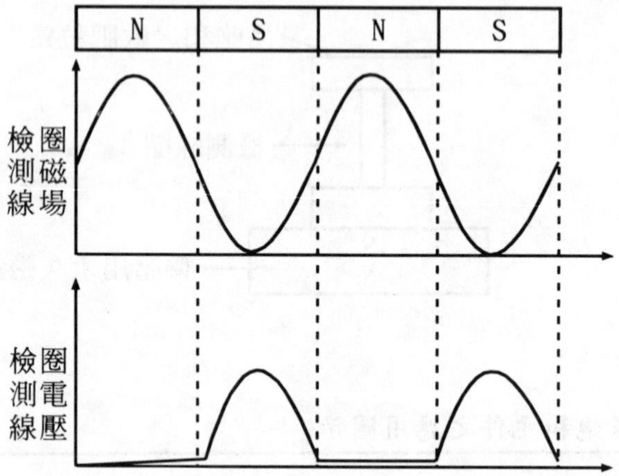

8－1－2　無刷電動機之動作原理

無刷直流電動機與電刷直流電動機動作之最主要不同點，在於前者將電刷與換向器之機械整流接觸過程，替換爲利用磁極位置檢知器與驅動電路中電晶體元件共同作用之交換（Switching）過程。

無刷電動機之基本動作原理，可利用如圖 8－10(a)所示之一個四相二極式半波驅動電機之接線圖說明如後。圖中共有四個驅動電樞線圈，配置於空間位置互差 90°的定子上。轉子磁極位置檢知器由霍爾元件 HG_1 及 HG_2 構成，連接至驅動電路中 Q_1、Q_2、Q_3 及 Q_4 電晶體的基極。轉子最初停在如圖 8－10 (a)所示之位置時，霍爾元件 HG_1 最接近轉子的磁極 N，此時 HG_1 承受最大之磁通可使其 A 輸出端產生的電壓讓電晶體 Q_1 導通，驅動電流 I_1 在 L_1 繞組中形成如圖示之方向流動，此時繞組 L_1 的右側之轉子空間形成磁極 S，吸引轉子之 N 極朝箭頭所示之逆時針方向旋轉。當轉子之 N 極移至霍爾元件HG_2時，HG_2之C輸出端產生電壓則可使電晶體Q_2導通，驅動電流I_2在L_2繞組

圖 8－10　無刷直流電動機動作原理

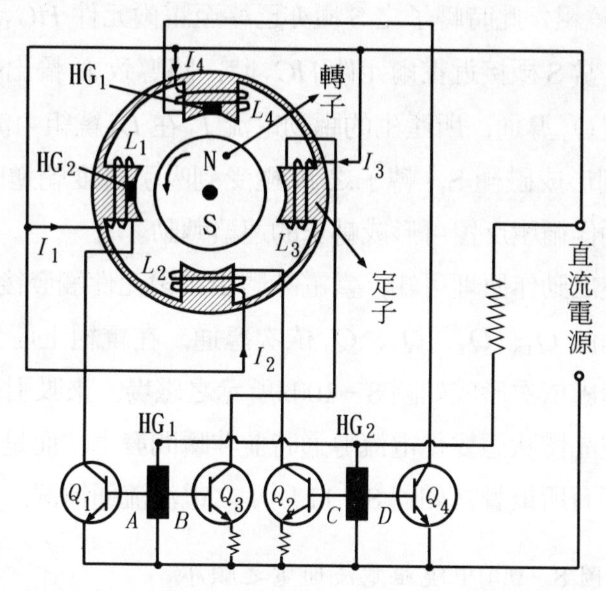

L_1, L_2, L_3, L_4 ：定子測驅動線圈

(a)四相二極半波驅動式無刷電動機之基本線路圖

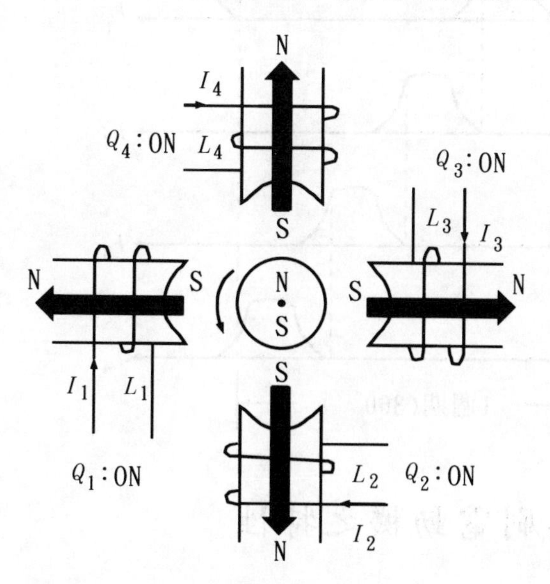

(b)定子繞組依次形成的磁場（線圈通電順序爲$L_1 \to L_2 \to L_3 \to L_4$）

中流動，繞組 L_2 上方之轉子空間形成磁極 S，再度吸引轉子之 N 極旋轉至 L_2 繞組；此時轉子之 S 極亦已移至霍爾元件 HG_1，與前述動作不同的是當 S 極接近霍爾元件 HG_1 時，將導致 B 輸出端產生電壓而使電晶體 Q_3 導通，所產生的驅動電流 I_3 在 L_3 繞組中流動，使 L_3 繞組之左側形成磁極 S，轉子之 N 極受到吸引再度朝逆時針方向旋轉，類似動作循環反覆可形成轉子的連續轉動。

從上述之動作原理可知，當電晶體由霍爾元件觸發後，圖 8－10(a)中之電晶體 Q_1、Q_2、Q_3、Q_4 依次導通，在繞組上產生之電流將在定子繞組處依次形成如圖 8－10(b)所示之磁場，來吸引磁體轉子造成旋轉。電晶體狀態變化電流導通時並非瞬間發生，而是與下一個電晶體之導通有所重疊，如圖 8－11 所示之電流流通情況。

圖 8－11　圖 8－9(a)中繞組電流通電之順序

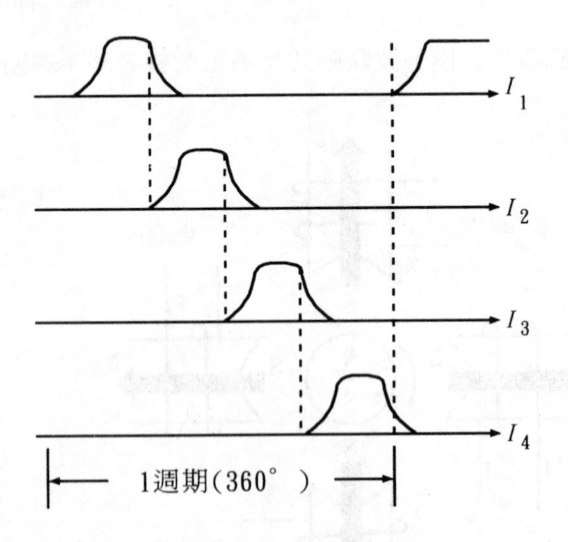

8－1－3　無刷電動機之特性

如前所述無刷電動機主要是將直流電動機之整流機構替換成了電

子式之裝置，因此在電機基本特性上兩者是相同的，但因無刷電動機運用到驅動電路，受限於半導體元件特性，使轉矩—電流曲線稍有差異。

圖 8－12 (a)，(b)分別列出了直流電動機與無刷電動機之轉矩—轉速及轉矩—電流特性曲線。與直流電動機相同的是，當外加電壓一定時，對負載轉矩的旋轉速度呈下垂特性。由於轉矩對速度有線性關係，因而可輕易地經由外加電壓來控制轉速。

圖 8－12　直流電動機與無刷電動機之特性比較

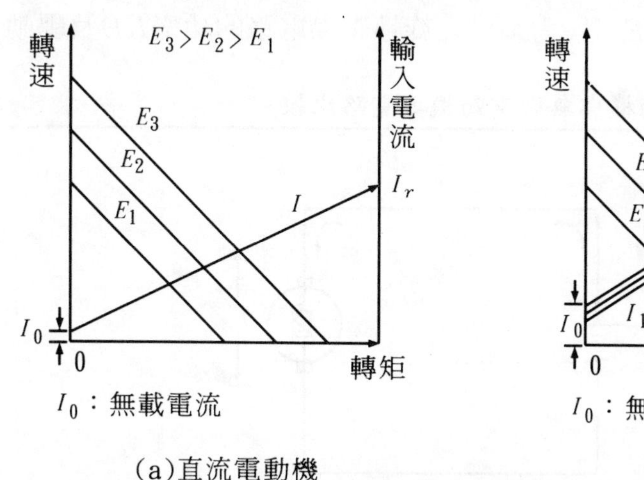

(a)直流電動機

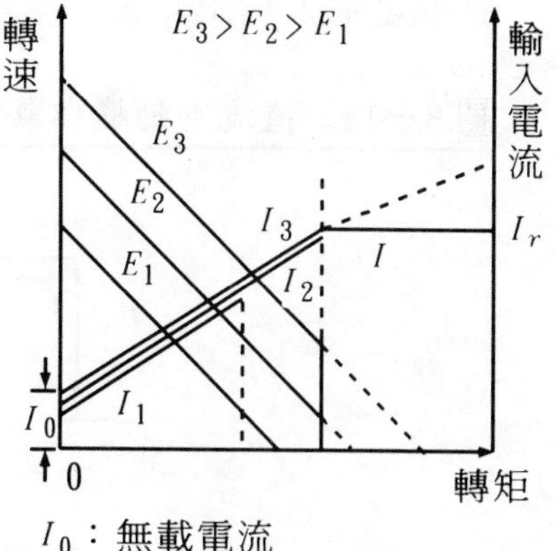

(b)無刷電動機

圖 8－12 中所示之曲線稍有不同的是當外加電壓變化時，電流產生的相對變化。直流電動機在當電壓由 E_1 變化到 E_3 時，電流曲線維持同一條。但無刷電動機因利用了半導體驅動電路，受制於電晶體及電路特性而使電流產生了限制作用，如圖 8－12 (b)所示 I_1、I_2 及 I_3 之非線性下垂特性，對應而生之轉矩—轉速特性曲線亦受到影響。

另一不同點是兩者之無載電流 I_0，由圖 8－12 (a)與(b)的比較中明顯地可看出 I_0 值之差異，其主要導因於半導體驅動電路之性質及電動機構造形成之不同效率所致。一般而言，無刷電動機因必須具有電動機的驅動電流及形成旋轉磁場的電路電流，故需有較大之電流在電路中流動，這除了造成無載電流的增加外，亦將使電動機的輸出效率降低。現以圖 8 - 13 所示之直流電刷及無刷兩種電動機的內部等效電路示意圖，來比較其間不同的功率消耗問題，其中圖 8 - 13 (b)的電路是以四相半波通電之無刷電動機爲例，電源電壓 E 與輸入電流 I 兩者相同。

於圖 8 - 13 (a)中，直流電動機的輸入電流 I 等電樞電流 I_a，外加電源電壓 E 與電動機之反電動勢 E_m 相等，因而電動機的輸入功率 I_aE_m 與電源功率 EI 相同。但對於無刷電動機電源功率除了供應電動機之輸入功率 I_mE_m 外，尚須供應旋轉磁場電路的功率 I_bE 及驅動

圖 8－13　直流電動機與無刷電動機之電路比較

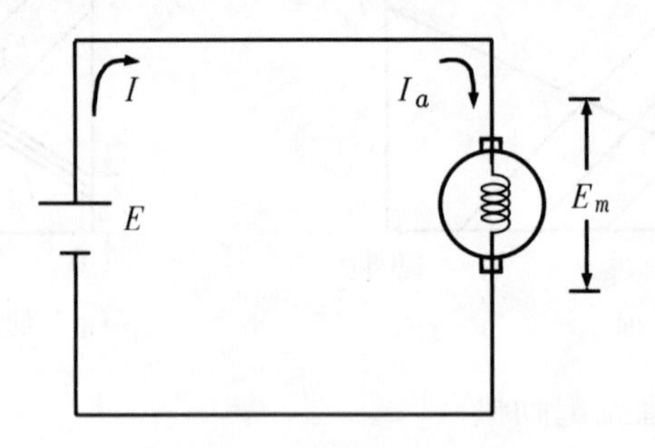

(a)直流電動機

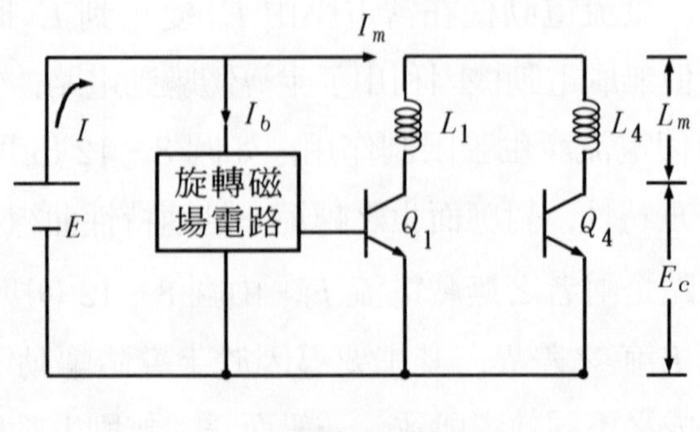

(b)無刷電動機

電晶體的功率 $I_m E_c$，因而無刷電動機的效率較直流電動機爲低。以5W左右附有電刷的無鐵心電動機最高效率爲 95％爲例，同樣輸出功率爲 5W 且能得到最大輸出之三相全波型式的無刷電動機效率亦僅爲65％左右。

8－1－4　無刷電動機之應用

無刷電動機因無機械性之整流裝置，運轉中較不會發生火花，故理論上不會產生電氣雜訊。惟當施加脈波性之變化電流給驅動線圈時，電路內多少會產生一些高諧波雜訊，但因此類雜訊準位較低，一般而言，無刷電動機可視爲一種高性能之無雜訊電動機，適用於高精密度、輕薄短小且需較長壽命的機器設備內。

無刷電動機之主要用途是在辦公室自動化（OA）領域中，包括了電腦的軟、硬碟驅動裝置、影印機、印表機、錄影機、電唱機、碟影機及 CD 唱盤等之內部驅動元件。當然上述運用領域之無刷電動機必須配合精密之外部控制線路，以使無刷電動機之優點及特性得以充分發揮。在今日半導體技術進步快速的時代裡，驅動、控制及電源電路皆有晶片化的趨勢，不但體積可大幅縮小，價格上也已十分具競爭力。

8－2　步進電動機

步進電動機（Stepping motor）又稱步進馬達，在美國命爲 Step motor，日本又有脈波電動機（Pulse motor）等的稱呼，主要是將高頻或低速用多極同步電動機之電源，利用任意頻率之脈波電源代替之電動機。基本上步進電動機爲同步電動機的一種型式，但因其具有依靠脈波電源驅動，且旋轉角度與電源脈波數成正比的特性，使其十分適合用於「數位控制」系統中。一般步進電動機通常不需加裝信號偵測器，即利用開放式的回路（Open loop）控制系統，依照輸入信號來產生所需之動作，直接作爲無回授系統的定位裝置。爲避免轉子旋轉與指令脈波的失步，亦可配合回授系統使步進電動機運轉於最適當的頻率，擴充運用領域。

步進電動機就其歷史發展軌跡而言並非新的產品，但其高性能適合數位控制的特性，卻是 IC 化電子控制電路及數位計算機普遍化後才眞正踏上實用之路，例如：計算機之周邊及終端機器、工業儀表、工作機械、繪圖機等裝置內皆有步進電動機之應用。以下茲就其構造、動作原理、運轉特性等方面分別予以介紹。

8－2－1　步進電動機之基本構造與動作原理

步進電動機之基本構造類似同步電動機，轉子爲永久磁鐵或變化磁阻，經由驅動電路供給定子線圈適當電流，使氣隙磁場軸依輸入之脈波呈某固定角度的旋轉變化，轉子利用永久磁鐵形成之轉矩或磁阻轉矩，在克服了慣性效應後，隨氣隙磁場軸轉動。系統基本構造如圖 8－14所示，包括了輸入的脈波信號、分配控制電路、激磁驅動電

圖 8－14　步進電動機之基本構成圖

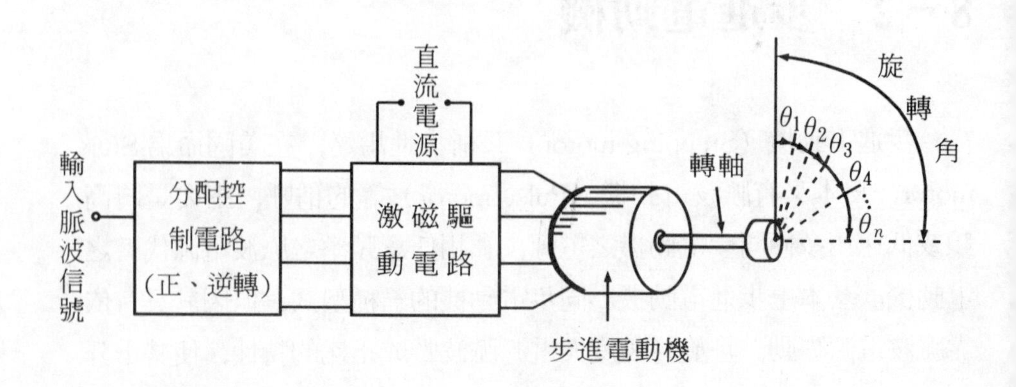

路、步進電動機等幾個部分。

輸入信號爲一系列的脈波，作爲控制輸出角度的觸發信號；步進電動機最重要的特徵便是當輸入 1 次脈波時，電動機的輸出轉軸只轉動一固定的步進角（Step angle）。利用輸入之脈波決定激磁順序（順時針旋轉或逆時針旋轉），並發出信號至激磁驅動電路之部分，稱爲分配控制電路；其主要由正反器（Flip-flop）構成之順序電路，及 NAND 或 NOR 等之閘極電路所組合而成，如圖 8－15 所示之四相步進電動機之分配電路。這類電路的設計現今皆可使用專用 IC 直接取代，例如適用於四相單極步進電動機之 PMM 8713，MB 8713 等 IC 元件。

圖 8－15　四相步進電動機之分配控制電路

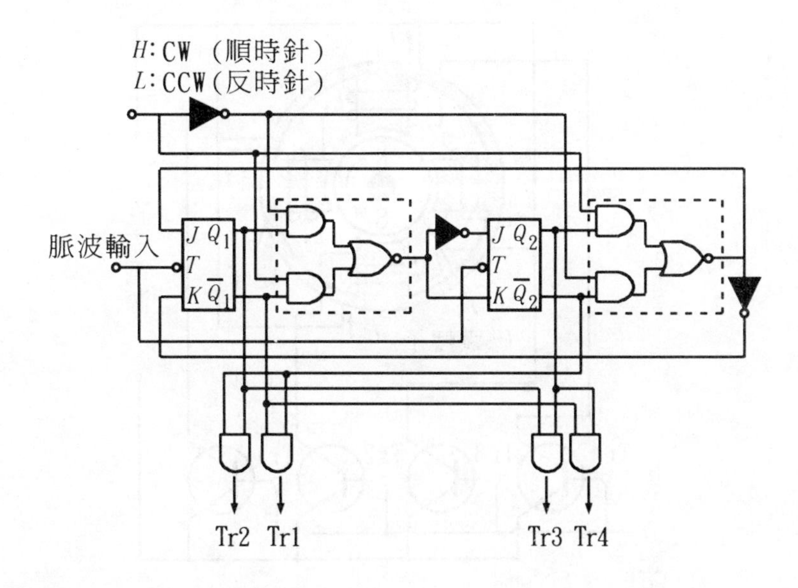

分配控制電路、激磁驅動電路及電動機線圈三者間之動作關係有許多種，最簡單的便是控制步進電動機的正逆轉，其間之順序關係可參見圖 8－16。

圖8－16　輸入脈波與步進電動機各相激磁之順序關係（單相激磁）

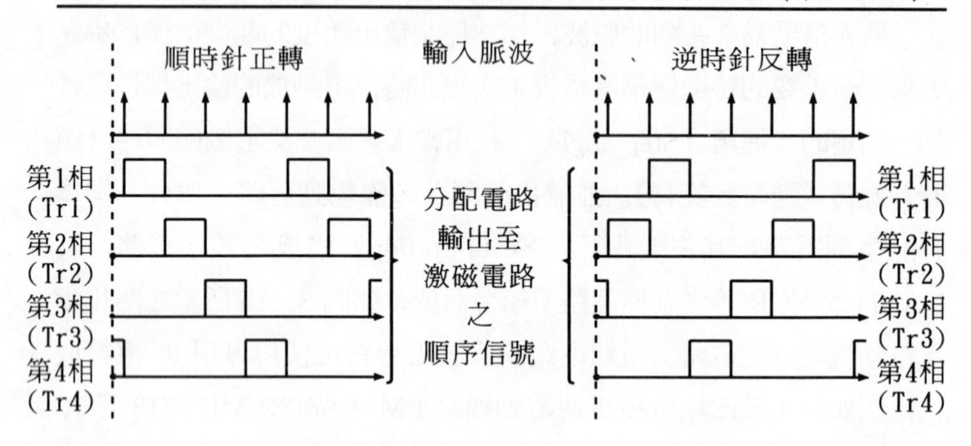

圖8－17　步進電動機之動作原理

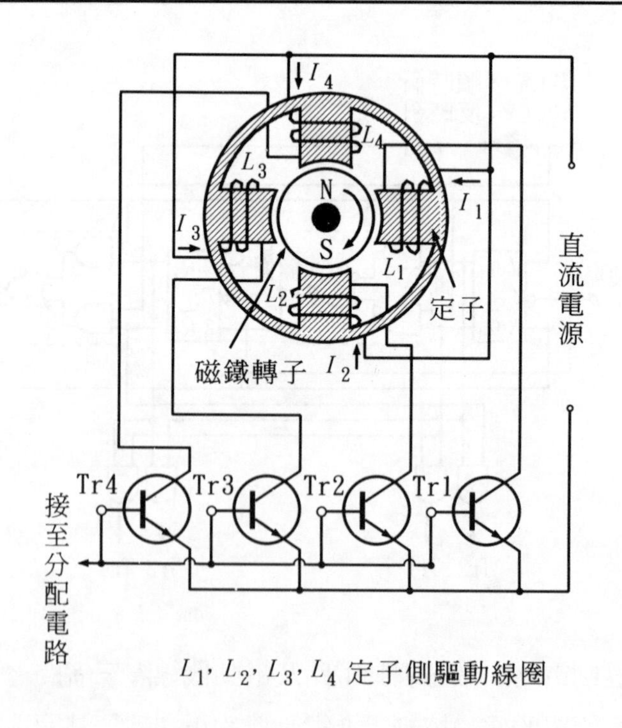

接下去我們利用圖 8－17 配合圖 8－16 說明步進電動機之動作原理。圖 8－16 中由分配電路送至激磁電路 Tr1 的第 1 相觸發信號使電晶體 Tr1 ON，此時定子線圈 L_1 因 I_1 之電流流動而被激磁，依佛萊明右手定則，在 L_1 線圈之左側（轉子側）感應出磁極 S，S 將吸引轉子之 N 極使轉子旋轉 90°。接著由分配電路送至第二相之信號使 Tr2 導通，L_2 線圈因 I_2 電流的流動而被激磁，與前述動作相同，在 L_2 線圈上端（轉子側）感應出 S 極，再度吸收轉子旋轉 90°。配合圖 8－16 之觸發順序並重覆上述動作，步進電動機便能持續地旋轉。

由上述步進電動機之基本動作原理可看出，步進電動機之旋轉必須有電路的配合；其轉子旋轉角度與輸入脈波的總數成正比，且轉速與輸入脈波的頻率成正比。只要脈波頻率大到某一程度，步進電動機亦可因轉子的慣性而連續旋轉，惟此運轉方式並未運用到步進電動機之優異控制特性。眞正使步進電動機具有實用價値的驅動方式，包括了間歇驅動、變速驅動、微步進（micro step）驅動等不易利用其他電機實現之運轉方式。

以下我們列出步進電動機的一般應用特性。

⑴步進電動機必須使用電子元件構成之控制電路來驅動，包括了將脈波信號分配在各相線圈繞組的邏輯分配控制電路，以及供給繞組激磁電流之驅動電晶體電路。

⑵輸入端爲脈波，步進電動機的輸出依一定的步進角度轉動，且旋轉角度與輸入的脈波數有關，旋轉速度亦與脈波的頻率成正比。

⑶步進電動機的角度誤差一般爲基本步進角的 ±5% 左右，且此誤差並不會隨輸入脈波數增加而累積，適用於高精度的位置控制。又由於步進角度可以設計爲十分地小（如四相混合式之 1.8°或 0.9°），可實現電氣性的微角度調整。其他諸如間歇性地驅動（如一天轉一個步進角）、變速旋轉等特殊控制型式，皆可由步進電動機實現。

(4)步進電動機在無脈衝輸入時，只要能維持激磁電流，轉子可得到維持轉矩（Holding torque）而保持在一定的位置不動（PM型或混合型之步進電動機即使切離激磁仍可維持轉矩），因而其起動及停止特性良好，可不需複雜的閉回路便得到正確的速度及位置控制。

(5)步進電動機極易與微電腦或IC控制電路相結合，適用要求精度之數位控制系統。

另外對於步進電動機在空隙構造及步進角度設定方面的一些基本事項分述如下。

1.步進電動機之空隙

步進電動機為一極精密的電機。在相同的激磁電流條件下，定子與轉子間的空隙愈短，則磁通密度愈高且轉矩愈大，此時在決定位置的精確度亦愈良好。

2.步進電動機之步進角

步進電動機在應用上一個很大優點便是能得到轉子很小角度的轉動特性，相對於定子轉子每轉動一次的角度即步進角。VR型步進電動機步進角 θ 與電機定子相數 m 及轉子齒數 N 間之關係可利用下式表示，

$$\theta=\frac{360^{\circ}}{mN} \tag{8-2}$$

由上式可知，如欲得到較小的步進角，不是電機之相數增加便是轉子的齒數增加。對於定子驅動繞線之相數一般都使用二相，三相，四相及五相，五相以上之多相電動機雖在原理上可能，但由於過多的相數造成驅動電路非常複雜，實用上並不經濟；故欲得較小角度之驅動型式必須增加轉子的齒數，此時定子的齒數亦必須對應的增加以得到足夠的轉矩。對PM型電機由於轉子磁極數固定，故其步進角都較

大；而 HB 混合型步進電動機因綜合了 PM 及 VR 型之優點，步進角度可為（8－2）式之二分之一。

步進電動機的定子構造基本上有如圖 8－18 所示之兩種不同型式。圖 8－18 (a)適用於較大步進角之電動機型式。此種繞線圈之大齒一般稱為極（pole），此極的齒可全體形成 N 極或 S 極，主要由繞線的電流方向決定。圖 8－18 (b)之定子構造適用於較小步進角之步進電動機型式，如 VR 及 HB 型。此種定子一極上有數個小齒（圖中所示為 6 小齒），其與轉子齒具有同一「節距」的細齒，即普通所謂定子齒。為避免誤解，定子上與轉子的齒同一節距的齒特稱齒，或小極，整個定子極稱為極齒。如圖 8－18 (b)之一極齒有 6 個小齒。

圖 8－18　步進電動機之定子構造

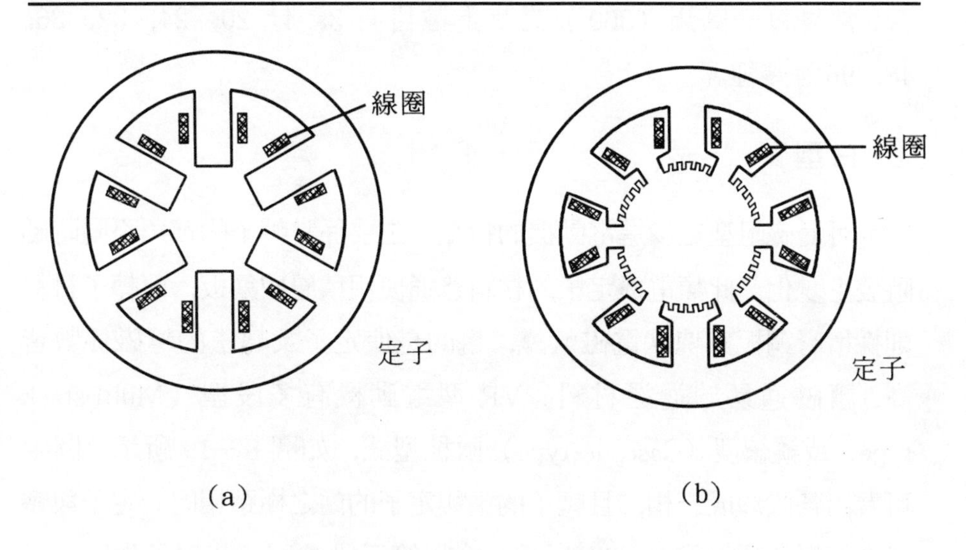

8－2－2　步進電動機之分類

步進電動機雖有各式各樣之種類，但應用時仍需依不同的使用目的及配合電機特性，予以靈活應用。在進行步進電動機分類時，一般多採依磁路結構的不同而區分，此外亦可利用運動型態、驅動繞組、外觀、激磁方式、通電方式等的不同而予以分類。按照磁路構造可將步進電動機分類為 PM（Permanent Magnet）永久磁鐵型、VR（Variable Reluctance）可變磁阻型及 HB（Hybrid）混合型。

1. PM 型

永久磁鐵型之步進電動機係指轉子使用永久磁鐵之構造，圖8－17所示之步進電動機截面即屬 PM 型，其控制線路可知步進角為 90°；若定子之極齒數目加倍（變為 8 個），則此四相步進電動機之步進角減半為 45°。PM 型之步進電動機據此原理使步進角減小，但定子極齒增加有一定界限，故此型電機適用於較大角度、低速驅動的應用場合；常見每一圓周（360°）之步進數目有 3，4，20，24，32，36，48，96 等幾種。

2. VR 型

可變磁阻型之步進電動機的特點，主要係當轉子的轉角不同時磁阻發生變化，此類電機定子的材料普通使用積層矽鋼板，而轉子材料則採積層鋼板與塊狀電磁軟鐵，目的是使定子及轉子的導磁係數皆高，讓磁通易於通過材料。VR 型電動機有多段型（Multi-stack type）或縱續型（Cascade type）兩種型式，如圖 8－19 所示。圖中可看出各段形成一相，且轉子的齒與定子的齒之極距相同。定子與轉子之相對位置如圖 8－20 所示，今以第三段激磁，若轉子齒與定子齒如相對就形成安定的位置，此時第一段的齒節距偏離第三段參考位置$\frac{1}{3}$節距，而第二段則在相反方向偏離 $\frac{1}{3}$ 節距。常見每一圓周形成的步進數目從 24，36，40，48 變化至 2000 等多種不同類型，步進角則可依（8－2）式求出。

圖 8－19　VR 型步進電動機轉子不同構造型式

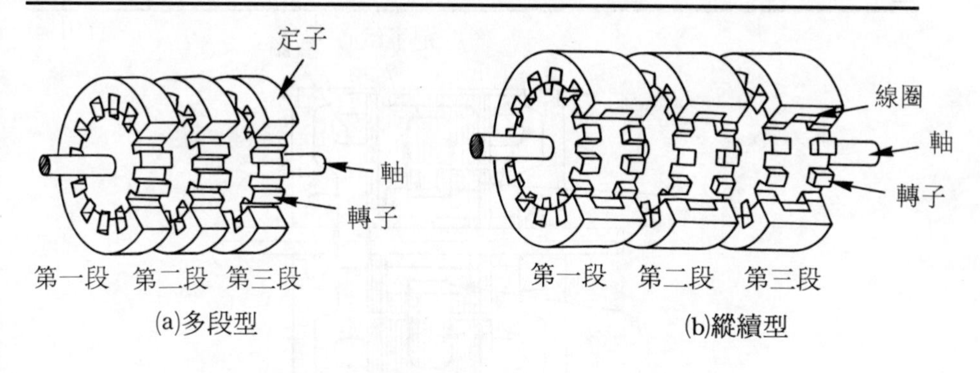

圖 8－20　三相 VR 型步進電動機定子與轉子之關係

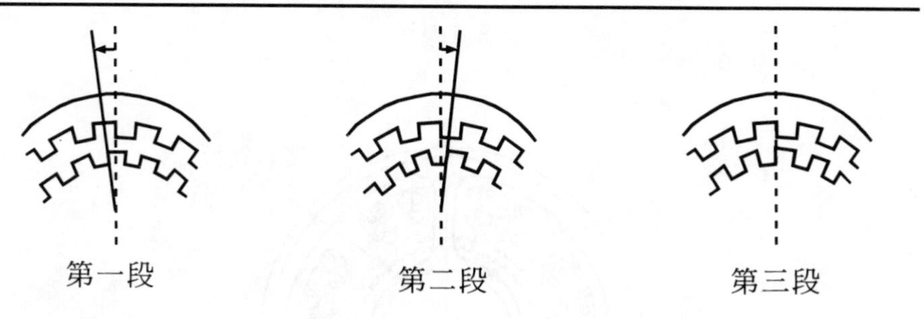

3. HB 型

所謂混合型的步進電動機便是將 VR 型及 PM 型兩種型式混合。其中定子的鐵心（core）與 VR 型相同，但線圈的繞法並不相同，參見圖 8－21 之 HB 型截面構造圖。在 VR 型之步進電動機，其極齒只纏繞某一相之線圈，但 HB 混合型之電機每一極齒纏繞不同相的線圈，如圖 8－21(b)之①，②，③，④編號。

HB 型步進電動機之另一特色在其轉子的構造，如圖 8－22 所示。轉子分內外兩層，內層爲圓筒形的永久磁鐵，外層構造具有許多的凹凸齒，由軟磁性體使用積層矽鋼片分成 N 極及 S 極兩部分。値得注意的是 N 極與 S 極側軟鐵部分的齒彼此偏離半節距，即凹凸互相對應。

圖 8－21

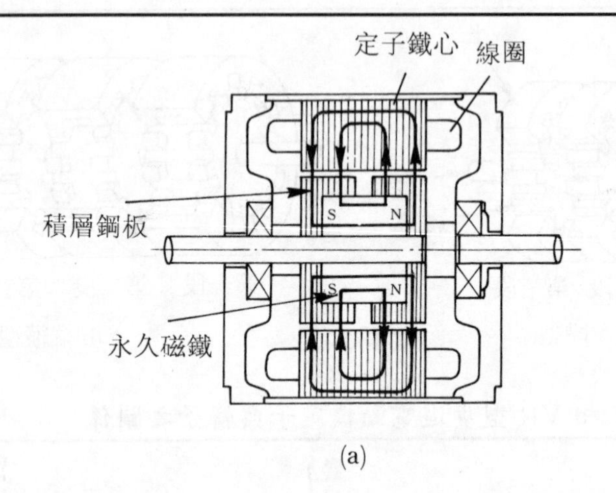

(a)

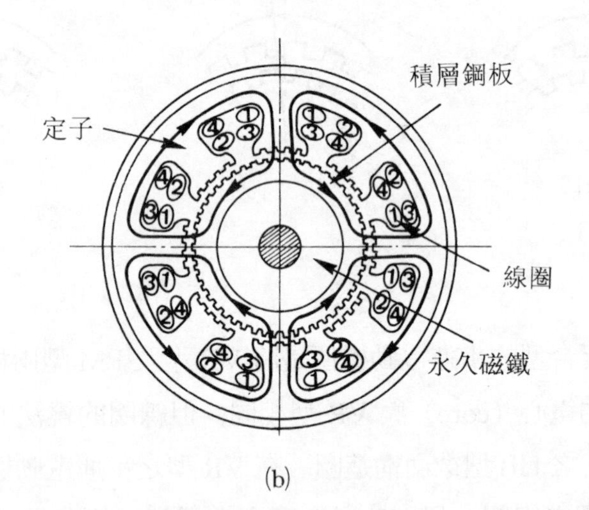

(b)

圖 8－22　HB 型步進電動機之轉子構造圖

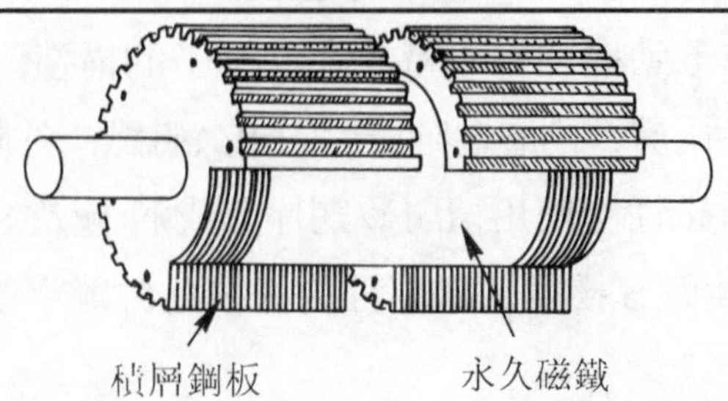

在步進電動機內定子與轉子中形成的磁路可參見圖 8－21 中之實線部分。定子線圈產生之磁通路徑如(b)圖所示，只通過轉子外層導磁係數較高之軟磁性體部分；而轉子永久磁鐵所生成之磁通路徑則可由圖 8－21(a)中之實線看出。此兩種磁通一起作用產生轉矩，此乃混合型名稱由來的一種解釋。從另一觀點而言，HB 型電機利用永久磁鐵的作用（PM 型式），及用轉子上軟性磁體的凹凸構造以形成很小步進角的功能，可視為同時結合了 PM 型及 VR 型步進電動機雙方優點而形成的一種電機構造型式，惟價格上較為昂貴。

8－2－3　步進電動機的激磁方式

所謂激磁是在線圈上通電流使定子磁極產生磁化的現象。依驅動繞線之相數的不同，其激磁方式也隨之變化，二至五相步進電動機常見的驅動方式可參見表 8－1。激磁狀態之變化可由激磁驅動電路中電流在電晶體元件中交換導通之順序（Sequence）決定。現以二相步進電動機的四種基本激磁方式說明如下。

表 8－1　各種步進電動機常見之激磁方式

二相步進電動機	1 相、2 相、1－2 相、微電腦等激磁方式
三相步進電動機	1 相、2 相、1－2 相、雙繞阻 2 相、微電腦等激磁方式
四相步進電動機	1 相、2 相、4 相、雙 1－2 相、3－4 相、微電腦等激磁方式
五相步進電動機	1 相、4 相、2－3 相、4－5 相、微電腦等激磁方式

(a)1 相激磁方式

1 相激磁方式係指在電動機內每相線圈輪流通電之方式。此種激磁方式之特徵爲線圈功率小，且靜止角度特性優良；但由於導線利用率降低、轉矩小、阻尼特性（振動大）不佳，除了特殊用途外一般較少被採用。其激磁順序參見圖 8－23(a)。

(b)2 相激磁方式

2 相激磁方式係指電動機內不同相的兩線圈同時激磁之方式。因在二個線圈中同時有流通的電流，故輸出轉矩較大，且其阻尼特性亦較佳。這是步進電動機最常被採用的激磁方式，各相線圈激磁的順序參見圖 8－23(b)。

(c)1～2 相激磁方式

1 相激磁與 2 相激磁交互進行之激磁方式，亦即在某一脈波輸入時僅有一線圈激磁，等到下一脈波抵達時再激發另一線圈而呈二線圈同時激磁狀態，其激磁順序參見圖 8－23(c)。因一相激磁與二相激磁的平衡穩定點在電工角 45°，可使電動機停止在每基本步進角的一半地方，故此種激磁方式又被稱爲半步進驅動（Half-step drive）。5 相以上之電動機的激磁，半步進驅動變成 2－3 相激磁或 3－4 相激磁。二相激磁所需功率爲 1 相激磁時的兩倍，加入 2 相激磁的主要目的是利用 2 相激磁之制動效應來減少轉子的振盪現象。

(d)微電腦控制激磁方式

基本上步進電動機每接受一脈波的輸入信號，即旋轉一基本單位的步進角。如控制轉換各相線圈上流通的激磁電流，可使步進電動機停在比基本單位步進角更小之任意角度位置，此種方式稱之爲微電腦

圖 8-23　二相步進電動機之三種基本激磁方式

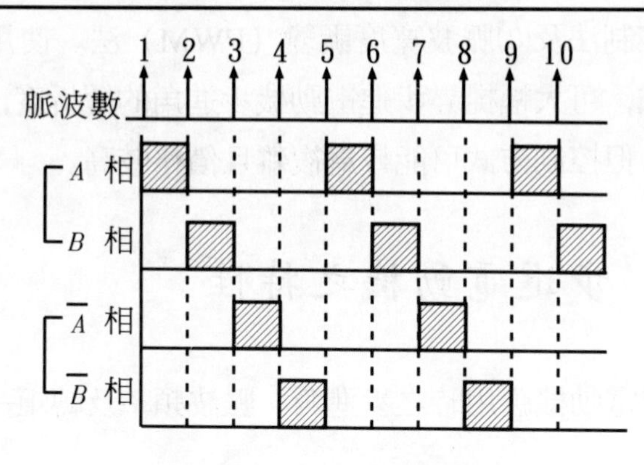

(a)1相激磁

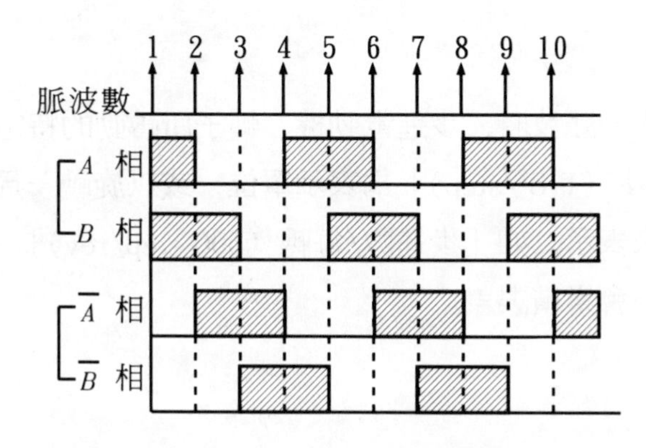

(b)2相激磁

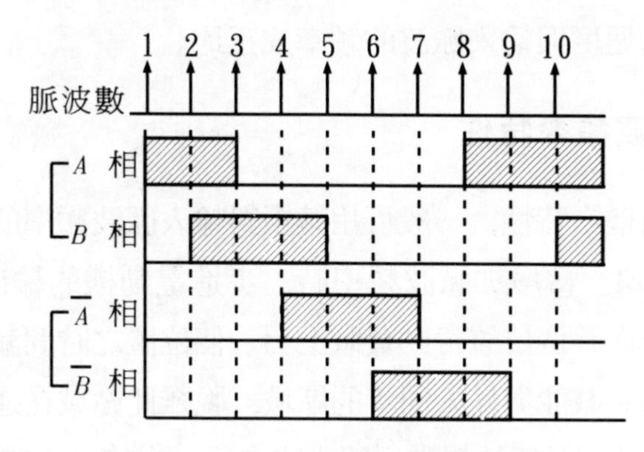

(c)1～2相激磁

或微步控制激磁。一般使各相電流分相之方法可包括：(1)類比控制法，(2)數位控制法及(3)脈波寬度調變（PWM）法。使用微電腦來控制激磁之方式，可大幅提昇步進電動機步進角的解析度，並使運轉變得更爲平滑，但控制方式可能較爲複雜且價格較高。

8－2－4　步進電動機之特性

針對步進電動機應用時之步進角、脈波頻率及轉矩—脈波頻率特性說明如下。

1.步進角

外部輸入一脈波時，步進電動機、轉子所轉動的特定角度。可利用「角度/每步（1.8°/step）」爲表示單位，或以旋轉一周（360°機械角）有幾步來表示，如「步進數/每轉（500 step/rev）」。角度的誤差量很小，且不會累積誤差。

2.脈波頻率

每秒輸入的脈波數，一般以 pps（pulse per second）表示。步進電動機轉動的速度與輸入脈波的頻率成正比。

3.轉矩—脈波頻率特性

步進電動機之特性，一般可用轉矩對輸入脈波頻率的關係曲線表示，如圖 8－24。當增加脈波頻率時，步進電動機的輸出轉矩減少，這是由於轉子從一個位置帶動負載至另一個位置之時間減少所致。圖中之起動區爲負載能與輸入同步的區域，脫離此區域在運轉區時步進電動機亦能同步，但無法起動，停止或自行反向旋轉。其中 T_{max} 爲起動時之最大轉矩，常以10 pps時之轉矩爲準。無載狀況下脈波頻率須

圖 8－24　步進電動機之轉矩—脈波頻率特性

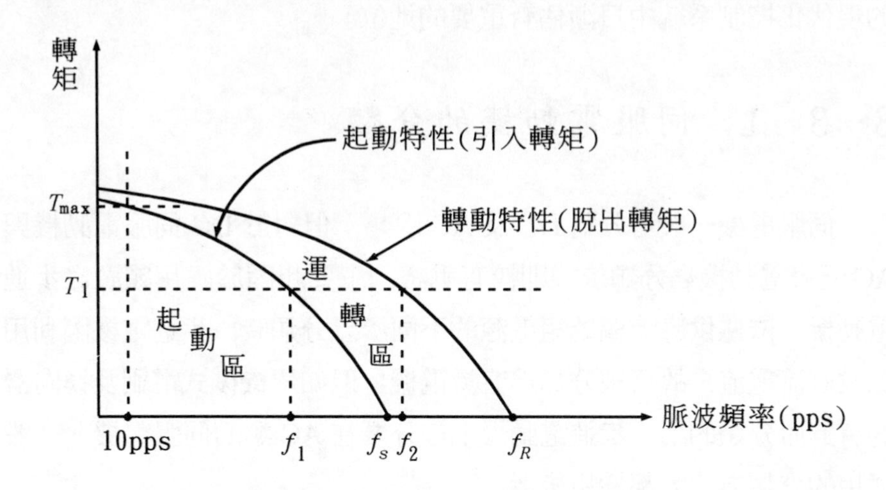

小於 f_s，步進電機才能順利起動；若所接負載轉矩為 T_1 時，脈波頻率須小於 f_1，電機才能起動。起動後進入運轉區（Slew range），表此時負載能與輸入同步，其頻率響應可達 f_2，無載時更可高達 f_R。一般步進電動機在應用時大都借重其超低速具有大轉矩，甚至靜止時有高保持轉矩以保持在停止位置上的特性，以上特性皆可由圖 8－24 中看出。

8－3　伺服電動機

伺服（Servo）驅動系統是一種利用功率放大回授的控制系統，主要用於控制系統中的位置、速度或加速度，而被使用於伺服系統中的電動機即被稱為伺服電動機（Servo motor）。早期伺服電動機因控制用的功率放大技術並不十分發達，所以伺服電動機主要用途是做為顯示器或信號傳送用途，例如同步器（Selsyn）或感應型之二相伺服電動機等；後來隨著控制理論的發展、電動機性能的改善以及半導體及微電腦控制技術的大幅進步，使得伺服電動機才於要求精確、迅速的現代化控制系統中日漸佔有重要的地位。

8-3-1 伺服電動機的分類

伺服電機一般可分為DC及AC兩類，但對於DC伺服電動機與AC伺服電動機之分類依據則較有爭議，主要起因於應用頗廣之步進電動機。依據供應電樞繞組電源的不同予以分類時，步進電機因利用脈波直流電流，故可被分類為直流電機；但如依機械式電刷及換向器的有無而分類的話，步進電動機則被分類在AC類的伺服電機。一般通用的分類方式大都採用後者。

1.DC伺服電動機

DC伺服電動機的構造與直流電動機類似，就數位控制的觀點而言，DC伺服電動機具有優越的可控制性與控制裝置成本較低的特點，因此是一種頗為理想的電動機型式；但其最大缺點是有機械接觸式電刷及換向器的存在。最近對無刷型直流電動機應用於伺服系統的研究正受到期待，但以經濟及控制層面進行比較時，具有電刷的直流電動機仍受到高度的評價。

直流電動機之特性於第七章已有介紹，應用於伺服系統中最大的特色在於因電樞電流所產生的轉子磁場與定子磁場方向垂直，故可得較大的輸出轉矩，並可經由控制電樞電流的大小而直接控制轉矩。其功率放大部分通常使用二象限或四象限的截波器，但截波器有整流的臨界限制以及損失。電刷閃絡則限制了電樞電流的大小，故一般直流伺服電動機的容量則小於1 kW；運轉壽命則需視負載及工作環境而定。此類電機應用上最大的缺點在於電刷等換向裝置需定期替換維修，且運轉時易產生噪音、雜訊及閃絡等現象；但因其具有容量小但能產生大轉矩，以及效率高、響應速度快的優點，再加上價格較 AC 伺服電機低且體積小的優點，使得直流伺服電動機在實用上仍具有相當的價值。

2. AC 伺服電動機

AC 伺服電動機的功率放大器一般使用三相換流器，而電動機則採用三相永久磁鐵型式的同步電動機或三相鼠籠式感應電動機；前者常稱爲 SM（Synchronous Motor）伺服電動機，而後者稱爲 IM（Induction Motor）伺服電動機。交流伺服電動機與直流伺服電動機比較起來，在保養維修、檢查及耐環境性、可靠度及使用壽命方面皆較直流伺服電機爲佳；如能在半導體控制技術及電動機製造技術得到大幅進展及降低成本，交流伺服電動機的應用領域將更爲廣泛。

⑴SM 型伺服電動機

此型電機即直流無刷型電機，其構造如 8－1 節所述，轉子爲永久磁鐵所構成。動作原理在於定子繞組產生的磁場方向必須隨轉子磁鐵磁極的旋轉而變動，在檢測出轉子位置後再由驅動電路控制定子繞組的電流，其同樣使定子磁場與轉子磁場方向互相垂直的特性得到最大的轉矩。在效率上小容量之 SM 型電機比 IM 型的伺服電機優越，爲目前使用最廣的伺服電動機型式。

SM 型伺服電動機應用上最大的問題在於因爲轉子爲永久磁鐵，在安置及磁性的飛散防止技術方面必須特別注意，爲此許多製造廠家將其最高運轉速度限制在 3000 rpm 以下；另外因永久磁鐵有所謂減磁問題，因此電樞電流有所限制，以避免電動機無法產生正常轉矩。一般 SM 型伺服電動機最適當地容量範圍爲 50 至 2000 瓦特。

⑵IM 型伺服電動機

IM 型伺服電動機與 SM 型伺服電機主要不同點在於其轉子爲鼠籠型式，且轉子磁場是靠感應電流所產生的。因爲三相感應電動機的定子電流可轉換成類似直流電動機之磁場與電樞兩電流成分，使得感應電動機的控制如同直流伺服電機一樣地簡單。因爲這二種電流成分爲互相垂直的向量，特稱此種控制方式爲向量控制（Vector control）。

與SM型伺服電動機比較，IM型伺服電動機最大的缺點在於其小容量電機之運轉效率較差，且因轉子本體會有發熱現象需有特別冷卻之設計；因此IM型伺服電機適合作大容量電動機的控制，較適當的容量大於1 kW。

8－3－2　伺服電動機之基本控制型態

爲了適應外界及負載的變動，以達到位置、速度或加速度等之控制目的所使用之控制系統，稱爲閉回路（Close-loop）之控制系統。與步進電動機常使用之開回路（Open-loop）不同的是，現代高精度的伺服電動機大都採用具有回饋（feedback）系統之閉回路控制，而形成所謂之伺服系統。不管是作爲DC伺服電動機或AC伺服電動機所構成伺服系統的控制型式，都具有如圖8－25所示之方塊圖。此控

圖8－25　伺服電動機控制迴路之基本方塊圖

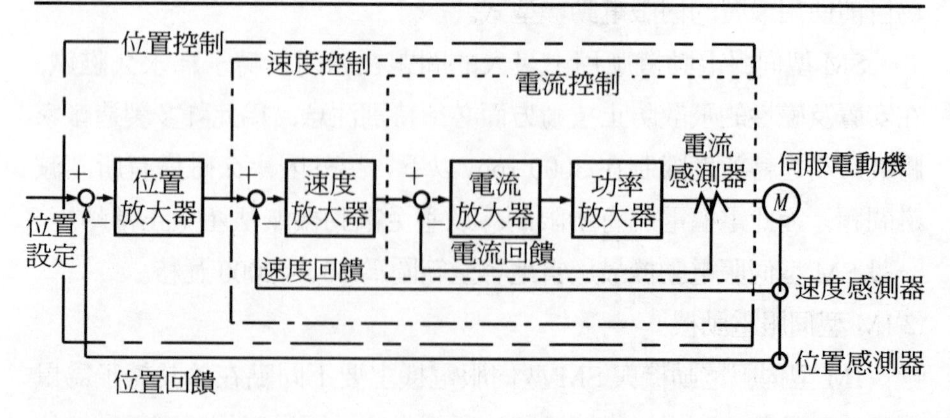

制回路之方塊圖中包含了幾個重要的部分：伺服電機、檢出器、功率放大器、電流控制回路、速度控制回路及位置控制回路。其基本作用爲伺服電機之輸出變化經由檢出器檢測出來後，再與輸入信號（包含電機之迴轉位置、轉速及轉矩）互相比較，如有誤差經由功率放大器送出驅動信號修正電機之輸出狀況。以下說明各部分之概括功能。

1.伺服電機

伺服控制系統中所用之電動機與普通負載（大致爲定速狀態）用之電動機所須具備之條件略有不同，其要求之基本特性包括：

⑴伺服電機通常不大用於定轉速或滿載轉速，反而大部分時間其旋轉速率在零點附近，或者是先順時針方向轉動幾轉，接著可能變爲逆時針旋轉或者停止；因而伺服電動機必須具有能迅速加速及反轉之能力（慣性需低），以及在零速附近之轉矩要相當高，即於很小信號時能瞬間起動及迅速停止。

⑵伺服電機必須能往正負方向轉動，並且其轉速要能適應連續改變之控制及外界條件，因此其轉矩—速度曲線之斜率在運用範圍之零速附近必須爲負值，以使伺服電機運轉穩定且易於控制。

⑶伺服電動機爲減少定態誤差，其轉矩必須大於系統的靜摩擦轉矩；另外如二相電動機之伺服系統中，控制之輸入控制電壓爲零時，轉矩即等於零，轉子必須能夠立即停止不動。

伺服系統所用的交流電動機，可經由座標轉換及向量控制觀念，將 SM 或 IM 型之交流伺服控制型式，變成與直流伺服電動機類似較簡單的控制方式。SM 型之伺服電動機大多採用步進電動機，而 IM 型則大都採用鼠籠式感應電動機。鼠籠式感應電動機使用於小轉差率定速度較爲方便，但是因其構造簡單於放大器之製造上爲一大特點，另外此種電機因無電刷亦可減少摩擦力所造成的損失，維護上較容易。由於轉子繞組不需絕緣，轉子溫升限制只限於與機械相關之問題，若採適當方式冷卻定子繞組，可容許較高之轉子損失；因此若與相同規格之直流電動機比較時，材料可減少使其轉動慣量降低而使響應速率變快。鼠籠式感應電動機於低功率小轉差率之伺服系統應用頗廣，但轉差率變大時損失變大較不適合使用。

2. 檢出器和伺服控制機構

伺服電動機使用之檢出器主要包括了電流感測器、位置感測器及速度感測器，其目的是將伺服電機的信號偵測出來用以作為回饋補償之依據，感測器必須配合控制回路的使用，且其技術與半導體技術有密切關係。

常用的電流感測元件為電阻器及霍爾比流器（Hall CT），結合了電流放大的控制回路後之電路如圖 8－26 (a)之型式，電動機負載電流與電流設定值比較後產生之偏壓電壓經 PI 控制器後，經由功率轉換器驅動伺服電機。若為交流伺服電動機，則在考慮電流為正弦波之情況下可採用圖 8－26 (b)所示之控制線路。

轉速與位置感測元件主要利用光或磁兩種不同媒體作為檢測之依據。光學式感測器通常必須配合發光源與縫隙轉盤，以類似前述圖 8－6之轉動編碼器（Rotary Encoder）作為位置的檢測。常用的光感測器包括 CdS 電池、光電晶體、光電阻等，而發光源則可使用光二極體。另一種常用之磁式感測器為霍爾元件，利用霍爾元件檢測磁極位置之磁性編碼方式已於 8－1－1 節中討論，可參見圖8－10 (a)中附有霍爾元件之四相二極無刷電動機驅動線路。磁式檢出電路除了如圖 8－10 (a)中利用電晶體構成交換電路之型式外，亦可利用運算放大器將霍爾元件之兩電壓輸出端接至放大器的輸入端，以得到方波的輸出；此類檢出的基本電路如圖 8－27 所示。

除了上述之光式及磁式的檢測型式外，在轉速的檢測方面亦有利用如直流轉速發電機、頻率發電機等之感測裝置。直流轉速發電機主

圖8－26　伺服電動機電流控制電路

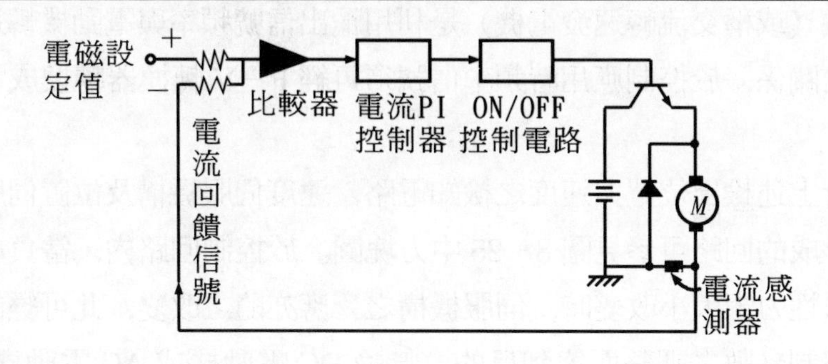

(a)DC型

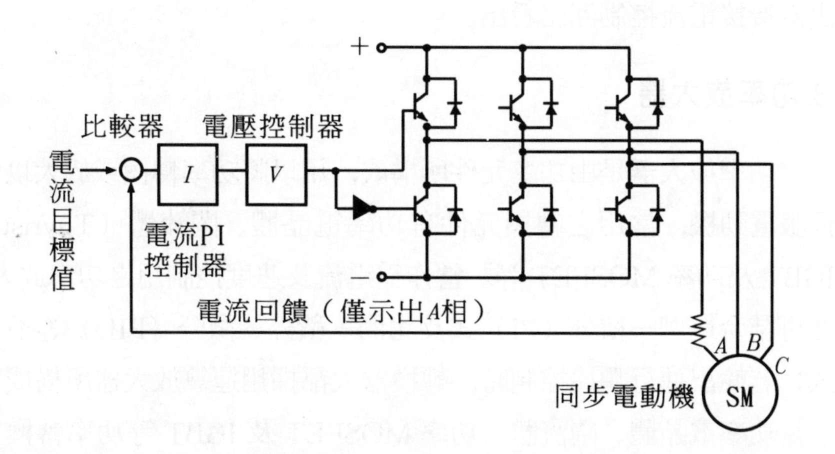

(b)AC型

圖8－27　利用放大器之霍爾磁檢出器

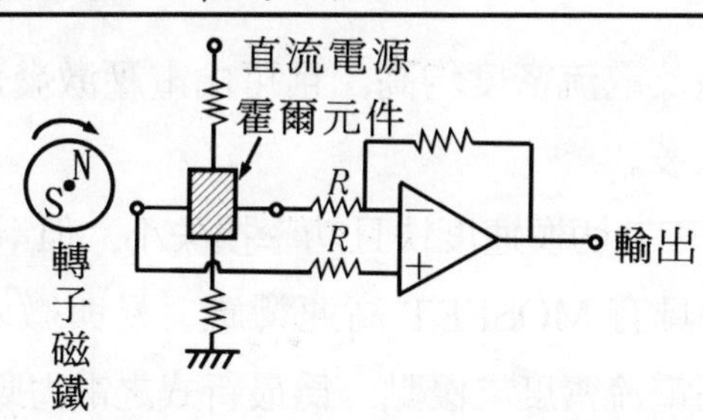

要利用發電機電壓與轉速呈線性關係之特性來測出轉速的大小；而頻率發電機（或稱交流轉速發電機）是利用輸出信號頻率與電動機轉速成正比之關係，於控制應用時頻率信號須再經 F－V 轉換器轉換成電壓信號。

配合上述檢出位置與速度之檢知電路，速度伺服機構及位置伺服機構所形成的回路可參見圖 8－25 中方塊圖。於控制回路內，當負載轉矩或慣性力矩大小改變時，伺服機構之響應亦隨之改變，此可經由回路中控制參數之調整而達到目的。無論 DC 電動機或 AC 電動機，經由電流控制速度之型式皆相同，此亦可由圖 8－25 之速度放大器端出直接接電流控制回路看出。

3. 功率放大器

功率放大器是由功率元件所構成，用以將功率轉換或放大以驅動伺服電動機，常用之轉換元件有功率電晶體、閘流體（Thyristor）、IGBT 及功率 MOSFET 等。當作為電流及速度控制用之功率放大時，亦可結合比例—積分（PI）式及比例—積分—微分（PID）等不同型式；若輸出進行類比控制時，轉換器大都採用運算放大器所構成。

功率電晶體、閘流體、功率 MOSFET 及 IGBT 等功率轉換元件之運用特性比較如下：

(1)功率電晶體切換速度無法太大且於作用區功率消耗大，但價錢較低。

(2)閘流體耐壓及電流密度均高，且可由電壓激發角度控制波形，應用場合頗多。

(3)功率 MOSFET 切換速度快且功率損失小，但電流密度較低。

(4)IGBT 同時具有 MOSFET 高速響應、易與微處機介面結合，及閘流體高電流密度之優點，為最新式之電力驅動元件。

8－3－3 伺服系統的功率驅動控制

功率放大器的驅動方式可大致分爲電壓控制及電流控制兩大類，以下先介紹並比較此兩種不同的伺服驅動控制方式。

1. 伺服電動機之電壓控制及電流控制方式

伺服電壓控制乃指控制伺服電機端電壓的一種基本控制方式，此時電機中之電流依負載大小不同而變化無法控制；典型之直流電壓控制電路如圖 8－28(a)所示，較實用之控制電路具電壓增益則如圖 8－28(b)所示。(a)圖中電機之端電壓等於 V_{in} 與電晶體基極射極間電壓 V_{BE} 之電壓差，(b)圖中電機端電壓在忽略了 Tr_1 電晶體之 V_{BE} 壓降後等於 $\frac{V_{in}(R_A+R_B)}{R_B}$，因而改變 V_{in} 可輕易控制電機之端電壓。交流之電壓控制型式參見第 5－8－1 節。

圖 8－28 伺服電機之電壓控制基本型式

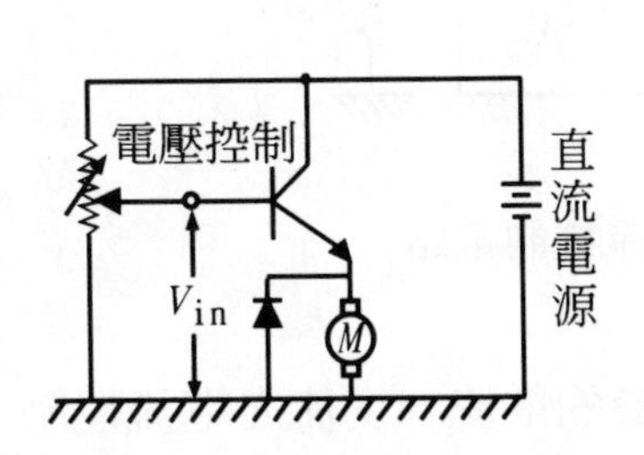

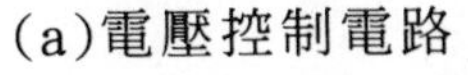
(a)電壓控制電路

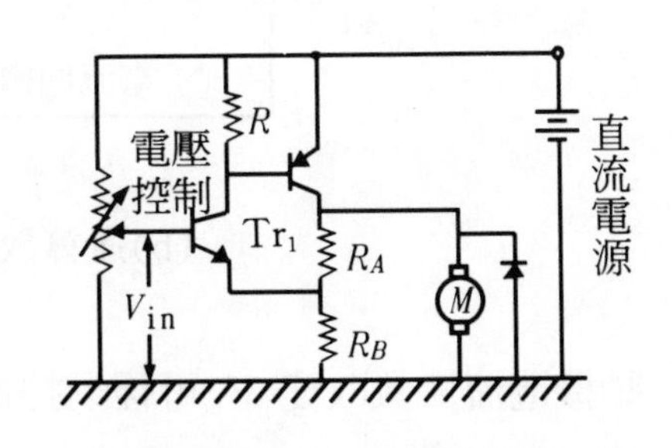

(b)具電壓增益之電壓控制電路

伺服電流控制乃指控制伺服電機中流過電流之方式，此時電動機之端電壓依負載不同而變無法控制；典型之直流電流控制電路如圖 8－29(a)所示，亦可利用運算放大器加入電流回饋構成，如圖 8－29(b)。(a)圖中忽略 V_{BE} 壓降後集極電流 I_E 等於 $\frac{V_{in}}{R_E}$，而 I_E 大約等於電

圖 8－29 伺服電動機之電流控制基本型式

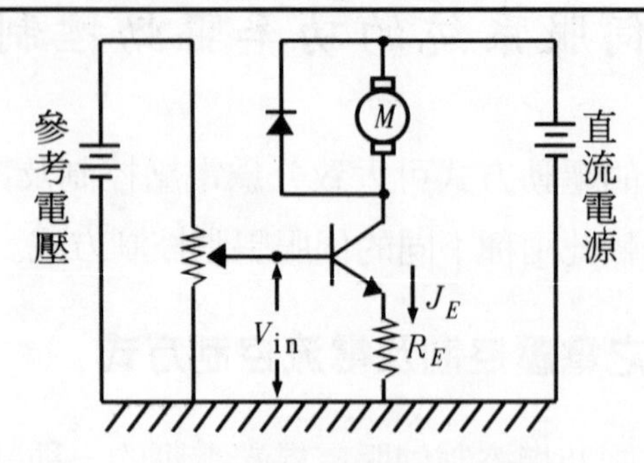

(a)電流控制電路

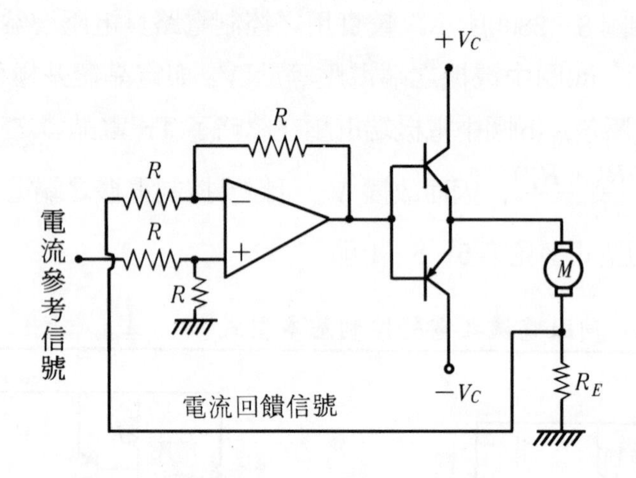

(b)運算放大器之電流控制電路

動機電流，故改變 V_{in}可輕易控制流過電機的電流。交流之電流控制型式參見後述之 PWM 控制。

一般而言，電壓控制型電路因電動機線圈的反電勢關係，不能瞬時控制電樞電流，較不適合要求高速響應的控制系統，應用時亦需有防止過電流破壞之電路。而電流控制型電路因能直接控制與轉矩直接相關的電流，故適合要求高速響應的系統。除了以上兩種控制方式外，伺服電機內最常被使用之控制方式是脈波寬度調變（Pulse

Width Modulation，簡稱 PWM）法，此類控制法配合功率放大器之轉換電路介紹如下。

2.伺服電機功率放大器之轉換電路

供應伺服電機之功率必須依電機為 DC 或 AC 型，及電源型式而有不同之轉換電路，以下介紹幾種常見的轉換型式。

(1)AC－DC

由交流電源轉換成直流電壓時，一般採用由閘流體或功率電晶體所構成的功率轉換線路。此線路可分為全由閘流體組成之純橋式電

圖 8－30　AC－DC 電壓控制線路

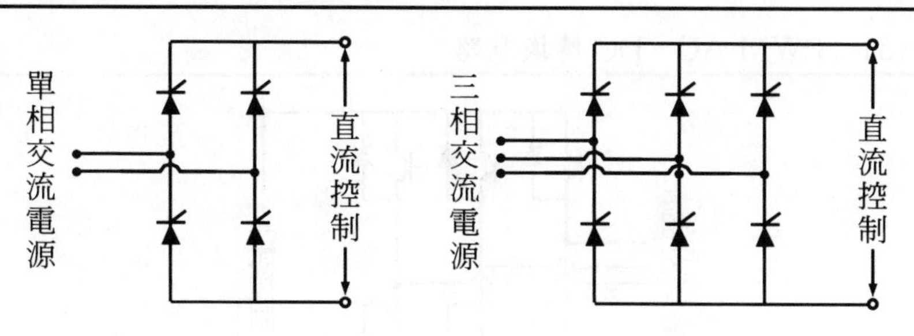

(a)純橋式AC-DC線路

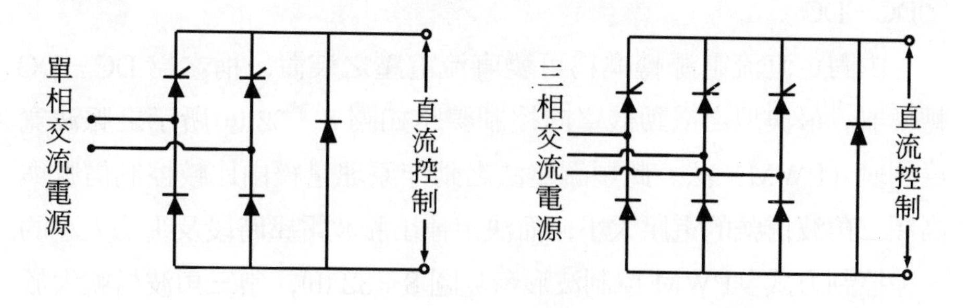

(b)混合式AC-DC線路

路，或由二極體與閘流體組成之混合橋式兩種電路，如圖 8－30(a)，(b)所示之基本線路，經由控制閘流體（如 SCR）之激發角度可執行電壓之控制。在相同激發角下，混合式的功率因數較純電橋好，但應用至三相線路時會於電源端產生偶次諧波電流、輸出端出現第三諧波，故並不鼓勵使用。

另一種 AC－DC 之電壓控制方式利用輸入脈波寬度調變（PWM）轉換方式，來進行電晶體 ON－OFF 開關控制，電路圖如圖 8－31 所示。此類調變方式可調整的電壓範圍不大，但與電壓式換流器（inverter）配合將直流轉換成交流，可用以執行電源之再生及改善功率因數，並降低諧波電流。

圖 8－31 PWM AC－DC 轉換電路

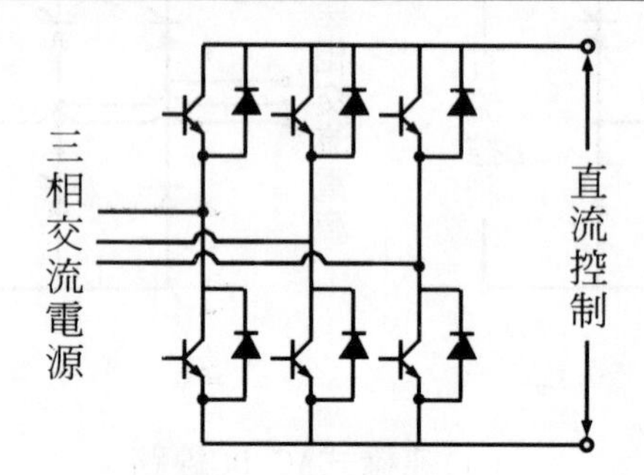

(2)DC－DC

由固定直流電源轉換為可變直流電壓之裝置，稱之為 DC－DC 轉換器。最典型之電動機單向控制線路如圖 8－32 (a)所示之脈波寬度調變（PWM）法。此類調變法之動作原理是經由比較控制信號與高頻三角波信號的電壓大小，而決定輸出脈波電壓時段及平均大小的一種控制方式。PWM 控制波形參見圖 8－32 (b)，當三角波信號大於控制信號時，比較器之輸出使電晶體 OFF；反之使電晶體變成 ON 狀態。只要改變控制電壓之準位，即可改變脈波的工作週期，進而控制電動機電樞電流 I_M；I_M 電流於電晶體 ON 時增加，OFF 時減少。

圖 8－32　直流－直流波寬調變控制

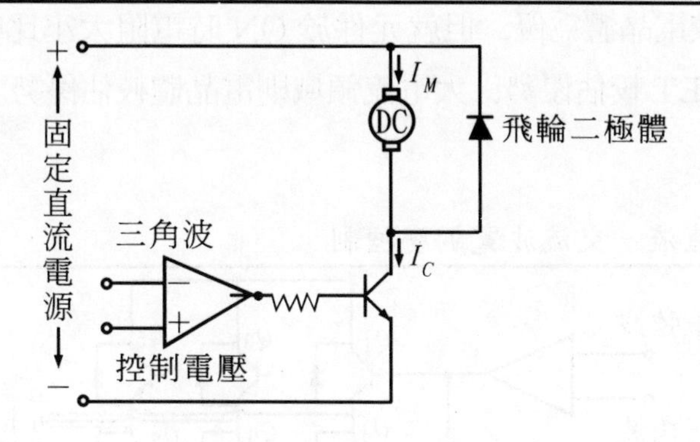

(a)PWM單方向驅動電路

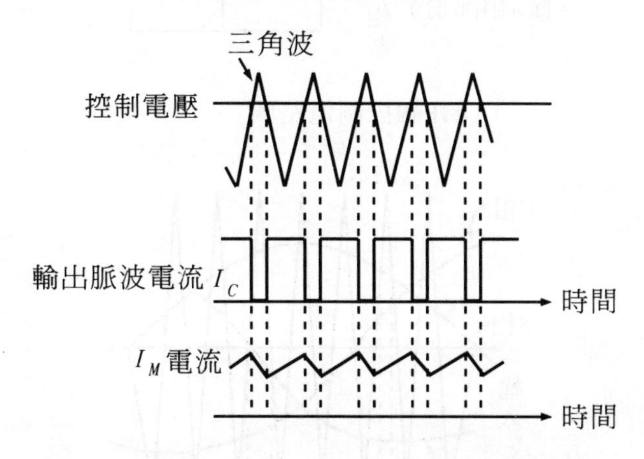

(b)PWM控制波形

PWM 控制之特色在於電路中作爲功率放大之電晶體，均工作於其飽和區而呈類似開關之動作，因此電晶體消耗之功率可大幅降低，提昇整個轉換線路之效率。圖 8－31(a)中與電樞並聯之二極體在釋放因電晶體 OFF 瞬間，於繞組兩端感應生成反電勢所貯存之磁能。PWM 控制運轉時必須注意其工作頻率（由三角波之頻率決定）不可太低，否則電動機之轉動會產生振動及噪音的現象。PWM 交換頻率變高固然可使負載電流 I_M 變得比較平滑（濾波較少），但 PWM 控制所用電力元件之交換速度亦須與之配合方可。就交換速度而言，MOSFET 較電晶體爲優，但就元件於 ON 時電阻大小比較，小電流領域 MOSFET 較佔優勢，大電流領域則電晶體較佔優勢。

(3)DC－AC

圖 8－33　直流－交流波寬調變控制

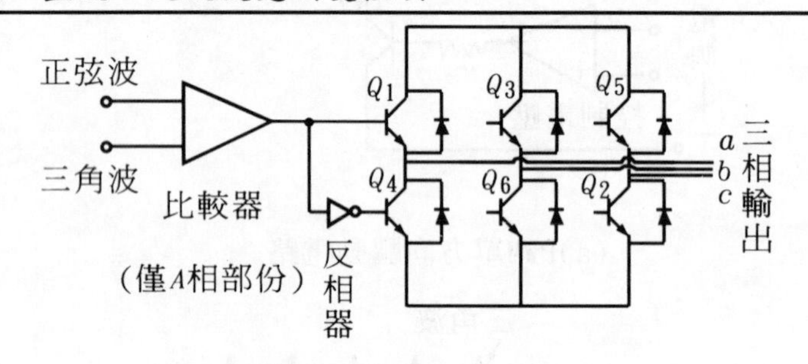

(a)PWM控制電路圖

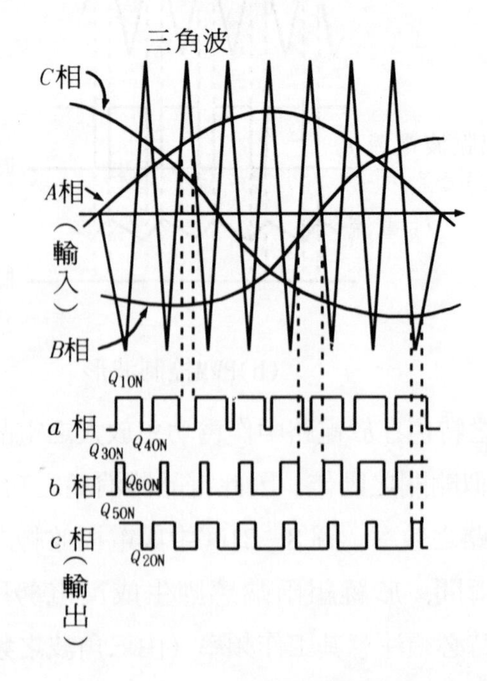

(b)動作波形

欲執行 AC 電動機之控制時，加於電動機上之電壓與頻率為可變 (variable voltage variable frequency，即 VVVF)，如 5－8－3 節所述。此種電源一般係以直流構成，若採交流電源雖可達此目的，但因使用之半導體元件數目過多電路會變得較為複雜，除非大型電動機，否則多採直流電源進行轉換，此種由直流電源產生交流之裝置稱之為換流器 (Inverter)，以下介紹此種換流器中常用之 PWM 控制法。

與 DC－DC 之轉換控制相同，DC－AC 之 PWM 控制亦可利用三角波之比較方式，如圖 8－33 之電路及波形。

3. 伺服電動機之驅動聯接機構

最常見的直流伺服電動機於閉回路控制時之聯接型式，是將產生速度回饋信號之直流發電機，及產生位置回饋信號之脈波產生器直接聯在同一旋轉軸，如圖 8－34 所示。直流發電機通常又稱 Tachogeneration (簡稱 TG) 能產生與轉速成正比之輸出電壓當作為速度回饋信號。由於構造關係，直流發電機之電壓波形無法避免漣波 (ripple)，故設計上增加電樞的槽孔數，使場磁通之分佈儘量均勻；或採用濾波器。脈波產生器則常用光學式且與直流發電機聯接在一起，光的感測方式可參見圖 8－6。

圖 8－34 DC 伺服電動機典型控制系統

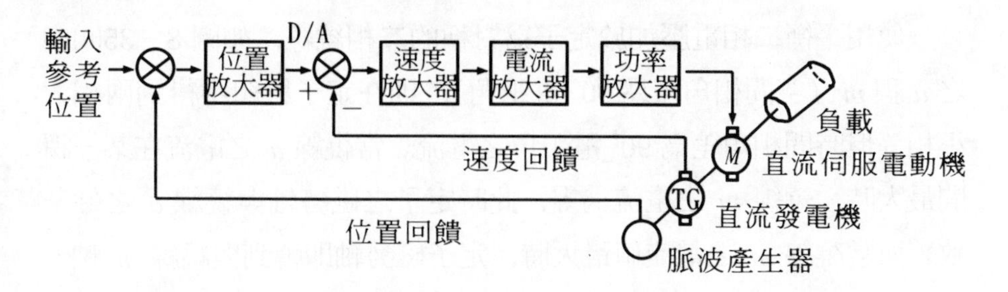

此種自動伺服系統所用之直流電動機其輸出功率大都為 100 瓦特

以下之二極式構造，若爲更大之功率輸出需使用 4 極或 6 極等多極式電動機。直流電動機可採用無刷型式，而做爲位置回授之脈波產生器亦可利用一組精密電位計及減速機構構成之元件替換。高速印表機、X－Y 繪圖機、自動記錄器、自動化之工業機器人等皆爲此類伺服系統常見的應用場合。

8－4 其他

8－4－1 二相控制電動機

在第五章已介紹了單相感應電動機利用雙旋轉磁場理論所推導出之運轉原理，基本上此電機由單相電源在定子繞組中產生兩定值波幅的磁勢波，在同步轉速下以相反方向轉動，但在任何瞬間之合成磁場值爲正弦分佈，且在空間上是靜止的，因此單相感應電動機無法產生起動轉矩，必須經由定子繞組中加入一組與主繞組相差 90°電工角之輔助繞組，以形成不同相之電流來產生旋轉磁場以起動單相感應電動機。此種起動過程可視爲一不平衡的運轉（Unbalanced operation）型式，即爲本節對稱二相電機之運轉原理。

使用平衡二相電壓加於定子爲對稱的二相繞線，如圖 8－35(a)中之 a 與 m（空間相角差爲 90° 電工角），則在定子繞組中得到兩相大小相等但時間相角差爲 90° 電工角之電流。當繞線 a 之電流在某一瞬間最大時，繞線 m 之電流爲零，此時定子之磁勢軸與繞線 a 之軸一致；而當繞線 m 之電流值最大時，定子磁勢軸即轉到與繞線 m 軸一致。因此，當定子磁勢波在時相上之相角差 90° 時，空間就旋轉 90° 電工角，而其旋轉方向則依外加電壓之相序而定。

圖 8－35　不平衡二相電動機及其對稱分量

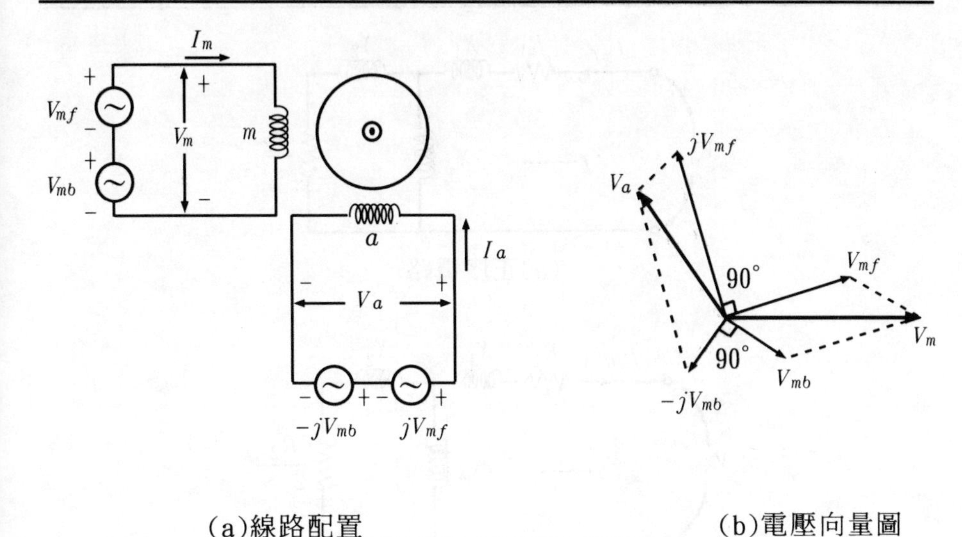

(a)線路配置　　(b)電壓向量圖

二相電動機之特性及動作決定於外加電壓的相序。當外加電壓 V_a 在時間上超前 V_m 90° 電工角時，轉子以標么速度 n 從繞組 a 轉至繞組 m，此時每相之等效電路可如圖 8－36 表示。圖(a)中以下標 f 表示者表該相序爲正序（Positive sequence），因爲正序電流產生正轉之磁場，所以 V_a 較 V_m 滯後 90° 電工角；圖(b)以下標 b 表示者之相序爲負序（Negative sequence），此時負序電流產生負旋轉磁場，故 V_a 較 V_m 超前 90° 電工角。

圖 8－35(a)中係將兩相反相序之平衡二相電壓串聯加於其上，其中 V_{mf} 及 jV_{mf} 分別加於繞組 m 與 a 構成平衡的正相序，而另一平衡負序系統則由 V_{mb} 及 $-jV_{mb}$ 所構成。加於繞組 m 及 a 之合成電壓 V_m，V_a 的相量分別爲

$$\dot{V}_m = \dot{V}_{mf} + \dot{V}_{mb} \tag{8-3}$$

$$\dot{V}_a = j\,\dot{V}_{mf} - j\,\dot{V}_{mb} \tag{8-4}$$

各成分之向量如圖8－35(b)所示，由圖中向量之合成可知，不平衡之

圖 8－36 不平衡二相電動機之等效電路

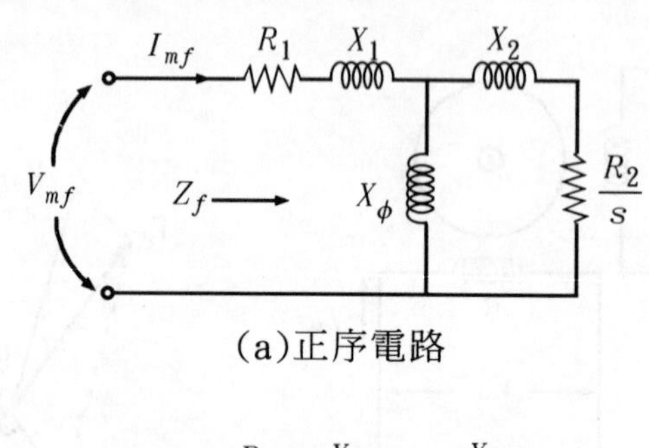

(a)正序電路

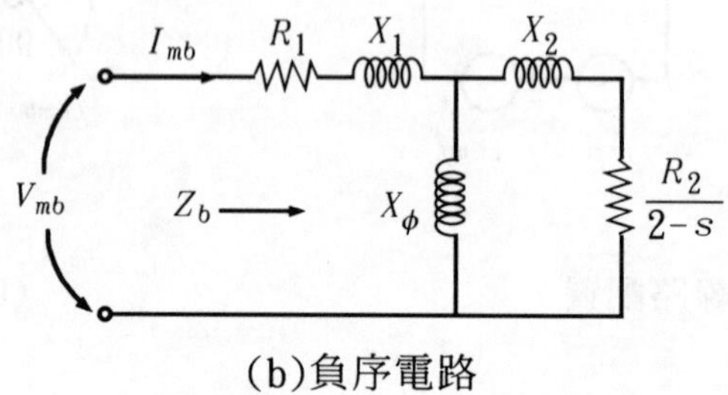

(b)負序電路

二相外加電壓 V_m 及 V_a 可用兩對稱而不同相序之成分予以分析合成。

對稱系統之計算分析較不平衡系統容易，所以利用外加電壓之對稱成分來分析各種電氣特性，如同分析一部平衡之二相電機。電流之特性如同（8－3）式及（8－4）式所列之電壓特性，可得於繞組 m 及 a 之電流 I_m，I_a 的相量分別爲：

$$\dot{I}_m = \dot{I}_{mf} + \dot{I}_{mb} \tag{8-5}$$

$$\dot{I}_a = j\,\dot{I}_{mf} - j\,\dot{I}_{mb} \tag{8-6}$$

反之若已知實際二不平衡之電壓或電流，利用(8－3)式至(8－7)式解聯立方程式，可得其對稱成分之相量爲

$$\dot{V}_{mf} = \frac{1}{2}(\dot{V}_m - j\,\dot{V}_a) \tag{8-7}$$

$$\dot{V}_{mb} = \frac{1}{2}(\dot{V}_m + j\,\dot{V}_a) \tag{8-8}$$

$$\dot{I}_{mf} = \frac{1}{2}(\dot{I}_m - j\,\dot{I}_a) \tag{8-9}$$

$$\dot{I}_{mb}=\frac{1}{2}(\dot{I}_m+j\dot{I}_a) \qquad (8-10)$$

用二相感應電動機之伺服系統之典型例子如圖 8－37 所示。在定子的二相繞組中，m 相是由定電壓及定頻率之電源來供應，稱爲固定相或參考相。使用電橋電路之誤差檢出器亦接至同一電源，滑動接觸位置 x 由所欲量測之變數設定，而接觸點 y 則由電動機依平衡電橋之方向驅動，兩者誤差形成之電壓 V_{xy} 經由放大器輸出來供應控制相 V_a 之電壓。施加於電動機二相之電壓（V_a 及 V_m）被調整至時相相差約 90° 角，或於參考相 m 處串聯一適宜電容器。故電動機所加之電壓爲不平衡二相電壓。當電橋在不平衡狀況下，電動機立即產生可回復平衡方向之轉矩，而此轉矩爲轉速及控制電壓 V_a 之函數。誤差方向變化時則放大器電壓產生 180° 相移，故加於電動機電壓之相序反過來可使產生之轉矩方向亦跟著改過來。

圖 8－37　二相感應電動機之伺服控制系統

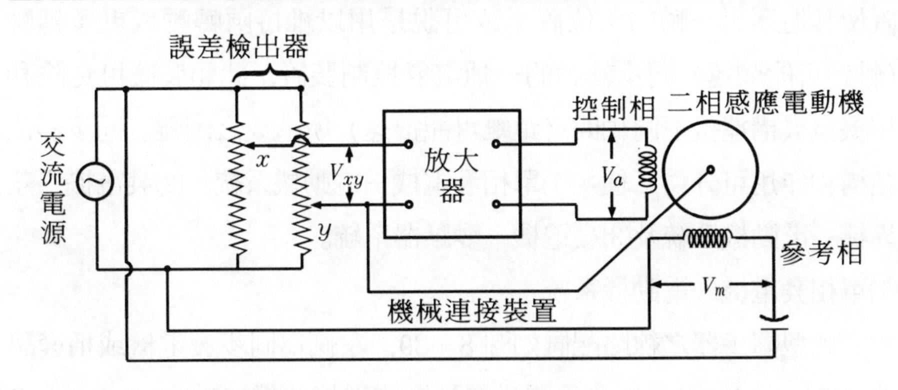

上述之兩相電動機應用於伺服控制系統，必須滿足第 8－3－2 節所述之電機特性，於此條件下一般採用高電阻之轉子。典型的兩相鼠籠式電動機與普通鼠籠式電動機轉矩與電壓特性可參見圖 8－38 之特性曲線。

圖 8－38 轉速—轉矩特性曲線

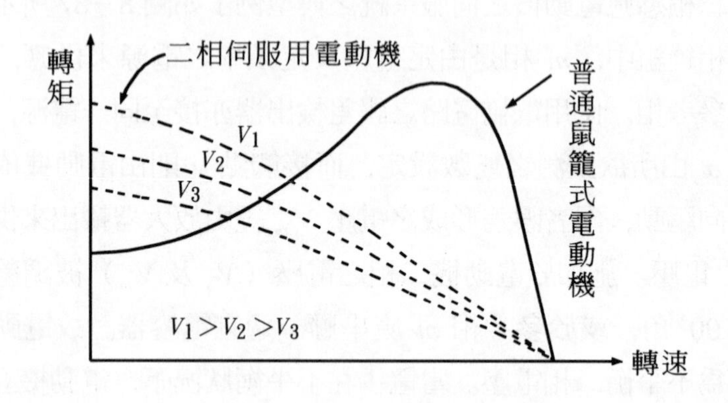

8－4－2 同步器

同步器（Synchro）或稱 Selsyn，Autosyn 等是調整一軸之角位置使其追逐另一軸的角位置，或可說是用以維持兩轉軸或更多轉軸（軸距可能頗遠）同步轉動的一種電氣控制裝置，此類裝置可免除利用機械機構連接不同軸間（距離可能很遠）所造成之困難。同步器依結構和作用可分爲三種：(1)單相發電機—電動機系統，(2)發電機—差異機—電動機系統及(3)發電機—變壓器系統。

(1)單相發電機—電動機系統

此型同步器之線路配置如圖 8－39，左側爲同步發電機或稱發訊機（Transmitter），右側爲同步電動機或稱接收機（Receiver）。兩者轉子皆具單相繞組並接於同一電源，而定子則均爲 Y 接之三相繞組，電動機與發電機之相對應之繞線端子接在一起。當激磁加於單相轉子繞組時，依變壓器原理 Y 接之定子繞組將感應電壓。如果兩轉子繞線對其本身定子繞線之空間位置相等，則發電機與電動機在定子繞線產生之電壓相等，故定子繞組間應無循環電流產生，亦即無轉矩產

圖 8－39　單相發電機—電動機系統

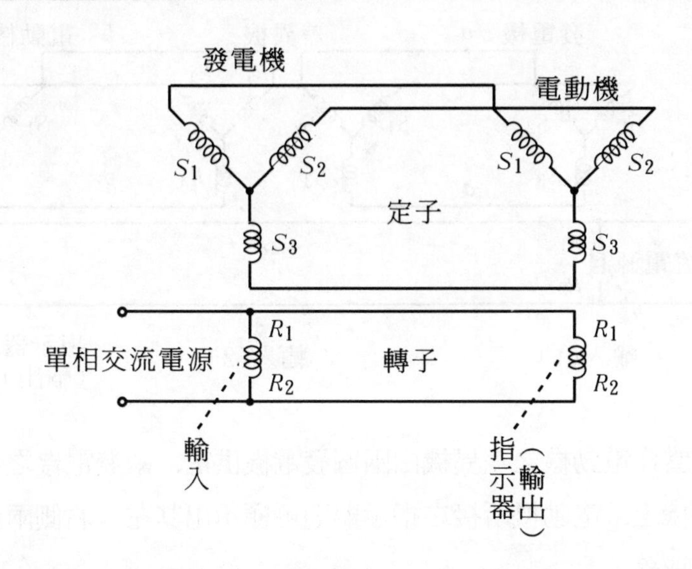

生。如果兩轉子之空間位置不相同，則定子繞線之電壓不相等，於定子繞組上會有電流流過，而此電流與氣隙磁通所產生轉矩的方向使轉子旋轉，直到發訊機的轉子與接收機轉子的角度達到相對應的位置(轉子角度相同)。此種同步器之應用即當發電機轉子位置變動時，電動機轉子的位置亦可同步地對應變動。當把單相系統以三相系統代替完成同樣的操作時，可用於重轉矩之傳輸。

⑵發電機—差異機—電動機系統

將前述單相發電機—電動機系統中間加入差異機（Differential Selsyn）後，可得圖 8－40 所示之系統。此系統可允許一軸之轉動作爲另兩軸轉動之和或差的函數，這是將差異機當作發電機運用的一種狀態，亦即電動機之轉動角度等於發射機與差異機兩者角度之和或差；其中和、差之互換只須將圖 8－40 中 a、a' 及 b、b' 點之接線互調即可；此時爲改善功率因數並減少系統過熱之機會，通常在差異機一次端子間加裝三個電容器組。

另一方面，差異機亦可作爲電動機運用，而右側之電動機改爲發

圖 8－40 發電機—差異機—電動機系統

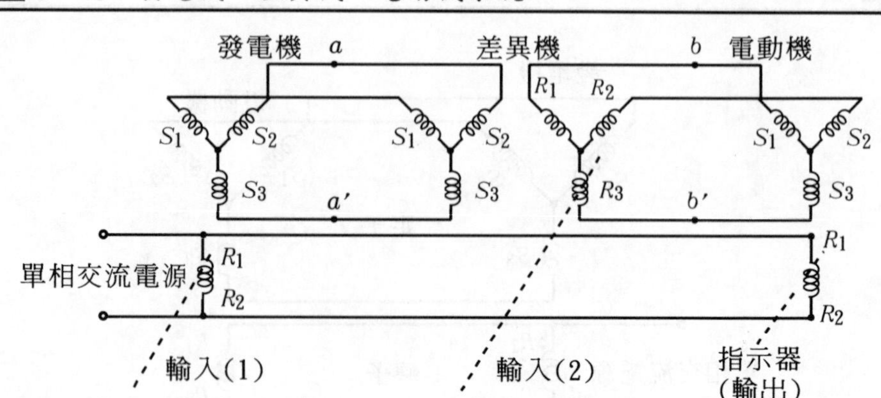

電機，即當作電動機之差異機由兩個發電機供電，兩發電機之和或差加於電動機上，電動機所接之指示器則可顯示出其左、右側兩個機械軸角度和或差。

⑶發電機—變壓器系統

同步器爲了能達到大轉矩，可能會犧牲正確控制角位之功能，爲達此目標自動同步化之原理常被引用。如果產生的電壓大小爲兩軸間之角位函數，該電壓被稱爲誤差電壓（Error voltage）。若誤差電壓存在表示被控制軸之角位仍具有相角差，亦即未達同步狀態，此時所產生之誤差電壓將加至別的機器而修正其相差，此一過程中同步器本身並不供給機械功率。

圖 8－41 爲發電機—變壓器系統產生誤差電壓之基本電路。左側爲一同步發電機，右側則是同步控制變壓器（Selsyn control transformer）。當發電機之轉子外加單相交流電源而在發電機之氣隙中產生磁場，因而使其定子繞組上產生感應電壓，並經由線路傳至控制變壓器之定子繞組上。如果忽略激磁電流於線路中產生之壓降，則在兩定子繞線中產生相同之電壓，使得控制變壓器之定子磁通分佈與發電機定子磁通分佈因而相同，上述作用如同兩轉子繞組設在同一磁路

圖 8－41　發電機—變壓器系統產生誤差電壓之電路

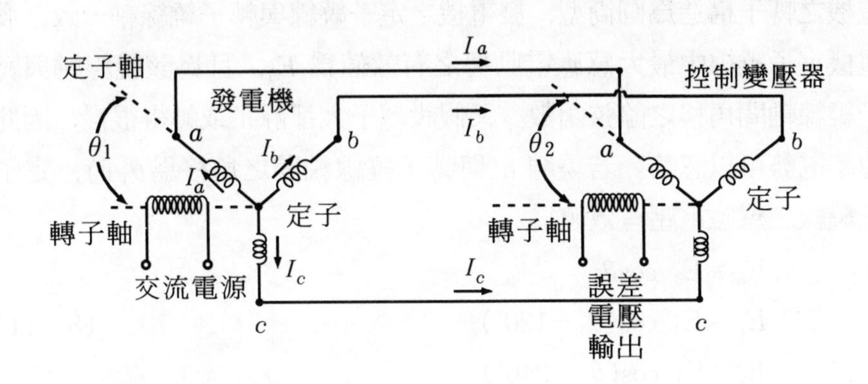

中；又因轉子軸在空間可任意變動位移，故線圈間之互感也可調節。

當兩轉子繞組間之角位差為 90°（或 270°）電工角時，在發電機—變壓器同步系統中變壓器之轉子上並無電壓產生，表示該角度為兩轉軸之平衡位置，除此之外之角位差時，將於變壓器之轉子上生成感應電壓。變壓器轉子所感應出之電壓值與兩轉軸間角移差之函數圖形如圖 8－42 所示，呈弦波變化，且其瞬間值之正負號則依角移方向而定。

圖 8－42　誤差電壓與角移差之關係

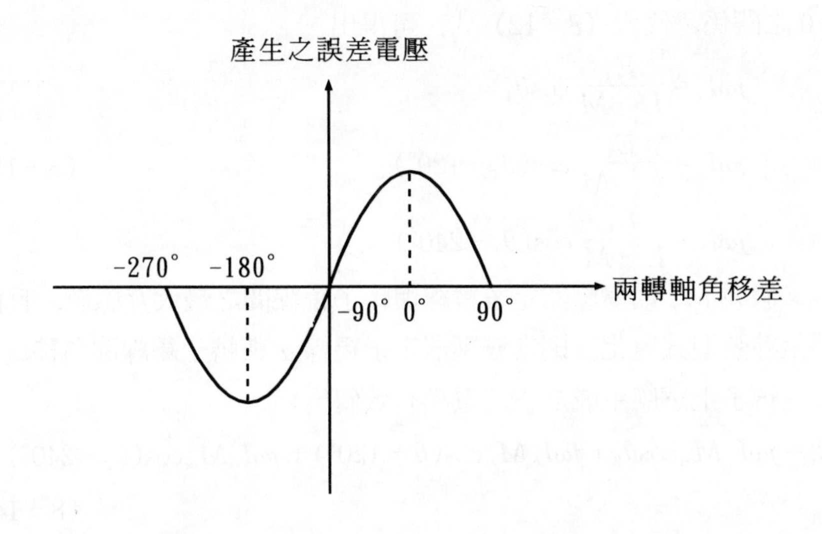

爲方便分析誤差電壓，在圖 8－41 中加入虛線之轉子軸。假設兩電機之轉子構造爲圓筒型，發電機之定子繞線與轉子繞線軸一致，發電機定子繞線中最大感應電動勢之有效值爲 E_1，且爲該繞線軸與轉子繞線軸間角移之餘弦函數。又假設轉子大都靜止或轉得很慢，因此速率電勢可以忽略。若繞線 a 與轉子繞線軸間之角移爲 θ_1 時，定子三繞線之感應電壓有效值爲

$$\begin{aligned} E_a &= E_1 \cos\theta_1 \\ E_b &= E_1 \cos(\theta_1 - 120°) \qquad (8-11) \\ E_c &= E_1 \cos(\theta_1 - 240°) \end{aligned}$$

假設鐵心之導磁率（Permeability）爲無限大，則定子繞線之自感及互感可視爲常數。若設 L 爲發電機定子之繞線加上變壓器定子繞線及線路等之總自感，M 爲發電機定子繞線間之互感加上變壓器定子繞線間之互感，則電壓方程式可寫爲

$$\begin{aligned} & E_1 \cos\theta_1 - j\omega L I_a - j\omega M(I_b + I_c) \\ &= E_1 \cos(\theta_1 - 120°) - j\omega L I_b - j\omega M(I_a + I_c) \qquad (8-12) \\ &= E_1 \cos(\theta_1 - 240°) - j\omega L I_c - j\omega M(I_a + I_b) \end{aligned}$$

I_a、I_b、I_c 爲圖 8－41 中發電機產生每相之感應電流，則有 $I_a + I_b + I_c = 0$ 之關係，代入（8－12）式，可得出

$$\begin{aligned} j\omega I_a &= \frac{E_1}{L-M}\cos\theta_1 \\ j\omega I_b &= \frac{E_1}{L-M}\cos(\theta_1 - 120°) \qquad (8-13) \\ j\omega I_c &= \frac{E_1}{L-M}\cos(\theta_1 - 240°) \end{aligned}$$

又假設 M_m 爲變壓器定子繞線與轉子繞線間之最大互感值，且此互感呈餘弦型式變化。則當變壓器定子繞線 a 與轉子繞線間角移爲θ_2 時，在轉子上感應生成之誤差電壓有效值爲：

$$E_e = j\omega I_a M_m \cos\theta_2 + j\omega I_b M_m \cos(\theta - 120°) + j\omega I_c M_m \cos(\theta_2 - 240°) \qquad (8-14)$$

將（8－13）式代入（8－14）式中，可得

$$E_e=\frac{3}{2}E_1\frac{M_m}{L-M}\cos(\theta_2-\theta_1) \qquad (8-15)$$

$(\theta_2-\theta_1)$ 爲兩轉軸間之角移差，當等於 ± 90°或 ± 270°時由（8－13）式知誤差電壓 E_e 爲零，其相關圖形可參見圖 8－42。在理想條件下，誤差電壓值依照角移差之餘弦變化。

實際應用控制變壓器之轉子一般接於高輸入阻抗的電子設備，所以通過變壓器之電流值頗低。控制輸出軸角位之典型應用例子如圖 8－43 所示，主要在使輸出軸跟隨輸入角位變化而轉動。圖中依圖 8－41 之發電機—變壓器聯接方式得到誤差電壓後，經過功率放大器放大以驅動 8－4－1 節所述之二相電動機朝減小誤差的方向轉動，直到輸入功率放大器之誤差電壓變爲零爲止。也就是說，若輸入軸之位置變換時，輸出軸亦會正確地跟著變換以獲得精確之控制效果。

圖 8－43 之應用型式可能遇到下列兩種狀況：一爲需要有足夠之穩定度或具有足夠之阻尼，以防止輸出軸在正確位置附近可能產生的過渡時期振盪現象。其次在連續旋轉系統中，需要有足夠的角位誤差以產生足夠電功率來驅動負載。欲克服此種潛在問題，系統僅對誤差本身反應靈敏還不夠，尙須對誤差之微分、積分或兩者均很敏感方

圖 8－43　發電機—變壓器系統之應用例

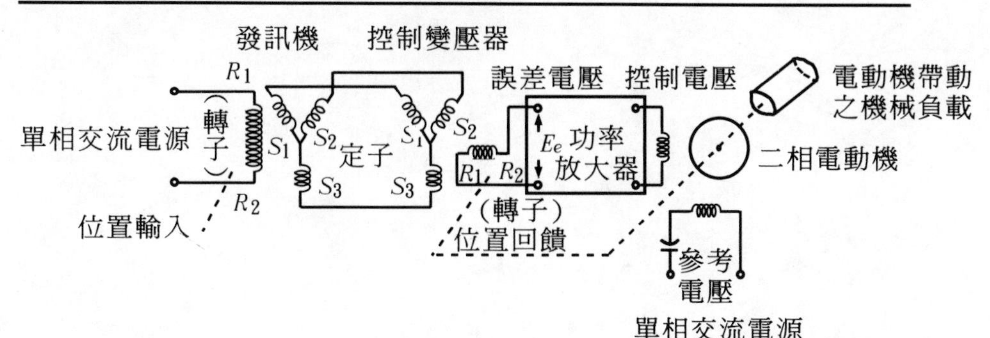

可。按電路原理當誤差爲直流型式時很容易得到誤差之微分或積分信號；因此控制變壓器之輸出，常被整流或解調而產生與其成正比之直流電壓，圖 8－44 爲此架構之方塊圖。

圖8－44　應用解調器之發電機—變壓器之系統方塊圖

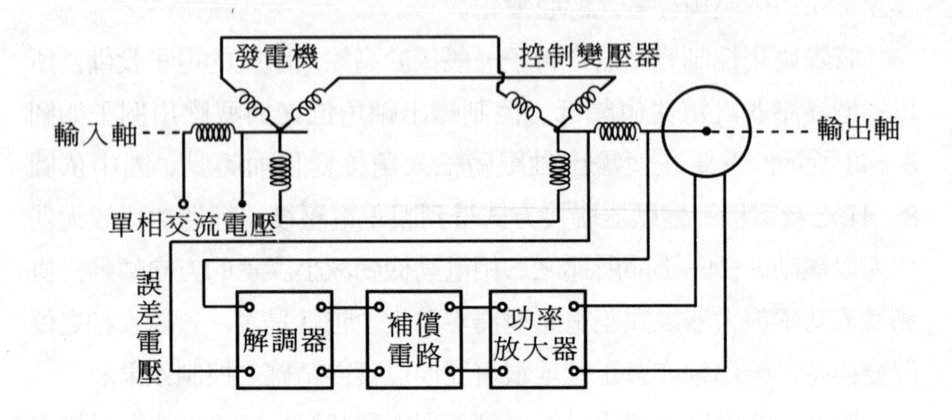

習　題

8－1　試述無刷電動機之主要特徵。

8－2　試述無刷電動機與直流電動機比較之優點。

8－3　試述爲何無刷電動機之轉子一般皆爲磁場而非電樞的原因。

8－4　試繪無刷電動機之基本構造，主要包括了那幾個主要部分。

8－5　試繪出一三相二極式利用霍爾元件的無刷電動機線路圖，並解釋其動作原理。

8－6　無刷電動機若依轉子與定子的相對構造，可分爲那三種基本類型。

8－7　試述三種無刷電動機轉子位置之檢出方法。

8－8　試述直流電動機與無刷電動機於轉矩—電流特性曲線中，因外加電壓變化導致輸入電流變化之狀況有何不同點。

8－9　試比較直流電動機與無刷直流電動機之運轉效率。

8－10　試述步進電動機屬於何類電機。

8－11　步進電動機控制系統在構造上大致分成幾個部分。

8－12　試述步進電動機控制系統中分配控制電路之構成特徵。

8－13　試述步進電動機之一般應用特性。

8－14　VR 型步進電動機之步進角如何定義，HB 型又如何。

8－15　步進電動機中定子上之齒與極齒有何不同。

8－16　按照磁路構造步進電動機可分爲那幾類。

8－17　HB 型步進電動機與 VR 型比較，在定子及轉子構造上不同點何在。

8－18　試比較步進電動機中 1 相、2 相及 1－2 相激磁方式，並說明上述各種激磁方式之特性。

8－19 試述步進電動機中步進角之定義，其表示單位爲何。

8－20 試述步進電動機之轉矩與脈波頻率間之關係，依此關係步進電動機會表現出何種特性。

8－21 試述直流伺服電動機運用上之優缺點。

8－22 試述交流伺服電動機運用伺服控制系統最大的瓶頸。

8－23 試述伺服電機與步進電機應用時最大的不同點。

8－24 伺服控制系統之基本方塊圖大致包括了那些部分。

8－25 試述伺服電機須具備之基本特性爲何。

8－26 試述檢出器於伺服控制系統中所具有的功能。

8－27 試比較功率 MOSFET 及 IGBT 之運用特性。

8－28 試比較電壓及電流此兩種不同之放大器驅動方式的特性。

8－29 何謂脈波寬度調變控制法，其相關電路及波形爲何。

8－30 脈波寬度調變控制法的特色及其應用時之注意事項。

8－31 試述如何分析對稱二相電動機之不平衡運轉。

8－32 試述同步器之功用。

8－33 試繪單相發電機—電動機同步系統，並說明動作原理。

8－34 於發電機—變壓器系統中產生之誤差電壓與兩轉軸角移差會有何種關係。